Michael Has

**Klima, Rohstoffe und Prognosen**

## Weitere Titel aus der Reihe

*Mein Mikrobiom, meine Gene und ich*
*Eine grenzenlose Reise ...*
Diana Kessler, 2025
ISBN 978-3-11-161095-5, e-ISBN (PDF) 978-3-11-161114-3

*Kosmische Alchemie der Elemente*
*Die ersten 14 Milliarden Jahre*
Karlheinz Langanke, 2024
ISBN 978-3-11-161095-5, e-ISBN (PDF) 978-3-11-161114-3

*Grenzen von Nachhaltigkeit und Ecodesign*
*Läuft uns die Zeit davon?*
Michael Has, 2024
ISBN 978-3-11-144640-0, e-ISBN (PDF) 978-3-11-144684-4

*Warum ist der Himmel blau?*
Joachim Breckow, 2024
ISBN 978-3-11-145358-3, e-ISBN 978-3-11-145369-9

*Energie – wo kommt sie her*
*Und seit wann sie uns beschäftigt*
Wolfgang Osterhage, 2024
ISBN 978-3-11-115172-4, e-ISBN 978-3-11-115255-4

*Faszination Flug*
*Wirbel, Zirkulation, Auftrieb*
Peter Neumeyer, 2024
ISBN 978-3-11-133600-8, e-ISBN 978-3-11-133628-2

Michael Has

# Klima, Rohstoffe und Prognosen

Nachhaltigkeit und Megatrends

**DE GRUYTER**
OLDENBOURG

**Autor**
Prof. Dr. habil. Michael Has
Grenoble Institut National Polytechnique
Graduate School of Engineering in Paper,
Print Media and Biomaterials
461 rue de la Papeterie
CS 10065
38402 Saint-Martin d'Hères Cedex
Frankreich
Michael.Has@Protonmail.com

ISBN 978-3-11-161085-6
e-ISBN (PDF) 978-3-11-161088-7
e-ISBN (EPUB) 978-3-11-161091-7
ISSN 2749-9553

**Library of Congress Control Number: 2025932063**

**Bibliografische Information der Deutschen Nationalbibliothek**
Die Deutsche Nationalbibliothek verzeichnet diese Publikation in der Deutschen Nationalbibliografie;
detaillierte bibliografische Daten sind im Internet über
http://dnb.dnb.de abrufbar.

© 2025 Walter de Gruyter GmbH, Berlin/Boston, Genthiner Straße 13, 10785 Berlin
Coverabbildung: SensorSpot / E+ / Getty Images und ma_rish / iStock / Getty Images
Satz: VTeX UAB, Lithuania

www.degruyter.com
Fragen zur allgemeinen Produktsicherheit:
productsafety@degruyterbrill.com

# Vorwort

In den frühen 1990er Jahren leitete ich ein Team, das sich mit industrienaher *Innovationsforschung* für die Druckindustrie beschäftigte. Wir befassten uns intensiv mit neuen Technologien, dem Zusammenwachsen von damals getrennten Märkten von Druck und digitaler Welt, aber auch mit Anforderungen und Traditionen in diesem spezifischen Markt. Die Aufmerksamkeit lag darauf, wie verschiedene Technologien bestimmte Märkte prägen werden und welche das Potenzial haben, kurz- und mittelfristig den Alltag der Medien zu bestimmen. In meiner späteren Tätigkeit im Bereich der Produktstrategie wurde klar, dass viele Trendanalysen Nachhaltigkeitsaspekte in einem auch für meine damaligen Begriffe unzureichenden Maße berücksichtigen. Es fehlte eigentlich immer die Berücksichtigung der sich abzeichnenden Versorgungsengpässe in Kombination mit den Entwicklungen des Klimawandels und der daraus resultierenden, voraussichtlich langfristig stärker eingeschränkten Nahrungsmittelversorgung. Die methodischen Probleme schienen offensichtlich, waren aber nicht Gegenstand der Diskussionen um Produkte oder Arbeitsweisen. Erst in den letzten Jahren wurden Versorgungsengpässe zu einem Thema.

Bei genauerem Hinsehen wird klar, warum Trendforschungen Nachhaltigkeitsthemen nur unzulänglich bewerten: die Trendforschung definiert sich selbst nicht so, dass diese Antwort von ihr erwartet werden sollte: Die Betrachtung solcher Themen sollte eher von der Zukunftsforschung erwartet werden: Trend- und Zukunftsforschung grenzen sich in Bezug auf die betrachteten Zeithorizonte voneinander ab. Während die Trendforschung sich auf Zeiträume von eher weniger als einem halben oder einem Jahrzehnt konzentriert, betrachtet die Zukunftsforschung Zeiträume, die durchaus 40 bis 50 Jahre umfassen. Die Zukunftsforschung nutzt dazu langfristige Trends, sogenannte *Megatrends* und spielt in Szenarien durch, wie diese Trends wechselwirken und sich auswirken – es entsteht so ein Blick auf verschiedene mögliche „Zukünfte". Wenn nachhaltigkeitsbezogene Entwicklungen in den nächsten Jahrzehnten spürbar werden sollen, sollten sie sich also zunächst in den Szenarien der Zukunftsforschung zeigen, wenn Versorgungsprobleme und Klimaänderung alle Bereiche des Alltags beeinflussen.

Auch ein weiterer Aspekt wurde deutlich: die Entwicklungen verlaufen häufig langsamer als erwartet. Während Anfang der 1990er Jahre bereits fundierte Hinweise existierten und sich Folgen von Umweltzerstörung und Klimawandel auf vermeintliche Randgruppen beschränkten, sind die Themen heute und zumindest, was die Diskussionen betrifft, in der Mitte der Gesellschaft angekommen – aber immer noch ohne in vollem Umfang für eine breite Mehrheit spürbar zu sein oder gar eine Mehrheit zum Handeln zu bringen.

Vor diesem Hintergrund ergeben sich zumindest zwei Zugänge zum Thema Zukunft: Zum einen die zeitliche Entwicklung von Versorgung mit Rohstoffen, Energie und Nahrungsmitteln sowie der Klimawandel und zum anderen die Frage, wie sich verschiedene Aspekte einer Zukunft mit und ohne diese Entwicklungen darstellen.

https://doi.org/10.1515/9783111610887-202

Natürlich stellt sich auch die Frage nach den Handlungsspielräumen, die sich entlang dieses Weges bieten.

Diese Arbeit widmet sich diesen Fragestellungen. Es ist das Ziel zu zeigen, welche Szenarien derzeit diskutiert werden und wie diese sich ändern, wenn, quasi zusätzlich, Klimawandel und Ressourcenengpässe berücksichtigt werden. Um konkret und nachvollziehbar zu werden ist es sinnvoll, zwei Zeiträume gegenüberzustellen: in diesem Fall die sehr gut dokumentierte und unmittelbare Nachkriegszeit und 2050. 2050 ist ein nicht ganz zufällig gewähltes Jahr und steht hier eher repräsentativ für einen Zeitraum – einerseits gewählt, weil 20–30 Jahre nicht zu lang und damit zumindest für die älteren der Leser vorstellbar sind und andererseits, weil zu diesem Zeitraum bis 2050 bereits umfangreiche Literatur vorhanden ist.

Die „Storyline" des Buches ist die folgende:

Kapitel 2 beschreibt, wie nachhaltigkeitsbedingte Effekte im Wirtschaftsleben dargestellt werden. Es wird ebenso dargestellt, welche absehbaren Auswirkungen die Überlastung des sozioökologischen Systems (SES) auf das Klima und die Versorgungslage haben. Dabei werden spezifische Beispiele aus den Bereichen Klima, Landwirtschaft, Energie und Rohstoffversorgung herangezogen, um Zeiträume einzugrenzen, bis die resultierenden Effekte spürbar werden dürften. Die genauen Zeiträume und auch die Dynamik, die das SES bei einer schwierigen oder gar zusammenbrechenden Versorgungslage annehmen wird, sind naturgemäß unsicher. Um deutlich zu machen, dass die Entwicklung von Systemen keinesfalls zwingend linear verläuft, oder auch immer reproduzierbar ist, wird das Modell der adaptiven Zyklen eingeführt.

Kapitel 3 beschreibt Methoden zur Analyse absehbarer Entwicklungen von Wirtschaft und Gesellschaft. Diese Entwicklungen sind eng miteinander verzahnt und betreffen häufig Zeiträume von mehr als zehn Jahren – also den Gegenstand der Zukunftsforschung. Daher wird in Kapitel 3 auf die Methoden der Zukunftsforschung eingegangen.

Kapitel 4 beschreibt verschiedene Aspekte des alltäglichen Lebens 2050. Megatrends und Szenarien werden vorgestellt. Ziel ist es, die Schwierigkeiten aufzuzeigen, die mit den in Kapitel 2 angesprochenen Themen auf das System aus Natur und menschlicher Gesellschaft zukommen. Das Spektrum der Megatrends sollte möglichst vollständig beschrieben werden. Es wird verdeutlicht, welche tiefgreifenden Veränderungen und langfristigen Entwicklungen auch ohne Klimaänderung und Rohstoffmangel zu erwarten sind und wie diese das sozioökologische System beeinflussen. Um nachvollziehbar zu machen, wie der Alltag sich 2050 aller Voraussicht nach anfühlt, wird dieser zukünftige Alltag mit dem Leben in der unmittelbaren Nachkriegszeit verglichen. Ähnlichkeiten und Unterschiede werden hervorgehoben. (Um den Lesefluss zu gewährleisten, wurden viele Details der Betrachtung in den Anhang gelegt.)

Kapitel 5 diskutiert Problemstellungen, Chancen und Handlungsoptionen für Haushalte, Industrie und Staaten, die sich aus dem Vorgesagten ergeben. Es werden Schwerpunkte in den Bereichen Nachhaltiges Wirtschaften und Bildung gesetzt. (Um den Lesefluss zu gewährleisten, wurden wie in Kapitel 4 viele Details der Betrachtung in den Anhang gelegt.)

Kapitel 6 fasst die beschriebenen Inhalte zusammen.

Es war das Ziel die Inhalte dieses Buches so zu formulieren, dass es sich gleichermaßen an sehr interessierte Laien (die ihr Grundwissen zum Thema vertiefen möchten) richtet, aber auch Nachhaltigkeits- und Planungsabteilungen von Firmen und öffentlichen Einrichtungen sowie Studierende an Ausbildungseinrichtungen wie Hochschulen adressiert. Da Vorkenntnisse zu bestimmten Methoden und Inhalten nicht erwartet werden, wurde manches über das unbedingt nötige Maß hinaus dargestellt (etwa die Arbeitsweise von Zukunfts- und Trendforschung). Zudem wurde davon ausgegangen, dass LeserInnen punktuell nachschlagen, d. h. das Ganze nicht am Stück lesen – vielleicht sogar manche Passagen gar nicht. Deswegen kommen manche Inhalte mehrfach in verschiedener Form vor.

### Danksagung

Wie immer bei Buchprojekten war auch in diesem Fall Hilfe unerlässlich. Es ist eine angenehme Pflicht, verschiedenen Weggefährten und Freunden Dank zu sagen, insbesondere Doris Brejcha, Armin Grossmann, Dr. Uwe Has, Daniela Hinteregger, Thomas Edward Lee, Ute Skambraks und Adriane Rössler.

### Literatur

Ich hoffe, dass es mir gelungen ist, die Inhalte der genannten Quellen treffend wiederzugeben. Da es sich hier nicht um eine vertiefende Arbeit für die Fachöffentlichkeit handelt, habe ich versucht, neben spezifischer auch ergänzende und weiterführende Literatur, aber eben auch detailliertere Quellenangaben auszuweisen – dies, um eher nach dem Motto „eher zu viel als zu wenig" ein Weiterlesen und Recherchieren zu erleichtern.

Sollten einige der hier vorgestellten Ideen nicht korrekt zugeordnet sein oder unbeabsichtigt die Ergebnisse anderer wiederholen, ohne zitiert zu werden, kann ich neben Nachsicht nur darum bitten, mich auf die entsprechende Arbeit aufmerksam zu machen, damit gegebenenfalls in späteren Ausgaben dieses Buches eine Korrektur vorgenommen werden kann.

# Inhalt

# Abkürzungen

| | |
|---|---|
| BEV | Batterie-elektrische Fahrzeuge |
| BGR | Bundesanstalt für Geowissenschaften und Rohstoffe |
| BIP | Bruttoinlandsprodukt |
| BNE | Bildung für nachhaltige Entwicklung |
| CARE | Cooperation for Assistance and Relief Everywhere |
| CCS | Carbon Capture and Storage |
| CLUM | Consumption Land-Use Matrix |
| CMEPSP | Kommission zur Messung der wirtschaftlichen Leistung und des sozialen Fortschritts |
| CNN | Cable News Network |
| COICOP | Classification of Individual Consumption by Purpose |
| COVID | Coronavirus Disease |
| CSR | Corporate Social Responsibility |
| DAB | Digital Audio Broadcasting |
| DERA | Deutsche Rohstoffagentur |
| DNA | Desoxyribonukleinsäure |
| EIOLCA | Economic Input-Output Lifecycle Assessment |
| EROI | Energetic Return on Investment |
| ESBN | Europäisches Boden-Netzwerk |
| ESG | Environment, Social and Government |
| ESRS | European Sustainability Reporting Standard |
| EU | Europäische Union |
| F&E | Forschung und Entwicklung |
| FAO | Food and Agriculture Organization of the United Nations |
| GNH | Gross Natural Happyness |
| GPI | Genuine Progress Indicator |
| HDI | Human Development Index |
| IAEA | Interantional Atomic Energy Agency |
| IEA | Internationale Energieagentur |
| IKT | Informations- und Kommunikationstechnologie |
| IKW | Ultrakurzwelle |
| IoT | Internet of Things |
| IPBES | Intergovernmental Science-Policy Platform on Biodiversity and Ecosystem Services |
| IPCC | International Panel on Climate Change (Weltklimarat) |
| IRP | International Resource Panel |
| ISO | International Standard Organization |
| ITER | International Thermonuclear Experimental Reactor |
| IUCN | International Union for Conservation of Nature |
| KI | Künstliche Intelligenz |
| KPI | Key Performance Indicator |
| LCA | Life Cycle Assessment |
| LCD | Liquid Crystal Display |
| LED | Light-emitting Diode |
| MFA | Materialflussanalyse |
| MGD | Millennium Development Goals |
| MRIO | Multi-Regional Input Output |
| NASA | National Aeronautics and Space Administration |
| OECD | Organisation for Economic Co-operations and Development |

https://doi.org/10.1515/9783111610887-204

| | |
|---|---|
| OLED | Organic light emitting diode |
| RMC | Raw Material Consumption |
| RNA | Ribonuclic Acid |
| SDG | Sustainable Development Goals |
| SES | sozioökologisches System |
| TWh | Terawattstunden |
| UN | United Nations |
| UNEP | United Nations Environment Programme |
| UNFCCC | United Nations Framework Convention on Climate Change |
| UNICEF | United Nations International Children's Emergency Fund |
| UNRRA | United Nations Relief and Rehabilitation Administration |
| USGS | U.S. Geological Survey |
| WHO | World Health Organiization |
| WLAN | Wireless Local Area Networt |

# 1 Einführung

In den letzten 250 Jahren hat die Menschheit beeindruckende Entwicklungsschritte vollzogen: Die durchschnittliche Lebenserwartung ist gestiegen, politische Systeme wurden weitgehend stabiler und viele Menschen genießen heute einen höheren Lebensstandard – die Segnungen dieses Fortschritts sind jedoch keinesfalls gleich verteilt über die Welt. Zudem hat dieser Fortschritt seinen Preis: Umweltveränderungen, Ressourcenknappheit, Klimawandel und das Aussterben von Arten bedrohen die Zukunft aller. Einige Staaten geraten in Schwierigkeiten, ihre Aufgaben zu erfüllen.

Wie jede andere Spezies haben auch Menschen in ihrer Evolution nie gelernt, ihre ökologischen Grenzen zu erkennen, wahrscheinlich, da dies nie einen evolutiven Vorteil brachte. Klimawandel und Übernutzung von Ressourcen erfordern jedoch genau dieses Verständnis. Aktuelle Diskussionen, die sich oft auf den Klimawandel konzentrieren, müssen auch die absehbaren Versorgungsengpässe und deren Folgen für das gesellschaftliche Zusammenleben einbeziehen. Historische Beispiele zeigen, dass Kulturen aus eben diesen Gründen kollabiert sind, und dies kann sich wiederholen.

In den letzten Jahrzehnten wurde der Begriff „Nachhaltigkeit" ausschlaggebend in Debatten über langfristige Stabilität. Diesem Zusammenhang widmet sich der erste Teil der vorliegenden Arbeit – sie stellt die Entwicklung vieler nachhaltigkeitsrelevanter Parameter dar. Diese müssen verstanden, eingeschätzt und auf die Erfahrungen der Vergangenheit bezogen werden, um in die Zukunft blicken zu können. In diesem Zusammenhang werden Kipppunkte relevant, denn Erfahrungswerte gelten nur *vor* Erreichen dieser Punkte – danach verhält sich das ökologische System eben nicht mehr wie in der Vergangenheit. Das Risiko, Kipppunkte zu überschreiten, macht das Verständnis dieser Zusammenhänge besonders dringlich.

Ein Bericht der amerikanischen Geheimdienste aus dem Jahr 2021 zeigt, wie verwundbar das globale politisch-wirtschaftliche System ist. In den kommenden Jahren werden, so dieser Bericht, weltweit verstärkt Krisen auftreten – von Pandemien bis hin zu Klimakatastrophen – Krisen, die die Anpassungsfähigkeit von Gesellschaften und Staaten herausfordern und die Funktionsfähigkeit bestehender Institutionen übersteigen werden:

> „Die Covid 19-Pandemie hat die Welt an ihre Zerbrechlichkeit erinnert und die mit einem hohen Maß an Abhängigkeit verbundenen Risiken aufgezeigt. In den kommenden Jahren wird die Welt mit noch intensiveren und kaskadenartigen globalen Herausforderungen konfrontiert sein, die von Krankheiten über den Klimawandel bis hin zu Störungen von neuen Technologien und Finanzkrisen charakterisiert sind. Diese Herausforderungen werden wiederholt die Widerstandsfähigkeit und Anpassungsfähigkeit von Gemeinschaften, Staaten und des internationalen Systems auf die Probe stellen und oft die Kapazität der bestehenden Systeme und Modelle übersteigen. Dieses sich abzeichnende Ungleichgewicht zwischen bestehenden und künftigen Herausforderungen und der Fähigkeit der Institutionen und Systeme, darauf zu reagieren, wird wahrscheinlich zunehmen und zu größeren Auseinandersetzungen auf allen Ebenen führen." (National Intelligence Council [302]. Die digitale Version dieses Reports und der Vorgängerreporte ist von der Website https://www.dni. gov/index.php/gt2040-home abrufbar.)

https://doi.org/10.1515/9783111610887-001

Weltweit führen diese Themen zu Spannungen in und zwischen Staaten. Institutionen stoßen an ihre Grenzen und müssen sich an die veränderten Realitäten anpassen. Demografischer Wandel, steigende Bevölkerungsdichte und Ressourcenknappheit erschweren die Entscheidungsfindung, während die Zeit drängt. Rohstoffknappheit und der Klimawandel bremsen das wirtschaftliche Wachstum und erschweren die langfristige Planbarkeit.

Es ist klar, dass die globalen Schwierigkeiten nicht einfach zu bewältigen sind, doch die heutige Generation trägt die Verantwortung, Lösungen zu finden, um langfristig stabile und nachhaltige Verhältnisse zu schaffen. Nach der Diskussion der absehbaren Probleme widmet sich dieses Buch der Frage, wie sich Trends zu Szenarien formen und solche Zukunftsvarianten unter dem Blickwinkel der Nachhaltigkeit, des Klimawandels und der sich abzeichnenden Versorgungsengpässe ändern. Dazu wird zunächst in Trend-/Zukunftsforschung sowie die Versorgungsdiskussion eingeführt. Trendforschung versucht, basierend auf Beobachtungen der Gegenwart und historischen Entwicklungen, mögliche Zukunftsszenarien zu entwerfen. John Naisbitt prägte den Begriff „Megatrends", um langfristige Entwicklungen zu beschreiben, die unsere Zukunft nachhaltig prägen werden (Naisbitt [298]). Um die Effekte zu illustrieren, wird ein Szenario für 2050 entworfen und mit den praktischen Lebensumständen aus der unmittelbaren Nachkriegszeit verglichen. Das Szenario für 2050 ist naturgemäß abstrakt, wird aber im Vergleich mit der unmittelbaren Nachkriegszeit und der Ähnlichkeit beider Lebensumstände konkreter greifbar. Die Parallelen und Unterschiede zwischen beiden Zeiträumen werden vorgestellt. Im Folgenden steht das Jahr 2050 für einen Zeitraum, der von der heutigen Zeit etwa 25–35 Jahre entfernt ist. Naturgemäß wird es so sein, dass einzelne Ausprägungen anders verlaufen werden als hier skizziert – dennoch sollte die gesamte vorgestellte Richtung zutreffend sein.

Den Entwicklungen muss aktiv begegnet werden – Handeln ist notwendig, daher werden ausgewählte Handlungsoptionen skizziert. Dazu wird differenziert zwischen staatlichem Handeln, Handeln in der Industrie und in Haushalten. Es gibt eine große Zahl von praktischen Ratgebern und theoretischen Abhandlungen zu dem Thema. Daher beschränkt sich diese Darstellung darauf, die wesentlichen Inhalte zu skizzieren und Hinweise auf weiterführende Literatur zu geben, wo der Rahmen dieser Publikation mit weiteren Details gesprengt werden würde.

Die vorliegende Arbeit untersucht die komplexen Fragen, denen die Weltgemeinschaft in den kommenden Jahrzehnten begegnen wird. Im Zentrum stehen die zunehmende Ressourcenknappheit, der Klimawandel und die Unsicherheiten in der Versorgung mit Energie, Rohstoffen und Nahrungsmitteln. Wirtschaft und Gesellschaft werden innerhalb weniger Jahrzehnte mit tiefgreifenden Engpässen konfrontiert sein. Die Hoffnung auf technologische Lösungen wie Recycling oder Ersatz fossiler Energieträger durch landwirtschaftliche Produkte wird als unzureichend angesehen, da auch diese Ansätze absehbar an physische und ökologische Grenzen stoßen. Diese Entwicklung zeigt, wie nötig umfassende, flexible und zielsichere Planung ist. Solche Planung fußt meist auf Ergebnissen der Zukunftsforschung. Neben den globalen Versorgungsfragen beleuchtet die Arbeit daher methodische Ansätze der Zukunftsforschung, die Szenarien entwickeln und analysieren. Diese Szenarien verdeutlichen die Risiken einer chaotischen und fragmentierten Welt, in der lokale Anpassungsstrategien und gesellschaftliche Transformationen von entscheidender Bedeutung sein werden, und geben Hinweise auf Handlungsoptionen.

Diese Arbeit geht davon aus, dass noch Zeit ist, notwendige Maßnahmen einzuleiten, auch wenn diese unbequem erscheinen. Nur durch einen bewussten Umgang mit den verbleibenden Ressourcen, lokalen Anpassungsstrategien und eine Abkehr von übermäßigem Konsum, flankiert von politischen Maßnahmen wie Schuldenreduzierung, ist es möglich, eine nachhaltige Zukunft zu gestalten – eingebettet in verändertes Bewerten von dem, was unter Wohlstand verstanden wird.

# 2 Nachhaltigkeit und Rahmenbedingungen

**Überblick:** Klimaentwicklung und Versorgung sind entscheidende Rahmenbedingungen für Entwicklung von Gesellschaft und natürlicher Umgebung. Die Erwärmung der Erdatmosphäre und die absehbaren Engpässe in der Versorgung mit Rohstoffen, Nahrung und Energie bringen das Gesamtsystem – im Folgenden „sozialökologisches System" (SES) genannt – an die Grenzen seiner Überlebensfähigkeit. Das ist keine Geschichte, die sich in einer fernen und nur für Science-Fiction-AutorInnen und -leserInnen interessanten Zukunft abspielt, sondern eher in der Lebenszeit zumindest derer, die heute geboren werden. In diesem Kapitel werden die Einflüsse von Rohstoffversorgung, Klimaerwärmung, Globalen Grenzen (planetary boundary conditions), Versorgung mit landwirtschaftlichen Produkten und Informationen und deren Wechselwirkungen skizziert. Ein wichtiger Aspekt der Betrachtung ist die Dynamik der betrachteten Phänomene – während Zukunftsabschätzungen in der Regel von einer linearen oder exponentiellen Entwicklung von Effekten ausgehen, existiert auch ein drittes zeitliches Verhalten auf einer längeren Zeitskala. Wenn das Gesamtsystem aus Wirtschaft, menschlicher, tierischer und pflanzlicher Gemeinschaft – eben das SES – gesehen wird und dessen (Teil-)Versorgung zusammenbricht, liegt es nahe sich zu fragen, wie sich ein System verhält, wenn ihm die Ernährung entzogen wird. Aus der Natur sind solche Effekte bekannt. Die zeitliche Entwicklung verläuft nach dem Erreichen von Grenzen chaotisch, d.h. nicht mehr steuerbar. So ist auch die Diskussion der staatlichen Handlungsmöglichkeiten im Bereich der Wirtschafts- und Versorgungspolitik einzuordnen – als Idee zu handeln, bevor das Risiko unkontrollierbarer Reaktionen zu einer traurigen und irreversiblen Realität geworden ist.

Im Jahr 1713 verfasste Hans Carl von Carlowitz das erste umfassende deutschsprachige Werk zur Forstwirtschaft mit dem Titel „Sylvicultura oeconomica, oder haußwirthliche Nachricht und Naturmäßige Anweisung zur wilden Baum-Zucht" (H. C. von Carlowitz [448]). In seinem Werk formuliert von Carlowitz auch die Grundidee der nachhaltigen Wirtschaftsweise, indem er erklärt: „Die größte Kunst/Wissenschaft/Fleiß und Einrichtung lokaler Ländereien besteht darin, eine kontinuierliche und nachhaltige Nutzung des Holzes sicherzustellen, ohne das Land zu schädigen." Dieses System der nachhaltigen Nutzung bezog von Carlowitz auch auf das Verbraucherverhalten. Er veranschaulicht dies im gleichen Werk mit einer Metapher: „Man sollte alte Kleidung nicht wegwerfen, bevor man neue hat, ebenso sollte man reifes Holz nicht ernten, bevor genügend Nachwuchs gesichert ist."

Nachhaltigkeit im Sinne von von Carlowitz umfasst somit in einer anderen Sichtweise den gesamten Zyklus der Produktion und Nutzung eines Gutes einschließlich des Verwerfens. Allerdings geht er nicht explizit auf die Verarbeitung oder Entsorgung ein, was aber im Kontext von Holz sinnvoll erscheint. Seine Sichtweise beeinflusste auch das

https://doi.org/10.1515/9783111610887-002

Wirtschaftsleben in der Folgezeit – es führte zum Prinzip des „vom Zins und nicht vom Kapital leben".

Im Laufe der Zeit haben sich die Definitionen von Nachhaltigkeit weiterentwickelt. Der Brundtland-Bericht (G. H. Brundtland [62]) betont die Bedürfnisse der Menschen und deren Wirtschaft, indem er ein Verhalten beschreibt: „Unsere eigenen Bedürfnisse befriedigen, ohne die Fähigkeit zukünftiger Generationen zu gefährden, ihre Bedürfnisse zu befriedigen." Diese Definition stellt den Konflikt zwischen den Bedürfnissen der heutigen und zukünftigen Generationen in den Vordergrund und fokussiert sich auf eine bedarfsgerechte Entwicklung nur für Menschen. Eine weniger anthropozentrische Definition von Nachhaltigkeit stammt von der University of Alberta. In deren Sichtweise ist Nachhaltigkeit der „Prozess des Lebens innerhalb der Grenzen der verfügbaren physischen, natürlichen und sozialen Ressourcen". Diese Definition rückt die belebte und unbelebte Natur und deren Wechselwirkungen in den Mittelpunkt und verdeutlicht den Konflikt zwischen den Rechten *aller* Lebewesen. Sie betrachtet implizit die Natur als ein hochkomplexes und dynamisches System.

Die Definition der University of Alberta (University of Alberta [436]) verwendet das Wort „verfügbar" jedoch in einem verführerischen Kontext:

Die vorgestellte Sichtweise impliziert, dass ein Wirtschaftssystem in der Gegenwart auf Kosten der Vergangenheit und der Zukunft wirtschaftet: Ressourcen, die, ohne Kosten zu verursachen, über Millionen von Jahren natürlich angereichert wurden, werden rasch und künstlich konzentriert verbraucht. Sie werden, gegebenenfalls wiederum ohne Kosten zu verursachen, in kurzer Zeit zu Abfall – im schlimmsten Fall zu Verwurf, aus dem diese Ressourcen nicht zurückgewonnen werden können, ohne erneut Energie aufzuwenden, die ebenfalls zum Teil in erdgeschichtlichen Zeiträumen erzeugt wurde. In diesem Zusammenhang allgemein und ohne Einschränkungen von „verfügbar" zu sprechen, trägt zum Problem der unachtsamen Nutzung von Ressourcen bei.

*Nachhaltigkeit* impliziert in der Konsequenz streng genommen auch, nur jene Ressourcen zu nutzen, die innerhalb der eigenen Lebensspanne von der Natur produziert werden, sowohl in Bezug auf Energie als auch auf materielle Ressourcen. Dabei müssen Transport und Infrastruktur berücksichtigt werden, da Ressourcen nicht immer lokal verfügbar sind. Zusätzlich erfordert Handel den Aufbau und die Aufrechterhaltung entsprechender Netzwerke, ohne die ein Austausch nicht möglich wäre.

## 2.1 Nachhaltigkeitskriterien und deren Bewertung

Ohne konkrete Maßstäbe anzulegen, kann über Nachhaltigkeit zu sprechen etwas Leichtfertiges haben. Eine nachhaltigkeitsgemäße Bewertung von Leben und Wirtschaften berücksichtigt nicht nur ökologische Kriterien, sondern auch soziale Aspekte und ein auch ethisch gesehen wertebasiertes Wirtschaften. Nachhaltigkeit wird nicht mehr ausschließlich als Interaktion zwischen Mensch und Natur im Wirtschaftsraum betrachtet, sondern auch im Kontext sozialen Handelns und, wenn Unternehmen betrachtet werden, guter Unternehmensführung. In den entsprechenden gesetzlichen Bestimmungen und in Bezug auf berichtspflichtige Unternehmen und deren Lieferketten werden diese Aspekte in der Nachhaltigkeitsberichterstattung durch die mittlerweile auch im Deutschen üblichen Begriffe „Environment", „Social" und „Governance" (ESG) zusammengefasst.

Während innerhalb des ESG-Reportings die Aspekte Umwelt und Governance primär die Auswirkungen eines Unternehmens auf den Planeten oder auf gesellschaftliche und politische Funktionen behandeln, konzentrieren sich die sozialen Faktoren auf die Beziehungen zwischen einem Unternehmen und den Menschen innerhalb und außerhalb des Unternehmens. Die soziale Komponente umfasst alle menschenbezogenen Aspekte der Unternehmensaktivitäten einschließlich der Interaktionen mit Mitarbeitern und der Gesellschaft, in der das Unternehmen tätig ist. Themen, die die Mitarbeiter betreffen, umfassen beispielsweise ein Reporting zu Gesundheit und Sicherheit im Unternehmen, seine umgesetzte Politik in Bezug auf Vielfalt, Gleichberechtigung und Integration sowie die Arbeitsbeziehungen zwischen Management und Arbeitnehmern. Externe Themen beinhalten die Beziehungen des Unternehmens zu seinen Zulieferern – etwa die Fragen, ob Zwangs- oder Kinderarbeit eingesetzt wird.

### 2.1.1 Kriterien der ESG Berichterstattung

Die EU betrachtet die Berichterstattung von Unternehmen zu Kriterien des ESG-Rahmens als gleichwertig mit der finanziellen Berichterstattung und fordert diese ab dem Geschäftsjahr 2025 gesetzlich ein. Lange Zeit war der Umweltbereich (E) aufgrund des Klimawandels und auch der intuitiv verständlichen Quantifizierbarkeit der meisten Parameter der bedeutendste Faktor innerhalb der ESG-Kriterien. In der Wirtschaft wird die soziale Dimension gelegentlich noch als nachrangig wahrgenommen, obwohl sie ein wesentlicher Faktor auch für die Produktivität und Profitabilität eines Unternehmens ist. Ein Grund dafür ist der Mangel an quantifizierbaren Rahmenbedingungen für das „S", das „Soziale" im ESG-Reporting. Diese Berichterstattung gemäß dem European Sustainability Reporting Standard (ESRS) betrifft nicht nur das betrachtete Unternehmen selbst, sondern auch dessen gesamte Lieferketten – sowohl die zuführenden als auch die abgehenden (EFRAG [103]).

Für die Berichterstattung müssen definierte KPIs (key performance indicator) oder Footprints verwendet werden, um die Nachhaltigkeitsperformance zu bewerten und möglichst quantitativ vergleichbar darzustellen. Die ESRS-Kriterien definieren diese Größen als Standards, und das in der Taxonomierichtlinie geforderte Berichtsschema bezieht sich ebenfalls auf diese Umwelt- und Sozialstandards. Es wird davon ausgegangen, dass diese Standards mit den im ESRS genannten Sozialstandards übereinstimmen. Tabelle 2.1 fasst die für die Berichterstattung relevanten KPIs/Footprints zusammen.

**Tab. 2.1:** Fußabdrücke und KPIs zur Nachhaltigkeitsbewertung, definiert durch die ESRS (EFRAG [103], Taxonomierichtlinie [411]).

| Umwelt-Fußabdrücke/KPIs (ESRS) | Soziale KPIs (ESRS) | KPIs zur Unternehmensführung (ESRS) |
|---|---|---|
| Treibhausgasemissionen, Verschmutzung der Luft, Innovationen bei umweltfreundlichen Produkten und Dienstleistungen, Energieverbrauch und -reduzierung, Abfallmanagement und -reduzierung, Wasserwirtschaft, -nutzung und -auswirkungen, Abhängigkeit und Schutz von Ökosystemen sowie biologische Vielfalt | Keine Kinderarbeit, Keine Sklaverei, Gesundheit und Sicherheit, Gesundheit und Sicherheit der Kunden, Diskriminierung und Chancengleichheit, Management der Lieferkette, Mitarbeiterschulung und -ausbildung, Gleichstellung der Geschlechter | Verhaltenskodex und Wesentlichkeit von unternehmerischer Rechenschaftspflicht Transparenz und Offenlegung, Vielfalt und Struktur des Vorstands, Bestechung und Korruption, Einbeziehung von Stakeholdern, Rechte der Stakeholder, Unabhängigkeit des Verwaltungsrats, Kontrollmechanismen im Unternehmen, Vergütung von Führungskräften, Einhaltung gesetzlicher Vorschriften |

Um einheitliche Herangehensweisen und eindeutige Maßstäbe verbindlich zu vereinbaren, wurden bereits frühzeitig Rahmenwerke aus Normen und teilweise auch aus Gesetzen, die die Anwendung von Normen einfordern, etabliert. Berechnungsverfahren beziehen sich entweder auf einzelne Aktivitäten oder auf Produkte, wobei bei Produkten der gesamte Lebenszyklus relevant wird. Die strukturierte Herangehensweise ermöglicht eine umfassende und transparente Darstellung der Nachhaltigkeitsleistung von Unternehmen, wie sie für Investoren von entscheidender Bedeutung ist.

### 2.1.2 Life Cycle Assessment und Economic Input Output Approach

Lebenszyklen von Produkten sind definiert als eine Sequenz von Phasen im Leben eines Produkts (siehe etwa das Greenhouse Gas Protocol [176, 177] oder ISO 14040 (International Standard Organization [229])). Der Lebenszyklus eines Produktes lässt sich entsprechend zumindest in die folgenden Phasen untergliedern (siehe Abbildung 2.1 unten) :
- Gewinnung, Verarbeitung und/oder Lieferung von Rohstoffen,
- Grundlagenforschung und Entwicklung (einschließlich Ökodesign),
- Herstellung/Produktion,
- Inverkehrbringen (Transport, Vertrieb und Vermarktung),
- Nutzung, Wiederverwendung und Instandhaltung der Produkte (dies entspricht der Zeit, bis „man die alten Kleider verwirft" im Sinne von von Carlowitz),
- Management am Ende des Lebenszyklus (Recycling und Entsorgung).

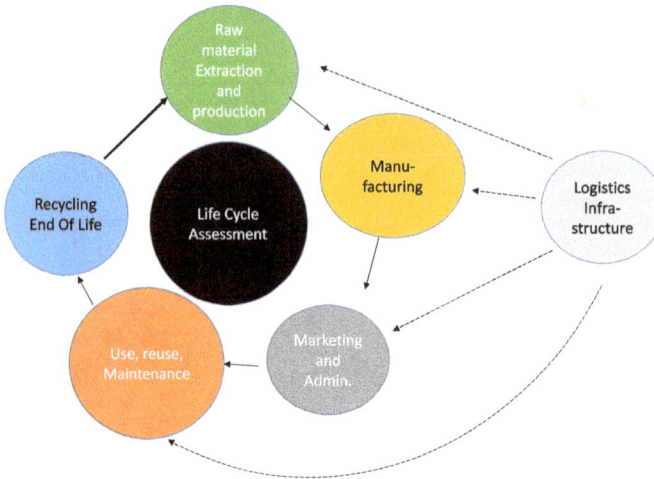

**Abb. 2.1:** Ein Life Cycle Assessment analysiert die Einflüsse auf nachhaltigkeitsrelevante Parameter in allen Phasen des Produktlebens: Sourcing der Rohstoffe, Entwicklung, Design, Herstellung, Marketing/Verkauf und Administration, der eigentlichen Nutzung des Produkts einschließlich der Wiedernutzung und der Verlängerung der Lebensdauer durch Service, dem Recycling. Zu jeder bzw. zwischen jeder Phase ist eine Infrastruktur nötig (hier angedeutet durch den Verweis auf Logistik). Diese Infrastruktur wird im Life Cycle Assessment ebenfalls berücksichtigt.

Der Prozess der Beschreibung der Phasen und deren Impact auf die Nachhaltigkeit eines Produkts wird als Life Cycle Assessment (LCA) bezeichnet. Gemäß der ISO 14040 (International Standard Organization [229]) umfasst eine LCA-Studie sechs Phasen:

– Definition des Ziels und des Umfangs: Diese Phase beinhaltet die Festlegung der Ziele und des Umfangs der Studie, um einen klaren Rahmen für die Analyse zu schaffen.
– Analyse der Bestandsaufnahme: Hier erfolgt die Erfassung der Input- und Output-daten des untersuchten Systems. Diese Phase beinhaltet die Sammlung aller notwendigen Daten, um die Ziele der Studie zu erreichen.
– Folgenabschätzung: Diese Phase zielt darauf ab, die Auswirkungen der in der Bestandsaufnahme quantifizierten Umweltbelastungen zu bewerten und zu beschreiben.
– Auswertung: Abschließend werden die Ergebnisse zusammengefasst und diskutiert. Diese Phase umfasst die Formulierung von Schlussfolgerungen, Empfehlungen und Entscheidungsfindungen in Übereinstimmung mit den definierten Zielen und dem festgelegten Umfang der Studie.
– Angabe der Fehler oder Ungenauigkeiten der vorgestellten Resultate.
– Obwohl nicht gesetzlich gefordert, sollte während der Lebensdauer eine Zwischenbilanz erhoben werden um zu klären, ob getroffene Annahmen und Ergebnisse mit der Realität übereinstimmen und gegebenenfalls Anlass zu Korrekturen besteht.

Das Ziel einer LCA ist die Ermittlung aller Fußabdrücke abhängig von dem angestrebten Reporting Standard, mindestens jedoch die Ermittlung von Kenngrößen wie

- Materialbilanz (Menge der über den gesamten Produktionsweg genutzten Materialien und der erzeugten Abfälle und giftigen Stoffe)
- Energiebilanz (Menge der entlang des gesamten Produktionswegs genutzten Energie).

Für alle Phasen eines Produktlebenszyklus sind sämtliche relevanten Fußabdrücke bzw. Key Performance Indicators (KPIs) zu berücksichtigen. Die Kenntnis dieser Parameter ist kein Selbstzweck, sondern soll gezielte Designmaßnahmen zur Reduktion der Fußabdrücke, beispielsweise in Material- und Energiebilanzen, im Rahmen des Ecodesigns erleichtern. Life Cycle Assessments (LCA) und Ecodesign sind inzwischen für größere Unternehmen und institutionelle Investoren gesetzlich vorgeschrieben. Diese Maßnahmen sind nicht nur eine Reaktion auf den Klimawandel, sondern auch auf die zunehmende Ressourcenknappheit.

Neben der ISO-standardisierten Methodik der LCA findet sich in der Literatur auch die Economic Input-Output Lifecycle Assessment-(EIOLCA)-Methode, die eine alternative Herangehensweise über den gesamten Lebenszyklus darstellt (Hendrickson et al. [194]). Diese Methode ist nicht standardisiert. Die EIOLCA-Herangehensweise beruht auf Analogieschlüssen und nicht auf Messungen, wobei in der Literatur vorhandene Datenbanken mit charakterisierenden Werten als Referenz herangezogen werden – ist also naturgemäß mit signifikanten Unsicherheiten bezogen auf den konkreten Fall behaftet (Economic Input-Output Life Cycle Assessment (EIOLCA) [102]). Ein maximaler Fehler ist für Reports nicht vorgegeben, die Unsicherheit bezüglich der gemachten Angaben muss aber publiziert werden.

## 2.2 Nachhaltigkeitsziele

Geschwindigkeit und Ausmaß der Umweltveränderungen haben sich zumindest in der öffentlichen Wahrnehmung in den letzten Jahren erheblich beschleunigt. Dies hatte zur Folge, dass der Bedarf an einer Verwaltung und Steuerung der Industrie- und Gesellschaftsentwicklung in Bezug auf Nachhaltigkeitsfragen nötig wird. Diese Steuerung erfolgt anhand festgelegter Ziele. Spätestens seit dem Brundtland-Bericht (Brundtland [62]) wurde deutlich, dass ökologische Themen eng mit anderen Nachhaltigkeitsaspekten wie der Versorgung mit Energie, Ressourcen und Nahrung sowie sozialen Themen wie Armutsbekämpfung und Inklusion verknüpft sind.

Die Verfügbarkeit von Ressourcen und Energie ist begrenzt. Diese Kompromisse sind lokal; daher werden vor Ort Kompromisse zwischen den möglichen Ökosystemleistungen (d. h. der lokalen Produktivität) und dem zulässigen Maß an Nutzung des Ökosystems erforderlich. Die erforderliche Kompromissfindung wird durch Ziele wie die Sustainable Development Goals (SDGs) der Vereinten Nationen (United Nations, Sustainable Development Goals [429]) und durch spezielle Grenzwerte gelenkt und unterstützt:

Die Vereinten Nationen haben das Thema der Nachhaltigkeitsziele kontinuierlich aufgegriffen. Die SDGs resultierten aus politischen Verhandlungen und wissenschaftlichen Diskussionen. Diese Herangehensweise birgt die Schwäche, dass die Auswahl und Formulierung der SDGs häufig zu Diskussionen und dem Wunsch nach zusätzlichen Zielen bis 2030 führen. Trotzdem haben die SDGs weltweite Anerkennung gefunden. Sie stellen eine Balance zwischen menschlichen Aktivitäten, der Profitabilität von Unternehmen und den Kapazitäten des Planeten dar. Diese Ziele unterstützen den Bedarf an einer globalen Verwaltung und Steuerung von Nachhaltigkeitsvorgaben durch politische Richtlinien. Die Nachhaltigkeitsziele der UN umfassen 17 Hauptziele, die durch mehrere spezifischere Unterziele ergänzt werden. Diese Ziele bieten einen umfassenden Rahmen zur Förderung nachhaltiger Entwicklung weltweit und adressieren eine Vielzahl von ökologischen, ökonomischen und sozialen Herausforderungen.

## 2.3 Planetary Boundary Conditions

„Fußabdrücke" ist ein Begriff in der Diskussion der Umweltbelastung. Die in der ESRS-Berichterstattung angeführten umweltbezogenen Fußabdrücke
- Verschmutzung der Luft,
- Energieverbrauch und Treibhausgasemissionen,
- Auswirkungen der Wassernutzung,
- Beeinflussung der biologischen Vielfalt,
- Ressourcenverbrauch im Sinne von Abfallmanagement und -reduzierung

sind nicht die einzigen der in der wissenschaftlichen Welt diskutierten Fußabdrücke. Im Folgenden wird auf diese Parameter Bezug genommen – Umweltverschmutzung und Wassernutzung werden allerdings aus Platzgründen lediglich im Kontext der Lebensmittelversorgung diskutiert, obwohl beide Themen deutlich weitergehende Effekte haben. Tatsächlich werden in der wissenschaftlichen Literatur mehr dieser Parameter diskutiert – vor allem auch in Zusammenhang mit den Grenzen, unterhalb derer sich diese Fußabdrücke bewegen sollten, ohne zu Schaden zu führen. In der Literatur werden diese Grenzen als „planetare Grenzen" bezeichnet. Der Begriff deutet bereits an, dass es nicht nur darum geht, Parameter zu identifizieren, auf die geachtet werden muss, sondern auch
- den Wert des Parameters, innerhalb dessen vermutlich noch kein Schaden auf die Umwelt erfolgt (eben die planetare Grenze des Parameters) und
- zu erfassen, wie hoch die Belastung dieses Aspekts der Umwelt heute eingeschätzt werden muss.

Diese planetaren Grenzen sind Parameter, deren Überschreiten das Überleben des sozialökologischen Systems SES (also des Gesamtsystems aus lebenden Organismen, der
Natur und der Wirtschaftsweisen in diesem System) gefährden würde. Das Konzept solcher Grenzen wurde erstmals 2009 vorgeschlagen. Bei der Aktualisierung im Jahr 2023
wurden nicht nur alle Grenzen quantifiziert, sondern festgestellt, dass sechs der neun
Grenzen bereits überschritten sind (Richardson et al. [346]; Wang-Erlandsson et al. [454],
siehe Abbildung 2.2 unten).

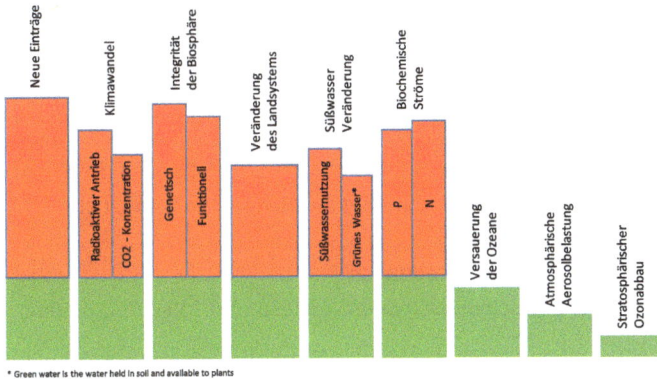

* Green water is the water held in soil and available to plants

**Abb. 2.2:** Ende 2023 wurden erstmals alle neun Prozesse, die die Stabilität und Widerstandsfähigkeit des
Erdsystems regulieren, quantifiziert. Diese neun planetaren Grenzen wurden ursprünglich 2009 vorgeschlagen und seither mehrfach überarbeitet. In der jüngsten Aktualisierung wurden nicht nur sämtliche
Grenzen quantifiziert, sondern es stellte sich auch heraus, dass sechs der neun Grenzen bereits überschritten sind (Richardson et al. [346]; Wang-Erlandsson et al. [454]).

Eine Studie aus dem Jahr 2023 befasste sich mit genau dieser Fragestellung, indem
sie neun Prozesse untersuchte, deren Kenngrößen auch als planetare Grenzen gelten.
Die Studie kam zu dem in der folgenden Abbildung dargestellten Ergebnis, wonach
sechs von neun der identifizierten Planetaren Grenzen bereits überschritten sind.

Um die Auswirkungen der Grenzüberschreitungen zu charakterisieren, haben sich
zwei Hilfsbegriffe als hilfreich herausgestellt: dies sind das bereits angesprochene sozi-
alökologische System SES – das System aus allen Lebewesen und deren Lebenszusam-
menhängen, zum anderen eine Eigenschaft dieses Systems, nämlich dessen Abhängigkeit von Energie und Ressourcen, um sich selber aufrechtzuerhalten. Diese Nutzung von
Ressourcen und Energie gleicht einer Ernährung und der Umsetzung der Nahrung in
einem Körper und wird deshalb auch als *Stoffwechsel* oder *Metabolismus* bezeichnet.
Verschiedene Situationen können eintreten, wenn einzelne oder mehrere Fußabdrücke
ihre Grenzen erreicht haben:

Das System ist nicht mehr in der Lage, Ressourcen verarbeiten, weil
- der individuelle oder gesellschaftliche Stoffwechsel nach Überschreiten von Fußabdrücken oder KPIs nicht mehr funktionsfähig ist, oder

- die Ressourcen nicht mehr verfügbar sind, sei es durch Erschöpfung auf lokaler oder globaler Ebene oder durch mangelnde Ankunft am Bestimmungsort – was ebenfalls zu einem Zusammenbruch des Metabolismus führen kann;
- in der Wechselwirkung zwischen Parametern kritische Entwicklungen auch an ursprünglich nicht direkt betroffenen Grenzen stattfinden.

Der lokale Effekt verbleibt in jeder Situation: Die Überlebensfähigkeit des Systems wird gefährdet oder ist nicht mehr gegeben. Die ökologischen und sozialen Rahmenbedingungen innerhalb eines SES können sich so schnell ändern, dass sie keine geeignete ökologische Nische mehr für die darin lebenden Spezies bieten und eine Entwicklung hin zur Anpassung an eine existierende Nische nicht möglich ist. In diesem Zusammenhang stellt sich die Frage, inwieweit das Überschreiten einzelner oder mehrerer Grenzwerte absehbar oder bereits eingetreten ist.

In Anbetracht der obigen Überlegungen ergibt sich offensichtlich, dass die Grenzwerte eher konservativ angesetzt werden sollten. Dies ist bedingt durch mögliche

- unbekannte zeitliche Effekte (Hysterese),
- unterschiedliche Eigenschaften der Umgebungen,
- unbekannte Verknüpfungen zwischen Systemparametern und Interpretationsfehler.

Die heutigen ökologischen Nischen sind das Ergebnis von Millionen Jahren evolutionärer Prozesse, wobei nur lebensfähige Kombinationen überlebt haben. Die Flexibilität des Systems ist daher entscheidend: Ein zu langer Winter, eine Überzahl an Fressfeinden, zu kaltes oder verschmutztes Wasser – solche Veränderungen haben das Potenzial, das Leben für viele Organismen unmöglich zu machen oder die Lebensbedingungen erheblich zu verschlechtern.

Ein stabiles System zeichnet sich dadurch aus, dass es nach einer Störung in seinen Ausgangszustand zurückkehrt. Bei überlasteten Systemen variieren jedoch die Eigenschaften in Bezug auf Dauer und Verlauf zum Teil zufällig. Jenseits von Kipppunkten besteht die Möglichkeit, dass chaotische Prozesse auftreten, die zu einem neuen Gleichgewichtszustand führen, der sich vom ursprünglichen Zustand unterscheidet. In der wissenschaftlichen Literatur wird die Resilienz eines Systems als die Zeit definiert, die erforderlich ist, damit ein System nach einer Störung in seinen ursprünglichen Zustand zurückkehrt.

Es ist unklar, wann genau die Stabilitätsgrenzen eines Gesamtsystems erreicht oder überschritten werden – also die Grenzen, nach deren Überschreiten ein Übergang in chaotisches Verhalten eintreten kann. Für einen solchen Fall liegen keine Erfahrungswerte vor und Systemsteuerungen werden damit sowohl auf lokaler als auch globaler Ebene äußerst schwierig oder gar unmöglich.

Diese Überlegungen legen nahe, dass neben Verzicht auf Verschwendung und mutiges Angehen von neuen Zielen ein vertieftes Verständnis der Wechselwirkungen zwischen Grenzen, Klimafaktoren, Resilienz und Versorgung, Verfügbarkeit von Ressourcen, Energie und Nahrung sowie Wirtschaftswachstum entscheidend für das Überleben des SES und der darin lebenden Spezies ist.

## 2.4 Grenzen und Kipppunkte – das Konzept der Adaptive Cycle

Ökologische Systeme sind nicht unendlich belastbar. Sie reagieren innerhalb von Grenzwerten reproduzierbar auf äußere Störungen, indem sie in ein reproduzierbares Gleichgewicht zurückkehren. Jenseits solcher Grenzwerte – so die Vorstellung – ist das Ökosystem innerhalb eines gewissen Pufferbereichs noch immer stabil. Die Obergrenze dieses Puffers wird durch sogenannte Kipppunkte beschrieben:

Vor dem Erreichen von Grenzwerten reagiert das Ökosystem und die Gesellschaft darin reproduzierbar – das heißt, dass nach Wegfallen einer äußeren Störung das System wieder in seine Ausgangslage zurückgekehrt ist. Unter solchen Umständen lassen sich Maßnahmen aus der Erfahrung ableiten und gegen die erwartete Wirkung skalieren. Jenseits dieser Grenzwerte existieren aber *Kipppunkte*, deren Erreichen dazu führt, dass das Gesamtsystem eben nicht mehr reproduzierbar, sondern chaotisch reagiert. Die Beschreibung dieser Kipppunkte geht auf Arbeiten von Holling zurück, die im Folgenden kurz beschrieben werden sollen.

> Ein Beispiel: In der Klimaforschung bezieht sich ein Kipppunkt auf den Moment, in dem klimatische Veränderungen so stark werden, dass sie unkontrollierbare und oft irreversible Folgen nach sich ziehen. Bekannte Kipppunkte im Erdsystem sind etwa das Abschmelzen des grönländischen Eisschilds oder das Absterben des Amazonas-Regenwaldes. Wenn solche Kipppunkte überschritten werden, wird eine Kettenreaktion ausgelöst, die das gesamte System grundlegend verändert, oft mit drastischen Konsequenzen für Ökosysteme und Gesellschaften (Lenton et al. [262]).

> Beispiele für Kipppunkte in der Natur sind etwa die *Eis-Albedo-Rückkopplung* (das Abschmelzen von Eisflächen reduziert die Menge an Sonnenlicht, die von der Erdoberfläche reflektiert wird, was mehr Wärme absorbiert und das Schmelzen weiter beschleunigt) oder das *Permafrost-Tauen* (durch das Tauen von Permafrostböden werden große Mengen an Methan und $CO_2$ freigesetzt, was den Klimawandel weiter verstärkt und den Prozess beschleunigen kann).

Um zu verstehen, was passiert, wenn Systeme Kipppunkte überschreiten, muss zunächst gesehen werden, wo die Ursprünge der Grenzwerte liegen: In deren Festlegung wurde davon ausgegangen, dass die Menschheit mit bestimmten Belastungen oder Rahmenbedingungen Erfahrung hat, und dies seit der letzten Eiszeit. Das heißt zunächst nicht, dass bei Überschreiten dieser Grenzwerte unmittelbar ein Problem existieren würde – wohl aber, dass ein Bereich betreten wird, in dem die Menschheit bislang keine Erfahrungen hat. Es wird also bewusst ein Risiko eingegangen – mit dem Wissen, dass die Erfahrungen der Vergangenheit in einer Umwelt gemacht wurden, in der nicht einmal ein, geschweige denn mehrere der Grenzwerte erreicht wurden und zudem die Besiedlung der Erde deutlich weniger ausgeprägt war und damit das Risiko der Wechselwirkungen zwischen verschiedenen Einflussgrößen kleiner war.

Holling beobachtete, dass sich biologische Systeme häufig in zyklischer Weise entwickeln (Holling [197]; Gunderson & Holling [182]). Die entsprechenden Zyklen bezeichnete er wegen deren Flexibilität in der zeitlichen Entwicklung als „adaptive Zyklen". Innerhalb einer Phase des „Systemlebens" ist das System prosperierend, das System ist charakterisiert durch Wachstum und Stabilisierung der Netzwerke und einen gut funktionierenden gesellschaftlichen Metabolismus. Der Begriff der *adaptiven Zyklen* beschreibt die dynamischen, zyklischen Prozesse, die komplexe, adaptive Systeme – wie Ökosysteme, Organisationen oder Gesellschaften – durchlaufen. Adaptive Zyklen bestehen aus vier Phasen:

1. *Exploitation (Ausbeutung)*: In dieser Phase nutzt das System Ressourcen intensiv aus, um zu wachsen und zu expandieren. Das System ist dynamisch und flexibel und passt sich neuen Möglichkeiten schnell an.
2. *Conservation (Konservierung)*: Das System stabilisiert sich und erreicht eine Art Reife. Hier wird der Fokus auf Effizienz gelegt, und es entstehen feste Strukturen. In dieser Phase nimmt die Flexibilität des Systems ab, weil Energie darauf verwendet wird, den bestehenden Zustand zu bewahren.
3. *Release (Freisetzung)*: Eine plötzliche Störung oder ein Schock vermag das System zu destabilisieren. Die Strukturen, die in der Konservierungsphase aufgebaut wurden, zerfallen, und die festgehaltenen Ressourcen werden freigesetzt. Diese Phase wird auch als *kreative Zerstörung* bezeichnet, da sie oft mit dem Zusammenbruch bestehender Ordnungen verbunden ist.
4. *Reorganization (Neuorganisation)*: Nach der Freisetzung beginnt das System, sich neu zu organisieren. Es werden neue Strukturen geschaffen, und die Möglichkeit für Innovationen und Anpassungen ist in dieser Phase am größten. Hier kann das System wieder in die Ausbeutungsphase übergehen oder aber seinen Charakter ändern.

Die Idee der adaptiven Zyklen betont die Dynamik und Flexibilität von Systemen, auf Störungen zu reagieren. Sie zeigt, dass Systeme nicht linear und keinesfalls immer in einem gleichbleibenden Zustand bleiben, sondern sich ständig in einem Zyklus von Wachstum, Stabilität, Zusammenbruch und Erneuerung befinden. Dies ist für das Verständnis von Krisen und Resilienz von Bedeutung, sowohl in natürlichen Ökosystemen als auch in sozialen und ökonomischen Systemen.

**Zusammenhang von Kipppunkten und adaptiven Zyklen**

Beide Konzepte – Kipppunkte und adaptive Zyklen – sind entscheidend für das Verständnis von Systemen in Bezug auf Umwelt, Klima und gesellschaftliche Dynamiken. Kipppunkte markieren den Moment, an dem ein System irreversibel in einen instabilen Zustand übergeht, während adaptive Zyklen die kontinuierlichen Phasen von Wachstum, Stabilisierung, Zerstörung und Wiederaufbau beschreiben. Wenn ein Kipppunkt erreicht wird, tritt das System in die Phase der Freisetzung und Neuorganisation eines adaptiven Zyklus ein, was zu einer neuen Systemdynamik führen kann.

Insgesamt helfen diese Begriffe dabei, die Komplexität und Verletzlichkeit von Systemen besser zu verstehen und zu erkennen, wann Interventionen notwendig sind, um irreversible Schäden zu vermeiden oder zu bewältigen, und wann solche Interventionen zwar durchgeführt werden können, das System aber unvorhergesehen reagieren wird.

Holling betonte die Bedeutung des Beziehungsnetzwerks der Spezies miteinander und die Widerstandsfähigkeit des Systems gegenüber Störungen. Vernetzung und Resilienz erfordern kontinuierliche Zufuhr von Rohstoffen und Energie, um das System funktionsfähig zu halten (Gunderson & Holling [182]). Maßnahmen zur Förderung von Resilienz umfassen die Erhaltung von Vielfalt, Steuerung der Konnektivität und polyzentrische Governance-Systeme. Die Parallelen zwischen den adaptiven Zyklen und Schumpeters Wirtschaftstheorie deuten darauf hin, dass die Anwendung von Hollings Modell eine wertvolle Perspektive in der Trendanalyse bietet. Durch die Integration der Prinzipien der adaptiven Zyklen gewinnen Forscher und Analysten tiefere Einblicke in die langfristigen Veränderungen und die Resilienz von sozialökonomischen Systemen.

Hollings Beobachtungen zu den Systemeigenschaften ermöglichen eine umfassende Beschreibung der Dynamiken (Holling [197]). In der frühen Entwicklungsphase eines sozialökologischen Systems (SES) zeichnen sich diese durch Artenvielfalt und Widerstandsfähigkeit aus, die es erleichtern, Beziehungsgeflechte zu entwickeln und Anpassungen vorzunehmen. Ein widerstandsfähiges SES federt Störungen flexibel ab und stützt es dabei, in seinen ursprünglichen Zustand zurück zu kehren. Die Anpassungsfähigkeit und Neuausrichtung sind entscheidend, nicht die feste Zusammensetzung von Arten. In späteren Phasen federt ein SES Störungen weniger gut ab, was auf starre Netzwerke und mangelnde Versorgung mit Energie und Rohstoffen zurückzuführen ist. Ein System reagiert chaotisch oder bricht zusammen, wenn es einen Kipppunkt überschreitet. Es kann sich erholen und stabilisieren, eventuell aber in veränderter Form.

Adaptive Zyklen variieren je nach betrachtetem System oder auch betrachteter Spezies. Die Stabilität eines Systems wird durch seine Fähigkeit bestimmt, nach Störungen in einen stabilen Zustand zurückzukehren. An Kipppunkten und während des folgenden Systemzusammenbruchs (Freisetzungsphase) zeigt das System chaotisches Verhalten, und seine Entwicklung ist nicht mehr vorhersagbar; insbesondere kehrt es nicht mehr in seine stabile Ausgangslage zurück. Der beschriebene Ablauf von adaptiven Zyklen kann sowohl in den Dimensionen „Potenzial/Produktion/Resilienz" im Verhältnis zum Grad der Vernetzung als auch nach „Grad der Vernetzung/Stoffwechselintensität" in Relation zur Zeit analysiert werden. Aufgrund der konsistenteren Sichtweise wird im Folgenden die zeitliche Entwicklung des „Grads der Vernetzung innerhalb des Systems" bevorzugt (Holling [198]).

Bisherige Arbeiten, wie jene von Gunderson und Holling (Gunderson & Holling [182]; Stockholm Resilience Centre [403]), haben gezeigt, dass diese Modelle nicht nur in ökologischen Kontexten, sondern auch in sozioökonomischen Systemen anwendbar sind. Die Anwendung dieser Modelle auf die Analyse von Megatrends hat das Potenzial, zum besseren Verständnis der Wechselwirkungen zwischen ökologischen, sozialen und ökonomischen Faktoren und somit zur Entwicklung von robusteren Vorhersagen und Strategien beizutragen.

Die Modellvorstellung der adaptiven Zyklen ist besonders im Kontext der Trendanalyse von Interesse, denn vielfach gehen Szenarien von einer Linearität der Trends und der Steuerbarkeit der Reaktionen des Gesamtsystems aus – eine Voraussetzung, die nicht notwendigerweise gegeben ist, siehe Abbildung 2.3 unten. Einige Studien, die versuchen, diese Lücke in der Zukunftsforschung zu schließen:

- Folke und Colding [143] verwenden Hollings Konzepte von Resilienz und adaptiven Zyklen, um Szenarien für die Nachhaltigkeit in sozialen und ökologischen Systemen zu entwickeln.
- Anderies und Janssen untersuchen Transformationen in komplexen Systemen durch Szenarienanalysen und adaptive Managementansätze (Anderies & Janssen [16]).
- Van der Leeuw nutzt die adaptiven Zyklen von Holling, um Szenarien zu erstellen, die auf die Resilienz und Anpassungsfähigkeit von Systemen in unsicheren und sich schnell verändernden Umfeldern abzielen (van der Leeuw [445]).

Die genannten Quellen verwenden Hollings und Gundersons Konzepte, um Zukunftsszenarien und Megatrends zu analysieren – unter anderem im Kontext von Resilienz, adaptiven Zyklen und komplexen Systemen. Die adaptiven Zyklen, wie von Holling konzipiert, umfassen vier Phasen: Ausbeutung, Erhaltung, Freisetzung und Reorganisation. Diese Phasen beschreiben die dynamischen Prozesse, durch die soziale, ökologische und ökonomische Systeme gehen. Die Phasen der Ausbeutung und Erhaltung spiegeln die Perioden des Wachstums und der Stabilität wider, die auch in Schumpeters Theorie der langen Wellen und der kreativen Zerstörung enthalten sind. Schumpeter betont, dass wirtschaftliche Innovationen zunächst eine Phase des schnellen Wachstums (Ausbeu-

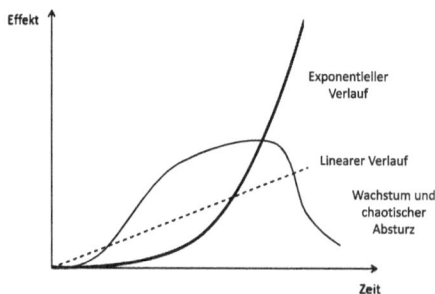

**Abb. 2.3:** Zeitlich lineare, exponentielle und Entwicklung verschiedener Effekte und komplexere zeitliche Entwicklungen, wie sie für Adaptive Zyklen charakteristisch ist.

tung) und anschließend eine Phase der Reife und Stabilität (Erhaltung) durchlaufen, bevor sie durch weitere Innovationen abgelöst werden (J. A. Schumpeter [372]).

## 2.5 Das Modell des gesellschaftlichen Metabolismus

Das Modell des gesellschaftlichen Metabolismus beschreibt den Austausch von Energie und Ressourcen zwischen Gesellschaften und ihrer Umwelt. Dieses Verständnis beruht auf einem Analogieschluss: Stoffwechselprozesse erhalten einen individuellen biologischen Organismus am Leben. Die Organismen benötigen den Zufluss von Information, Energie, Nahrung und Rohstoffen zur Ernährung. Sie produzieren Abfall. Ebenso verbrauchen Gesellschaften Energie und Rohstoffe und stoßen Abfälle ab.

Nach Marx und Engels [276], die diese Sichtweise zunächst skizzierten, greifen Gesellschaften mit ihren industriellen Wirtschafts- und Produktionsweisen in den natürlichen Stoffwechsel ein. Sie fügen dem natürlichen individuellen Stoffwechsel einen gesellschaftlichen Stoffwechsel hinzu, der die Industrie und das Wirtschaftsleben „ernährt", Rohstoffe und Energie verbraucht und letztlich Müll produziert. Marx und Engels sprachen in diesem Zusammenhang auch kritisch von der Rolle der Städte, die mit dem Fluss an Nahrungsmitteln den ländlichen Gebieten mit der Nahrung ihre Rohstoffe entziehen.

Dieses Konzept des gesellschaftlichen Metabolismus wurde in der Folge um die Aspekte Umweltbelastungen und Ressourcenverbrauch sowie Vernetzung moderner Industriegesellschaften erweitert (Fischer-Kowalski [139]). In der moderneren Vorstellung wird der Fluss von Materialien und Energie durch technologische, soziale und wirtschaftliche Prozesse gesteuert und die Vorstellung in dieser Hinsicht präzisiert (Fischer-Kowalski [140]).

Wenn das Modell zur Analyse von Ressourcenverbrauch in Form von Material- und Energiebilanzen genutzt wird, ist es möglich zu sehen, wie viel Energie und Ressourcen durch menschliche Aktivitäten verbraucht werden und wie dies die Tragfähigkeit der Umwelt beeinflusst (Fischer-Kowalski & Haberl [141]). Fischer und Hüttler konnten mit Hilfe des Modells zeigen, dass das heutige wirtschaftliche Wachstum nicht von der Umwelt losgelöst betrachtet werden kann (Fischer-Kowalski & Hüttler [142]). Es sind vielmehr viele verschiedene Faktoren, die zusammenwirken müssen, um den gesellschaftlichen Metabolismus zu betreiben oder eben möglicherweise auch zu stören. Durch die Anwendung des Modells lassen sich auch Probleme wie die Ressourcenknappheit und die Umweltauswirkungen von Gesellschaften systematisch erfassen (Daly [85]).

In einer sehr vergleichbaren Herangehensweise untersucht Eric Cline (E. Cline [74]) die Ursachen des Zusammenbruchs mehrerer großer Zivilisationen und deren Wirtschaftssystem, das im Wesentlichen auf Bronzeproduktion und -handel basierte (die *Bronzezeit*, um das Jahr 1177 v. Chr.). Zu diesen Kulturen zählen die Hethiter, Mykener und andere Reiche des östlichen Mittelmeerraums. Dieser Zusammenbruch lässt sich als als Ende der Bronzezeit bezeichnen. Cline argumentiert, dass es nicht einen einzelnen

Grund gab, sondern eine Kombination mehrerer Einflussgrößen, die sich veränderten und nicht mehr in der vorherigen Weise zusammenwirkten – dies waren insbesondere *Handelsnetzwerke*, die zusammenbrachen, *Binnenkonflikte*, die den Warenverkehr verkomplizierten oder unterbrachen, *Klimaänderungen*, die zu zu Engpässen in der Nahrungsversorgung führten oder auch *Migration und Invasionen*, die Gemeinwesen überforderten.

Zu diesen Einflussfaktoren kommt, dass die Zivilisationen der Bronzezeit über Südosteuropa und Vorderasien stark miteinander vernetzt und voneinander abhängig waren. Diese Verbindungen waren über die Zeit zu starr und unflexibel geworden. Der Zusammenbruch eines Reiches hatte deshalb Dominoeffekte zur Folge. Ähnlich wie moderne globale Systeme machten diese Abhängigkeiten das gesamte damalige politische und wirtschaftliche System anfällig für Störungen. Im historischen Rückblick stellt sich neben der Frage nach den Ursachen für den Zusammenbruch auch die Frage nach dem, was in der Folge nach dem Zusammenbruch passierte, wie und ob Zivilisationen sich erholten oder überlebten. Insgesamt aber dauerte es nach dem Zusammenbruch der Bronzezeit (der seinerseits weniger als 100 Jahre dauerte) Hunderte von Jahren, bis sich die Gesellschaften erholten oder neue Kulturen wie das klassische Griechenland entstanden. Cline betont in der zitierten Arbeit, dass Resilienz und die Fähigkeit, sich an Krisen anzupassen, entscheidend für das langfristige Überleben von Gesellschaften sind und dass es nicht *ein* Faktor, sondern *das gleichzeitige Zusammenwirken vieler Einflussgrößen* ist, das sich als entscheidend für den Zusammenbruch einer Epoche herausstellt.

Viele Eigenheiten der modernen Wirtschaftssysteme ähneln dem des damaligen Wirtschafts- und Handelssystems sowie der komplexen Lieferketten: Das Zinn kam damals aus dem heutigen Afghanistan, das Kupfer aus Zypern. Es gab auch damals einen leichten Klimawandel, der zu Ernteeinbrüchen sowie zu einer Pandemie führte. Die gesellschaftlichen Mechanismen und Handelsnetzwerke waren zu starr, um auf die politische und wirtschaftliche Instabilität reagieren zu können. Das Eintreten von Kriegen und massiven Migrationsbewegungen verstärkte die genannten Effekte.

Cline zeigt, dass es keine einfachen Erklärungen gibt. Auch komplexe und etablierte Systeme sind zerbrechlich, wenn sie von mehreren Krisen gleichzeitig und ungünstig getroffen werden – insbesondere, was die Versorgungs- und Handelswege betrifft. Cline zeigte am speziellen Beispiel der Bronzezeit – ebenso wie Tainter allgemein (Tainter [408]), dass Kulturen als komplexe dynamische, aber auch störungsanfällige Systeme verstanden werden müssen, die sich aus einem Netzwerk von Energie- und Materialströmen ernähren und ohne diese Ernährung zusammenbrechen.

## 2.6 Versorgung

### Historischer Kontext

Historisch betrachtet war in der Zeit vor der Industrialisierung der Lebensalltag praktisch aller Menschen von der ständigen Notwendigkeit geprägt, die Versorgung zu sichern. Agrarische Gesellschaften mussten ihre kulturelle und gesellschaftliche Struktur auf die Produktion und Verteilung von Nahrungsmitteln und anderen lebensnotwendigen Gütern ausrichten (Fischer-Kowalski & Haberl [141]). Die Industrialisierung markierte für die von der Industrialisierung betroffenen Regionen einen Wendepunkt. Sie ermöglichte und erforderte eine beispiellose Ausweitung der Ressourcennutzung und eine deutliche Steigerung der Produktionseffizienz, wodurch seither und wohl auch vorübergehend der Eindruck entstand, die Verfügbarkeit von Ressourcen sei nahezu unbegrenzt (Malm [271]).

### Die Rolle der Industrialisierung

Die Industrialisierung lenkte in gewisser Weise von der Tatsache ab, dass Ressourcen beschränkt sind. Durch die Nutzung fossiler Brennstoffe und technologischer Innovationen konnten Gesellschaften eine Phase relativen Überflusses erleben, in der die unmittelbare Versorgungssicherung nicht mehr wichtig war. Diese Epoche ermöglichte enorme wirtschaftliche und gesellschaftliche Entwicklungen, brachte jedoch auch den übermäßigen Verbrauch natürlicher Ressourcen mit sich (Smil [389]). Sieferle [385] führt hierzu aus:

> „Mit der industriellen Transformation wuchs innerhalb von kaum 200 Jahren die Weltbevölkerung etwa um den Faktor 7. Dieses Bevölkerungswachstum ging einher mit einem in der Menschheitsgeschichte beispiellosen Anstieg des Durchflusses von Energie und Stoffen und einem gleichzeitigen Wachstum des Pro-Kopf-Verbrauchs. Diese enorme Steigerung der Wirtschaftskraft und des Wohlstands war mit dem Weg in ein Regime struktureller Nicht-Nachhaltigkeit verbunden, d.h. die Industrialisierung beruht auf physischen Grundlagen, die nicht dauerhaft zur Verfügung stehen. Im Gegensatz zur neolithischen Revolution und zur Entstehung agrarischer Zivilisationen beruht die industrielle Transformation auf einem Diffusionsprozess.
> Sie hat einen eindeutig zeitlich wie auch geographisch lokalisierbaren Ursprung, und ihre Ausbreitung über die gesamte Erde, die sich seit zweihundert Jahren rapide vollzog und sämtliche Widerstände überwand, kann als eine Kaskade von Imitationen und Transfers verstanden werden. Es handelt sich also nicht um einen Prozess der Konvergenz, sondern um eine Singularität, die sich erfolgreich ausbreiten konnte. Der Vorgang als solcher war aber einmalig. Um dies zu verstehen, müssen zwei Elemente gesondert betrachtet werden: die Einleitung und die Diffusion der Industrialisierung. Der Ursprung war zweifellos kontingenter Natur, d.h. er war nicht von seinen Ausgangsbedingungen her determiniert."

Die Nachfrage nach natürlichen Ressourcen, Energie und Lebensmitteln nimmt seit der industriellen Revolution zu. Dieser Trend, eine größere Vielfalt an Mineralien und Metallen zu verwenden, wird mit wachsendem Konsum weiterhin anhalten (Valero & Valero [443]). Um den Bedarf zu befriedigen, werden Lagerstätten ausgebeutet und durch Entwicklungen an der Schnittstelle zwischen biologischen, chemischen und physikalischen Wissenschaften neue Lagerstätten identifiziert. Um diese Lagerstätten dann auszubeuten, ist auch die Überwindung von durch den Schutz der Umwelt bedingten Beschränkungen nötig, wie etwa beim Abbau in Polarregionen oder unter dem Meeresspiegel (Lusty & Gunn [268]). Ob der Schritt, die Rücksicht auf die Natur fallen zu lassen, eine Lösung ist, scheint zweifelhaft. Forschungsergebnisse von Valero & Valero [443] zeigen für 51 mineralische Rohstoffe, dass der Höhepunkt der Produktion dieser Mineralien, eventuell auch das Ende der Versorgung im heutigen Maßstab, vor dem Ende des 21. Jahrhunderts erreicht sein wird. Diese Arbeit untersuchte, wann der Höhepunkt der Produktion der wichtigsten mineralischen Rohstoffe erreicht sein wird, sowie das mögliche Erschöpfungsverhalten. Selbst wenn die gleiche Menge von Rohstoffen wie die, die heute bekannt sind, noch einmal gefunden würde, so diese beiden Autoren, wird diese die meisten Reichweiten von Rohstoffen lediglich um etwa 30 Jahre nach hinten verschieben. Die Ursache dieser Entwicklung liegt im Wachstum der Nachfrage nach Mineralien (Valero & Valero [443]). Die Auswirkungen dieses Wachstums wurden in vielen Arbeiten untersucht (Meadows et al. [284]; Dixson-Declève et al. [98]).

Im Folgenden soll verschiedenen Aspekten der Versorgung mit Rohstoffen, Energieträgern, Landwirtschaft und Information nachgegangen werden.

### 2.6.1 Hubbert-Kurve und Ertragsfaktoren

Die potenziell abnehmende Versorgung mit Ressourcen wurde von Hubbert bereits in den 1950er Jahren für industriell notwendige Rohstoffe und Energielieferanten im Hinblick auf Rohöl diskutiert. Hubbert postulierte (Hubbert [201]), dass eine Rohstoff- oder Energiequelle zunächst mit abbaubaren Ressourcen gefüllt ist und in einer Abbauphase bis zur Grenze der Abbaubarkeit ausgebeutet wird. Zu Beginn erfolgt der Abbau in zunächst wachsendem Umfang, erreicht dann eine konstante Abbaurate und klingt schließlich gegen Ende der Abbauzeit wieder ab. Die jährliche Abbaumenge ergibt sich aus den Jahresintervallen, wobei die Einhüllende der dargestellten Kurve durch die erste Ableitung der Distributionsfunktion beschrieben wird.

> Hubberts Arbeiten fanden Beachtung, weil sie die Fördercharakteristik für Erdöl in den USA in der Energiekrise Anfang der 1970er Jahre zunächst zutreffend vorhersagten.

Die Methode von Hubbert weist jedoch Schwierigkeiten auf:
- *Lokale Ressourcen*: Die Methode muss auf lokale Ressourcen angewendet werden. Die Summe über verschiedene Quellen verzerrt das Bild, wenn sich verschiedene Quellen in verschiedenen Abbauphasen befinden.
- *Gegenläufige Effekte*: Hubbert berücksichtigte zwei gegenläufige Effekte zunächst nicht: Mit fortgesetzter Förderung werden die Fördermethoden effektiver, aber gegen Ende der Förderung ist für die Förderung einer bestimmten Menge gewonnener Energie seinerseits ein stets wachsender Energieaufwand erforderlich. Dies führt dazu, dass die Nettoausbeute stark abfällt. Dieser, in der deutschsprachigen Literatur als „Erntefaktor" (EROI im Englischen) bezeichnete Effekt, reduziert den Nettoertrag.

In der folgenden Abbildung beschreibt die blaue Kurve die Entwicklung des jährlich abgebauten Rohstoffs, während die graue Kurve den Rohstoff darstellt, der nach Abzug der Aufwendungen für Abbau, Aufbereitung und Transport am Punkt des Bedarfs ankommt.

Das plötzliche Abfallen der Hubbert-Kurve ist durch den mit wachsender Abbaumenge einhergehenden steigenden Erntefaktor bedingt. Nach einer Phase guter Versorgung mit Energie kann der Aufwand für den Zugang zur Ressource Energie, beschrieben als Energetic Return on Investment (EROI), stark ansteigen. Er verursacht dann unter Umständen ein plötzliches Abfallen der Effizienz der Ressourcenversorgung. Zum Beispiel kostete die Förderung von 100 Tonnen Rohöl in Texas in den 1940er Jahren die Energie einer Tonne Rohöl, siehe Abbildung 2.4 unten. Heute liegt das Verhältnis zum Teil bei 15:1 (Heinberg [192]; Hall et al. [184]). Dies hat natürlich erhebliche Auswirkungen auf die Energieversorgung des soziökologischen Systems (SES). Weiter gefasst gilt ein vergleichbares Phänomen wie der EROI auch in anderen Zusammenhängen: Für den Abbau von Steinkohle wird neben Energie z. B. auch Eisen/Stahl benötigt. Im Umkehrschluss bedeutet dies, dass, wenn kein Stahl zur Verfügung steht, zumindest die heute präferierten Abbaumethoden nicht mehr funktionieren.

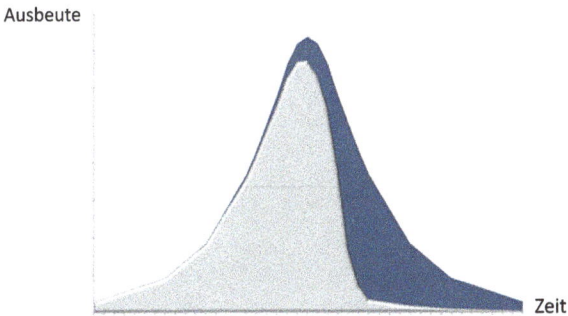

**Abb. 2.4:** Auswirkungen des Erntefaktors auf die verfügbare Energiemenge nach D. Murphy [296]. In diesem Beispiel führt der kontinuierlich steigende Aufwand für die Gewinnung der Energieträger zu einem schnellen Rückgang der Energieversorgung am Verbrauchsort (graue hinterlegte Fläche), obwohl die geförderte Energiemenge (blau hinterlegte Fläche) sich nicht abrupt verändert.

Der Begriff Metabolismus wird sowohl für den unabhängig von der Spezies individuellen als auch für den gesellschaftlichen Stoffwechsel genutzt. Dieser gesellschaftliche Stoffwechsel, d. h. der Austausch und die Verarbeitung von Energie und Rohstoffen zwischen Gesellschaft/Wirtschaft und ihrer Umwelt, ist essentiell für das Leben und charakterisiert es auch. Der Metabolismus ermöglicht auf individueller Ebene

– *Kontakt mit der Umwelt* – dies umfasst auch die Vernetzung mit der Umgebung;
– *Selbsterhaltung des Individuums* – die Fähigkeit zur Aufrechterhaltung der Lebensfunktionen;
– *Reproduktion* – die Fortpflanzung zur Sicherstellung des Fortbestehens der Spezies.

Es ist daher naheliegend, dass ein sozialökologisches System (SES), das auf die Nutzung von Ressourcen optimiert ist, auch auf Veränderungen in der Ressourcensituation reagiert. Bei einer Verknappung der Ressourcen besteht die Gefahr, dass eine Spezies, die diesen Mangel nicht ausgleichen kann, ihre Lebensgrundlage verliert und lokal ausstirbt. Die Bewertung der Ressourcenverfügbarkeit ist komplex, da sie nicht nur die statistische Menge, sondern auch die Zugänglichkeit am Ort des Bedarfs berücksichtigt. Dieser Zusammenhang wird durch die modifizierte Hubbert-Kurve veranschaulicht. Es muss untersucht werden, wie viel Energie und Ressourcen erforderlich sind, um andere Ressourcen zu gewinnen, aufzubereiten und zu transportieren.

Mit zunehmender Knappheit von Ressourcen, insbesondere Energie, werden der Aufwand und damit auch der Energiebedarf für die Gewinnung oder das Recycling einzelner Substanzen zu einem entscheidenden Faktor. Zudem ist es wichtig zu beachten, dass Ressourcen nicht direkt austauschbar sind. Bereits um 1850 identifizierte Liebig, basierend auf Sprengels Ergebnissen, 16 Mineralien, deren spezifisches Verhältnis im Boden für das Pflanzenwachstum notwendig ist, siehe Abbildung 2.5 unten. Ein Mineralstoff, der seinen erforderlichen Anteil unterschreitet, limitiert den Ertrag des gesamten Systems. Diese Gesetzmäßigkeit wurde später durch Mitscherlich erweitert, der entsprechend seiner Beobachtungen das *Gesetz des Minimums* und das *Gesetz des abnehmenden Bodenertrags* formulierte. Mitscherlich [288] stellte fest, dass die Beziehung zwischen Ertrag und Nährstoffzufuhr nicht linear ist und zusätzliche Nährstoffe nicht immer zu höheren Erträgen führen.

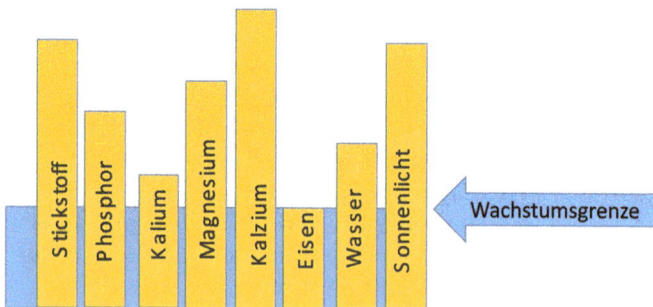

**Abb. 2.5:** Das Liebigsche Gesetz vom Minimum illustriert mit einem „*Fassmodell*". Das Modell zeigt aneinandergereiht Dauben (die begrenzenden Holzlatten) eines Fasses, die unterschiedlich hoch sind. Jede Daube repräsentiert einen bestimmten Nährstoff oder Umweltfaktor, der für das Wachstum einer Pflanze notwendig ist, wie z. B. Wasser, Stickstoff, Phosphor, Kalium, etc. Die *höchste Daube* repräsentiert den Faktor, der im Überfluss vorhanden ist, und die *niedrigste Daube* stellt den limitierenden Faktor dar. Das Fass hält nur so viel Wasser (symbolisch für das Pflanzenwachstum), wie die niedrigste Daube hoch ist. Das Wachstum einer Pflanze (symbolisiert durch das Wasser im Fass) wird durch den am stärksten limitierenden Faktor eingeschränkt, nicht durch die Gesamtmenge aller Ressourcen. Selbst wenn alle anderen Dauben hoch sind, bestimmt die niedrigste Daube die maximal mögliche Füllhöhe im Fass. Das Modell veranschaulicht, dass das Fehlen eines wesentlichen Nährstoffs das Wachstum stark begrenzen kann, selbst wenn andere Nährstoffe im Überfluss vorhanden sind.

Der individuelle oder speziesbezogene Stoffwechsel wird mit dem „gesellschaftlichen Stoffwechsel" verglichen, der als funktionales Äquivalent des biologischen Stoffwechsels betrachtet wird. Hierbei wird angenommen, dass Menge, Qualität, Zusammensetzung, Quellen und Senken von Ressourcen die wirtschaftlichen und gesellschaftlichen Produktions- und Konsumsysteme widerspiegeln, die zeitlich und räumlich variabel sind. Ein kritischer Mangel an einzelnen Rohstoffen hat das Potenzial, einen ganzen Industriezweig zu destabilisieren. Die Abhängigkeiten sind vielfältig: Produktionen von Rohstoffen sind oft interdependent (z. B. ist der Abbau anderer Rohstoffe ohne Eisen schwer möglich), und der gesamte Herstellungs- und Transportprozess hängt von spezifischen Energieformen ab. Eine Unterbrechung der Energieversorgung beeinträchtigt den Abbau oder Transport von Rohstoffen erheblich.

### Kritikalität von Energieträgern und Rohstoffen

Auf globaler Ebene ist die Verfügbarkeit von Erdgas und Rohöl sowie deren Folgeprodukten auf wenige Jahrzehnte limitiert, während lokale Engpässe durch politische und transportbezogene Einschränkungen zusätzlich verschärft werden können. Die Beschreibung der Verfügbarkeit wird auch als *Kritikalität* bezeichnet:

Die *Kritikalität von Energieträgern und Rohstoffen* wird anhand mehrerer Kriterien berechnet, die sowohl die wirtschaftliche Bedeutung als auch die Risiken für die Versorgungssicherheit berücksichtigen. Diese Analyse wird von staatlichen Institutionen, internationalen Organisationen und Forschungseinrichtungen durchgeführt, um zu bewerten, wie stark ein bestimmter Rohstoff für eine Volkswirtschaft oder Industrie von Bedeutung ist und inwieweit Versorgungsrisiken bestehen. Es gibt dabei kein einheitliches Modell zur Berechnung der Kritikalität, aber gängige Ansätze integrieren üblicherweise zwei Hauptdimensionen: *wirtschaftliche Bedeutung* und *Versorgungsrisiko*.

1. Wirtschaftliche Bedeutung
   Die wirtschaftliche Bedeutung eines Rohstoffs wird in der Regel auf Basis seines Beitrags zu verschiedenen Industrien und seinem Einfluss auf die Gesamtwirtschaft bestimmt. Hierbei sind folgende Faktoren wichtig:
   – *Nutzung des Rohstoffs in Schlüsselindustrien,*
   – *Substitutionsmöglichkeiten,*
   – *Preisvolatilität.*
   Ein Maßstab für die wirtschaftliche Bedeutung ist auch der Anteil eines Rohstoffs an der Bruttowertschöpfung oder die Abhängigkeit bestimmter Wertschöpfungsketten von diesem Rohstoff.
2. Versorgungsrisiko
   Das Versorgungsrisiko umfasst eine Analyse der Risiken, die mit der Produktion und dem Handel des Rohstoffs verbunden sind. Hierbei werden folgende Faktoren berücksichtigt:
   – *geologische Verfügbarkeit,*
   – *politische Stabilität der Förderländer,*
   – *Umwelt- und Sozialfaktoren,*
   – *Handelsabhängigkeit.*
3. Berechnungsmethoden
   Verschiedene Organisationen haben spezifische Modelle zur Bewertung der Kritikalität entwickelt. Zwei prominente Ansätze sind

a) Methodik der Europäischen Kommission (Critical Raw Materials Methodology)
   Die EU bewertet die Kritikalität von Rohstoffen auf Basis einer zweidimensionalen Matrix:
   - *wirtschaftliche Bedeutung,*
   - *Versorgungsrisiko.*

   Die Rohstoffe, die in beiden Kategorien (wirtschaftliche Bedeutung und Versorgungsrisiko) hohe Werte erzielen, werden als „kritisch" eingestuft (European Commission [122]).

b) Methodik des U. S. Geological Survey (USGS)
   Der USGS hat ein System entwickelt (das dem der EU ähnelt), um Rohstoffe auf ihre Kritikalität hin zu bewerten. Es berücksichtigt dabei
   - *Supply risk (Versorgungsrisiko),*
   - *Co-production,*
   - *Substitutability (Substitutionsfähigkeit).*

   Der USGS verwendet ein „Criticality Matrix"-Modell (USGS [442]), das eine ähnliche Struktur wie die EU-Methodik aufweist und Rohstoffe auf einer Skala von „low criticality" bis „high criticality" einordnet (Fortier et al. [147]). Die Dokumentation der einzelnen Berechnungsmethoden und der Datengrundlage ist allerdings schlecht.

**Anwendung der Kritikalitätsbewertung**

Regierungen und Unternehmen nutzen die Kritikalitätsbewertung unter anderem, um die Rohstoffversorgung sicherzustellen. Die Berechnung der Kritikalität von Rohstoffen und Energieträgern erfolgt durch die Abwägung von wirtschaftlicher Bedeutung und Versorgungsrisiko. Durch den Einsatz von Bewertungsmodellen wie denen der EU-Kommission oder des USGS werden Rohstoffe identifiziert, die eine strategische Bedeutung haben und gleichzeitig unter potenziellen Versorgungsengpässen leiden. Diese Bewertungen sind entscheidend für die Planung der Rohstoffversorgung und die Erschließung neuer Innovations- und Nachhaltigkeitsstrategien.

## 2.6.2 Versorgung mit Rohstoffen

Der heute vorhandene natürliche Bestand an Rohstoffen wurde im Laufe von Jahrmillionen durch eine Vielzahl geologischer Prozesse gebildet und Mineralien lokal konzentriert. Die konzentrierten Mineralvorkommen dienen menschlichen und tierischen Nutzern unter anderem als Material- und Brennstoffreservoir. Die Konzentrationen der Vorkommen variieren stark und je konzentrierter ein Mineralvorkommen ist, desto weniger Aufwand ist für die Gewinnung erforderlich. Offensichtlich geht ein Abbau von Rohstoffen mit einer Verringerung des natürlichen Vorrats in Bezug auf die aus den Bergwerken gewonnenen Mineralien und die für den Abbau benötigte Energie einher. Die gewonnenen Mineralien werden konzentriert und weiter veredelt. Auch dafür ist Energie und weitere Materialien nötig.

Dem Prozess der Aufkonzentration vor der Nutzung steht nach der Nutzung eine Zerstreuung und Verteilung der Rohstoffe als Abfall gegenüber. In diesem Abfall ist der Rohstoff wieder abkonzentriert.

Die Begrenztheit der Reichweite von Rohstoffen (das sind mineralische Rostoffe aber auch Energieträger), von der im Folgenden die Rede ist, kann sehr verschiedene Ursachen haben. Die entsprechende Literatur berücksichtigt Faktoren wie den Umfang der bekannten Lagerstätten, die Zugänglichkeit dieser Lagerstätten für etablierte oder kommende Abbau- und Aufschlusstechnologien, die Stabilität der liefernden Firmen, die Außenhandels-, Naturschutz- oder Protektionspolitik der Lieferländer und vieles mehr – leider allerdings nicht konsistent, sodass Angaben oft nicht vergleichbar sind. Hinzu kommt natürlich auch, dass es neben den known unknowns auch die unknown unknowns gibt. Wenn verschiedene Informationsquellen für derlei Einflussfaktoren verschiedene Ausgangsannahmen einsetzen, müssen die Bewertungen naturgemäß unterschiedlich sein und die resultierenden Bewertungen sich entsprechend verschieden darstellen. Letztlich steht eine allgemeine Kontroverse zu dieser Fragestelleng, egal von welcher Seite welches Argument vorgebracht wird, auf tönernen Füßen. Hinzu kommt, dass sich der Bedarf für viele Rohstoffe als technologie- und wachstumsabhängig darstellt, wobei, was die Technologieabhängigkeit betrifft, Substituierbarkeit und Recyclebarkeit (siehe das nächste Kapitel) einflussreich sind. Die EU fasst die entsprechende Diskussion zusammen und bezeichnet verschiedene Materialien als „kritisch". Im Jahr 2011 identifizierte die Europäische Union insgesamt 11 Rohstoffe als in dem Sinne „kritisch" (European Commission [119]):

Antimon, Beryllium, Kobalt, Flussspat, Gallium, Germanium, Graphit, Indium, Magnesium, Niob, Metalle der Platingruppe, Seltene Erden, Tantal und Wolfram.

Bis 2023 hat sich diese Liste erheblich erweitert (European Commission [124]) und umfasst nun 40 Rohstoffe. Natürlich liegt es nahe, die Frage zu stellen, wie lang denn die in dieser Liste aufgeführten Rohstoffe reichen werden. Diese Frage nach den Vorräten der Erde und deren Umfang lässt sich nicht einfach mit einer festen Zahl beantworten, da verschiedene Faktoren in die Beantwortung spielen. Dies sind Kenntnisse über den zukünftigen Bedarf, den technologischen Fortschritt sowie den genutzten Möglichkeiten des Recyclings (inklusive der Effizienz des Sammelns von Altmaterialien). Im Folgenden wird die Liste der kritischen Materialien der EU etwas erweitert um eine vergleichbare Liste des Handelsministeriums der USA. Diese Liste wird zunächst mit Schätzungen aus verschiedenen Quellen erweitert. Diese Erweiterung bezieht sich auf die „Reichweite der Rohstoffe", also der Zeit, in der diese Rohstoffe noch zur Verfügung stehen. Die resultierende Angabe von Jahren soll die Kriterien

1. Verfügbarkeit,
2. Abbau- und Produktionsrate,
3. Recycling bzw. Recyclingraten,
4. Neue Entdeckungen und Technologien (vor allem zur Steigerung der Effizienz bei allen Aspekten der Versorgung),
5. Nachfrageentwicklung

berücksichtigen. Viele der Literaturquellen sind in verschiedener Weise strukturiert, weshalb sich die Genauigkeit der resultierenden Aussagen je nach Quelle und Rohstoff stark unterscheidet. Zudem kann, obwohl nicht für alle Rohstoffe gleichermaßen zutreffend, immer noch davon ausgegangen werden, dass zusätzliche Rohstoffvorkommen entdeckt werden und sich damit die Versorgungslage punktuell etwas verbessert. Dieser Ungenauigkeit steht gegenüber, dass Valero und Valero [443] – wie oben skizziert – zeigen konnten, dass, selbst wenn neue Entdeckungen von Lagerstätten gemacht würden, diese die meisten Spitzenwerte lediglich um etwa 30 Jahre nach hinten verschieben würden. Dieser Effekt ist darauf zurückzuführen, dass der positive Effekt das exponentielle Wachstum der Nachfrage nach Mineralien *nicht* aufwiegen kann. Dies deckt sich mit den Abschätzungen von Grosse et al. aus dem Jahr 2010 (Grosse [179]).

Die wichtigsten Ansätze für Analysen der Verfügbarkeit von Rohstoffen sind im folgenden *McKelvey-Diagramm* in einen Zusammenhang skizziert (Abb. 2.6).

Es findet erstaunlich wenig Beachtung in der Literatur, dass mit Förderung und Aufbereitung/Produktion von Rohstoffen ein Verbrauch an Energie und anderen Rohstoffen einhergeht (sehr vergleichbar mit dem vergleichbar mit dem EROI, siehe Abschnitt 2.6.1). Das heisst, dass z. B. ohne Stahl und elektrische Energie, egal woher diese kommen, kein Aluminium hergestellt werden kann. Ohne Stahl und Aluminium gibt es z. B. keine Automobile, wie sie heute bekannt sind.

Vergleichbares gilt auch für die Kohleförderung: Ohne Stahl gibt es keine Kohleförderung im heutigen Maßstab.

Die obige Liste umfasst sowohl technologisch bedeutende Materialien wie Lithium oder Kupfer sowie Substanzen wie Phosphor und Phosphate, die auch in der heutigen Landwirtschaft zur Nahrungsmittelproduktion erforderlich werden. Es ist wichtig zu beachten, dass Ressourcenknappheit nicht zwangsläufig plötzliche Engpässe dieser Rohstoffe bedeutet. Es handelt sich vielmehr um das langsam auftretende Resultat verschiedener Einflussgrößen:

–  Die traditionell ergiebigen Vorkommen sind aufgebraucht, und es werden keine neuen als Ersatz gleicher Qualität gefunden.
–  Abbauwürdige Vorkommen finden sich zunehmend in entlegeneren und geographisch schwierigeren Regionen – was häufig zu komplexer werdenden und umweltschädigenden Fördermethoden führt.
–  In der Folge steigen die Förder- und Transportkosten, was sich direkt auf die Preise auswirkt und manche Nutzung unrentabel macht.

Es muss nochmals betont werden, dass die obige Liste keinen Anspruch auf Genauigkeit haben kann, auch da die genutzten Quellen von verschiedenen Konzepten und Berechnungsansätzen ausgehen. Dennoch sollten einerseits die Trends und andererseits die zitierten Resultate von Valero und Valero [443] zutreffen, wonach, selbst wenn neue Entdeckungen von Lagerstätten in heute verfügbarem Umfang gemacht würden, diese die meisten Kritikalitäten lediglich um etwa 30 Jahre nach hinten verschieben würden, da der positive Effekt das exponentielle Wachstum der Nachfrage nach Mineralien *nicht* aufwiegen kann.

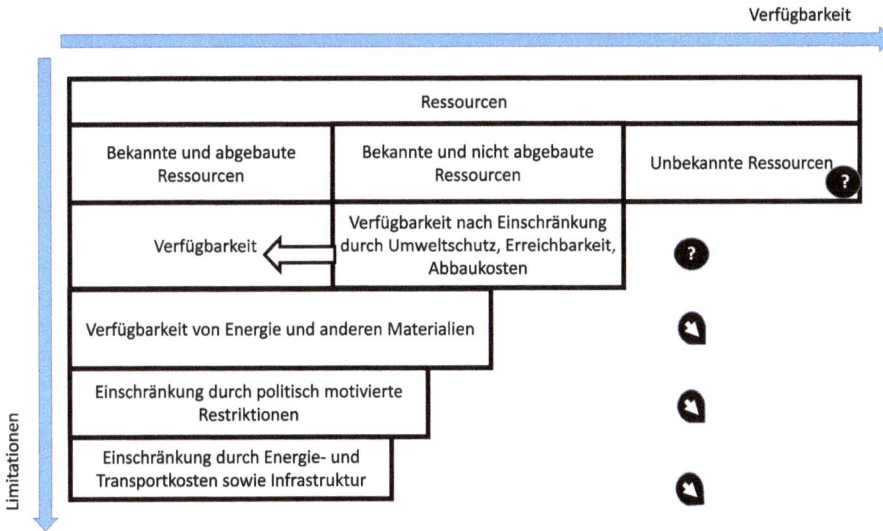

**Abb. 2.6:** Die in der Tabelle angedeutete Herangehensweise (etwas abgewandelt von einem McKelvey-Diagramm) ist im Prinzip die folgende: Zunächst werden die bekannten Rohstoffvorkommen in abgebaute, lediglich bekannte und noch unentdeckte Quellen klassifiziert, die dann nach deren Verfügbarkeit bewertet werden. Ein weiteres einschränkendes Kriterium ist die Verfügbarkeit von für den Abbau nötiger Energie und Werkstoffen am Ort des Vorkommens. In der Folge müssen Regierungen dem Abbau und dem Export zustimmen, und es muss, ein weiteres Kriterium, sowohl die Infrastruktur für den Transport bis zum Ort des Bedarfs als auch die dazu nötige Energie zur Verfügung stehen. In der nachfolgenden Tabelle wurden in den zitierten Quellen zudem Faktoren/Indikatoren berücksichtigt, die neben der statistischen Reichweite von Ressourcen und Reserven oder auch der Ersetzbarkeit des betrachteten Rohstoffes durch andere Substanzen einen deutlichen Einfluss auf die Materialverfügbarkeit haben kann. In den Quellen wurden auch Recyclingraten berücksichtigt – wobei zu bemerken ist, dass diese substanz- und anwendungsabhängig sind (beispielsweise Legierungsbestandteile werden häufig nicht zurückgewonnen und sind daher für das Recycling verloren). Zusätzlich beeinflussende Faktoren sind

1. absehbare Erhöhung von Nachfragen und Preisen;
2. politische Limitationen wie
   – Auslieferstopp (oder das Bedürfnis von Staaten die Auslieferung von unbearbeiteten Rohstoffen zu limitieren um an der gesamten Wertschöpfungskette teilzuhaben) und politische Präferenzen (Auslieferung nur gemeinsam mit Kompensationsgeschäften oder innerhalb einer Region der eigenen politischen Einflussnahme);
   – Instabilität in der Lieferregion, längs des Transport- und Produktionsweges;
   – Transport von Rohstoffen und Existenz einer funktionierenden Infrastruktur. Letztere ist mit dem Klimawandel und den sich abzeichnenden Verwerfungen durch Migration und Ernährungsnotstand nicht mehr ohne weiteres vorauszusetzen;
3. die Besonderheit, dass manche Produkte als Nebenprodukt (Kuppelprodukt) entstehen – beispielsweise aus den Abfällen der Molybdänherstellung andere, seltenere Substanzen gewonnen werden. Das ist zwar im Sinne der Nutzung aller Ressourcen, bedeutet aber, dass die Verfügbarkeit dieser „anderen Substanzen" an der Förderung/Verfügbarkeit dieser Kuppelprodukte hängt.

**Tab. 2.2:** Abschätzung der Reichweite von Rohstoffen aus den bekannten Lagerstätten und der jährlichen Nutzung nach den Angaben des USGS. In die Tabelle wurden Rohstoffe, die von der EU und den USA als kritisch wahrgenommen werden, aufgenommen. Die wichtigsten allgemein zugänglichen Quellen zu der Thematik

– US Geological Survey (USGS [442]; USGS [441]),

– World Bank (World Bank [465]),

siehe Tabelle 2.2 unten. Die Liste bestätigt die oben bereits zitierten Ergebnisse von Valero und Valero und anderen (Valero & Valero [443]) wonach der Höhepunkt der Produktion der wichtigsten Mineralien vor dem Ende des 21. Jahrhunderts erreicht sein wird. Eine sorgfältige Analyse der Entwicklung der Nachfrage zeigt, dass selbst die zusätzliche Entdeckung von Ressourcen in gleichem Umfang wie die heute bekannten Rohstofflagerstätten lediglich zu einer Verschiebung der Verknappung von lediglich 30 Jahren führen würde (Valero & Valero [443]). Auch die Deutsche Rohstoffagentur (DERA) hat in mehreren Berichten und Analysen die zunehmende Knappheit bestimmter Rohstoffe untersucht. Sie teilt die Sichtweise der EU und der USA. Die DERA führt die zunehmende Knappheit auf mehrere Faktoren zurück, darunter steigende Nachfrage, begrenzte natürliche Vorkommen und geopolitische Unsicherheiten. Da diese Materialien für zahlreiche Zukunftstechnologien unerlässlich sind, erhöht sich ihre strategische Bedeutung (DERA [91]) und damit der Bedarf der großen Volkswirtschaften, sich den Zugriff zu sichern.

| Material | Jährliche Produktion in kt | Quelle | Versorgungszeit in Jahren | Kritischer Faktor |
|---|---|---|---|---|
| Aluminium | 300.000 Bauxit und ~5 t Al/t Bauxit | USGS [442] Statista [397] | 70–280 45 | Der Effekt vom Recycling ist nicht berücksichtigt |
| Eisen | 2,5 Mio. | USGS [442] Statista [397] | 84 35 | Der Effekt vom Recycling ist nicht berücksichtigt |
| Blei | 4500 | USGS [442] | 20 | |
| Kupfer | 22.000 | USGS [442] Statista [397] | 40 31 | Der Effekt vom Recycling ist nicht berücksichtigt |
| Chrom | 41.000 (Erz) | USGS [442] | 14 | |
| Seltene Erden * | 300 | USGS [442] | 433 | Die Versorgung mit einzelnen der seltenen Erden kann abweichen |
| Gold | 3 | USGS [442] | 18 | |
| Silber | 25 | USGS [442] | 22 | |
| Antimon | ~100 | EU Screen Study [116] | ~20 y | |
| Barit | 8 | USGS [442] | 38 | |
| Beryllium | 220 | USGS [442] | 455 | |
| Bismuth | 22 | USGS [442] | 15 | |
| Bor | 4500 | USGS [442] | 267 | |
| Cäsium | | USGS [442] | | ** |
| Titan | 8.1 | USGS [442] | 110 | |
| Vanadium | 110 | USGS [442] | 209 | |
| Tungsten | 80 | USGS [442] | 44 | |
| Flussspat | 7500 | USGS [442] | 41 | |

**Tab. 2.2** (Fortsetzung)

| Material | Jährliche Produktion in kt | Quelle | Versorgungszeit in Jahren | Kritischer Faktor |
|---|---|---|---|---|
| Gallium | | USGS [442] | | * |
| Germanium | | USGS [442] | | * |
| Gold | 3 | USGS [442] | 18 | |
| | | Statista [397] | 23 | |
| Hafnium | 0,070 (Schätzung) | USGS [442] | | *** |
| Helium | 200.000 m³ | USGS [442] | 49 | |
| Indium | 0,9 | USGS [442] | 18 | aus Zinkerz |
| Kobalt | 170 | USGS [442] | 50 | |
| Lithium | 130 | USGS [442] | 200 | |
| Magnesium | 1000 | USGS [442] | 4000 | auch aus Seewasser |
| Mangan | 20.000 | USGS [442] | 75 | |
| Graphit | 1200 | USGS [442] | 267 | |
| | | Statista [397] | 60 | |
| Niob | 100 | USGS [442] | 100 | |
| Nickel | 3300 | USGS [442] | 29 | |
| | | Statista [397] | 15 | |
| Platin | 0,19 | USGS [442] | 368 | |
| | | Statista [397] | 28 | |
| Phosphat, Phosphor | 240.000 | USGS [442] | 296 | |
| Pottasche | 50.000 | USGS [442] | 360 | |
| | | Statista [397] | ~87 | |
| Scandium | 15.000 | USGS [442] | | **** |
| Silizium | 8000 | USGS [442] | | **** |
| Strontium | 450 | USGS [442] | 15 | |
| Rubidium | | USGS [442] | | **** |
| Tantal | 2 | USGS [442] | 150 | |
| Tellur | 0,5 | USGS [442] | 62 | |
| Zinn | 310 | USGS [442] | 15 | |
| Zink | 13.000 | USGS [442] | 19 | |
| | | Statista [397] | 23 | |
| Zirkonium | 1300 | USGS [442] | 62 | |

Anmerkungen:

– *Recycling*: Bei den in der Tabelle vorgestellten Werten wurde Recycling nicht berücksichtigt. Es existieren Substanzen, deren Recyclingraten hoch und die leicht recyclebar bar sind, wenn sie sortenrein einem Kreislauf zugeführt werden. Dies gilt nicht für alle Substanzen gleichermaßen. Die Recyclingindustrie recycelt heute bereits große Mengen an Zink, Blei, Kupfer und Aluminium. Das Problem dabei ist jedoch, dass in recyceltem Material die Nebenprodukte wie Gallium und Germanium fehlen.

– *Reserven vs. Ressourcen*: Reserven sind wirtschaftlich abbaufähig; zusätzliche Ressourcen können die Lebensdauer verlängern.

– *Produktionswachstum*: Steigende Produktionsraten werden die geschätzte Lebensdauer verkürzen – sie wurden hier nicht angenommen – die tatsächlichen Lebensdauern sind daher eher kürzer.

– *Entdeckung*: Neue Vorkommen oder Recycling-Technologien könnten diese Schätzungen erheblich zu Gunsten einer längeren Lebensdauer verändern.

**Tab. 2.2** (Fortsetzung)

\* Für *Gallium* und *Germanium* sind in den USGS-Daten keine expliziten Reservenschätzungen enthalten, da sie als Nebenprodukte gewonnen werden. Die Versorgung ist in der Regel an die Produktion der primären Mineralien (Aluminium für Gallium und Zink/Kohle für Germanium) gebunden.
\*\* Bei bestimmten Materialien wie *Cäsium* ist aufgrund ihrer hochspezialisierten Anwendungen und geringen Produktionsmengen eine Erschöpfung der Reserven innerhalb von Jahrzehnten unwahrscheinlich.
\*\*\* Wird als Nebenprodukt von Zirkonium gewonnen. Globale Zirkoniumreserven: ~86 Millionen metrische Tonnen (Hafnium ~ 1–2 % davon).
\*\*\*\* Die Reserven sind für eine zuverlässige Berechnung nicht ausreichend definiert.
Die meisten der von Statista publizierten Werte unterscheiden sich stark von denen der USGS. Die Ursache dieser Unterschiede konnte nicht zweifelsfrei ermittelt werden.

**Betroffene Industrien**
Die USA stufen diese Rohstoffe als „kritische Mineralien" ein, da jedes von ihnen als Stoff identifiziert wurde, der
– für die wirtschaftliche und nationale Sicherheit der Vereinigten Staaten von wesentlicher Bedeutung ist,
– dessen Versorgungskette störanfällig ist und
– eine wesentliche Funktion bei der Herstellung eines Produkts erfüllt, dessen Fehlen erhebliche Folgen für die Wirtschaft oder die nationale Sicherheit hätte.

Die USGS ist als Quelle öffentlich zugänglich mit detaillierteren Angaben und Hinweisen darauf, welche Industrien bzw. Produktgruppen von der Knappheit betroffen sind in Tabelle 2.3.
Die häufigsten Industrien und Bereiche, die in der Tabelle genannt werden, sind
– *Stahl- und Legierungsindustrie* (z. B. Stahlerzeugung, rostfreier Stahl, Legierungen in verschiedenen Bereichen),
– *Batterien* (z. B. wiederaufladbare Batterien und Brennstoffzellen),
– *Forschung und Entwicklung*,
– *Keramikindustrie* (z. B. Hochtemperaturkeramiken, Auskleidungen für Stahl- und Keramikherstellung),
– *Halbleiter- und Elektronikindustrie* (z. B. integrierte Schaltungen, optische Geräte wie LEDs, elektronische Bauteile),
– *Katalysatoren*,
– *Luft- und Raumfahrtindustrie* (z. B. Legierungszusätze),
– *Nuklearindustrie* (z. B. Kontrollstangen, Kernbrennstoffe).

Der oben gegebene (US Geological Survey (USGS [442])) Hinweis des Ministeriums auf die „wirtschaftliche und nationale Sicherheit" der USA ist im Zweifelsfall von erheblicher Bedeutung. Gesetze zur Stärkung der nationalen Sicherheit, in diesem Fall der USA, wie das Nationale Sicherheitsgesetz von 1947, das militärische und nachrichtendienstliche Operationen neu organisierte, ermöglichen es den USA, schnell und eigenständig

**Tab. 2.3:** Anwendung wichtiger Rohstoffe und Mineralien (USGS [439]).

| Rohstoff | Genutzt in |
| --- | --- |
| Aluminum (Bauxit) | Fast alle Bereiche der Wirtschaft |
| Antimon | Batterien und Flammschutzmittel |
| Arsen | Holzschutzmittel, Pestizide und Halbleiter |
| Barit | Zement- und Erdölindustrie |
| Beryllium | Legierungsmittel in der Luft- und Raumfahrt und in der Verteidigungsindustrie |
| Wismuth | medizinische und atomare Forschung |
| Cäsium | Forschung und Entwicklung |
| Chrom | Bestandteil vor allem in rostfreiem Stahl und anderen Legierungen |
| Kobalt | Bestandteil von wiederaufladbaren Batterien und Superlegierungen |
| Fluorspat | nötig bei der Herstellung von Aluminium, Benzin und Uranbrennstoff |
| Gallium | nötig für integrierte Schaltungen und optische Geräte wie LEDs |
| Germanium | nötig für Glasfaseroptik und Nachtsichtanwendungen |
| Graphit | nötig für Schmiermittel, Batterien und Brennstoffzellen |
| Hafnium | nötig für nukleare Kontrollstangen, Legierungen und Hochtemperaturkeramiken |
| Helium | MRIs, Hebemittel und Forschung |
| Indium | wird hauptsächlich in LCD-Bildschirmen verwendet |
| Lithium | nötig hauptsächlich für Batterien |
| Magnesium | Ofenauskleidungen für die Stahl- und Keramikherstellung |
| Mangan | Stahlerzeugung |
| Niobium | Anwendung hauptsächlich in Stahllegierungen |
| Metalle aus der Platin Gruppe | nötig für katalytische Prozesse |
| Pottasche | Anwendung hauptsächlich als Düngemittel |
| Seltene Erden | hauptsächlich in Magneten und Katalysatoren verwendet |
| Rhenium | für bleifreies Benzin und Superlegierungen |
| Rubidium | für Forschung und Entwicklung in der Elektronik |
| Scandium | für Legierungen und Brennstoffzellen |
| Strontium | für Pyrotechnik und Keramikmagnete |
| Tantalum | für elektronische Bauteile, vor allem Kondensatoren |
| Tellurium | Stahlerzeugung und Solarzellen |
| Tin | als Schutzschichten und Legierungen für Stahl |
| Titanium | überwiegend als Weißpigment oder Metalllegierungen verwendet |
| Tungsten | hauptsächlich zur Herstellung von verschleißfesten Metallen verwendet |
| Uranium | hauptsächlich für Kernbrennstoff verwendet |
| Vanadium | hauptsächlich für Titanlegierungen verwendet |
| Zirconium | Verwendung in der Hochtemperaturkeramikindustrie |

auf wahrgenommene Bedrohungen zu reagieren (Department of Justice [90]). Die US-Regierung aktualisiert regelmäßig ihre nationale Sicherheitsstrategie, um den aktuellen Problemen – darunter auch wirtschaftliche und technologische Aspekte – proaktiv zu begegnen und so einen umfassenden Schutz ihrer Interessen zu gewährleisten. Durch die Kombination dieser Ansätze versuchen die Vereinigten Staaten, ihre wirtschaftlichen und nationalen Sicherheitsinteressen vor einem breiten Spektrum von Bedrohungen zu schützen. Wenn die wirtschaftliche und nationale Sicherheit der Vereinigten Staaten bedroht ist, ergreifen die USA gegebenenfalls eine Reihe von Maßnahmen, um diesen Risiken zu begegnen und sie für sich abzumildern – so besteht das Risiko

–   von Wirtschaftssanktionen / Zölle gegen ausländische Unternehmen oder Nationen, um die Wettbewerbsfähigkeit und Sicherheit der nationalen Wirtschaft zu schützen;
–   des Einsatzes von militärischen Mitteln, um wahrgenommenen Bedrohungen der Versorgung zu begegnen.

Letztlich beinhaltet der Hinweis auf nationale Sicherheitsinteressen, egal von wem er kommt, die Androhung von Gewalt als Szenario. Um zu illustrieren, dass das oben Gesagte keinesfalls eine akademische Ausführung oder ein abstraktes Beispiel ist, zwei Nachrichten, die der Sender CNN publizierte:

> Am 15.8.2024 teilte das chinesische Handelsministerium mit, dass China im Namen der nationalen Sicherheit Ausfuhrbeschränkungen für Antimon und verwandte Elemente einführen wird. Auf China entfielen im vergangenen Jahr 48 % der weltweiten Produktion von Antimon, einem strategischen Metall, das in militärischen Anwendungen wie Munition, Infrarotraketen, Atomwaffen und Nachtsichtgeräten sowie in Batterien und Photovoltaikanlagen verwendet wird. Die Vorschriften verbieten auch die Ausfuhr von Gold-Antimon-Schmelz- und Trenntechnologie ohne Genehmigung. Dies ist der jüngste Schritt Pekings, den Versand kritischer Mineralien zu beschränken, bei denen das Land der wichtigste Lieferant ist (CNN [75]) – aber es ist nicht der erste. So sind die Exporte von Germanium, das für die Herstellung von Halbleitern unentbehrlich ist, im August 2023 auf Null gesunken, einen Monat nachdem Peking unter Berufung auf die nationale Sicherheit Beschränkungen für den Verkauf ins Ausland verhängt hatte.
>
> China produziert nach Angaben der Critical Raw Materials Alliance etwa 80 % des weltweiten Galliums und etwa 60 % des Germaniums, hat aber im vergangenen Monat keines der Elemente auf den internationalen Märkten verkauft, wie aus den am Mittwoch veröffentlichten chinesischen Zolldaten hervorgeht. Im Juli 2023 exportierte das Land 5,15 Tonnen geschmiedete Galliumprodukte und 8,1 Tonnen geschmiedete Germaniumprodukte (He [190]).
>
> Die Beschränkungen für Antimon werden verhängt, „um die nationale Sicherheit und Interessen zu schützen und internationale Verpflichtungen wie die Nichtverbreitung zu erfüllen", so das Ministerium in einer Erklärung im August 2024. Im Dezember 2023 verbot China die Ausfuhr von Technologie zur Herstellung von Magneten aus Seltenen Erden, was zu einem bereits bestehenden Verbot der Ausfuhr von Technologie zur Gewinnung und Trennung der kritischen Materialien hinzukam.
>
> Peking hat auch die Ausfuhr einiger Graphitprodukte verschärft und Beschränkungen für die Ausfuhr von Germaniumprodukten verhängt, die in der Halbleiterindustrie weit verbreitet sind (CNN [75]).
>
> Die Ausfuhrbeschränkungen sind Teil eines Handelskriegs und auch Reaktion auf Ausfuhrkontrollen aus dem Jahr 2022, die es chinesischen Unternehmen verbieten, neuere Chips und Anlagen zur Chipherstellung ohne Lizenz in den USA und Alliierten wie Japan und den Niederlanden zu kaufen.

## Ausblick

Der Kollaps der Versorgung mit kritischen Rohstoffen hat tiefgreifende Auswirkungen auf die industrielle Produktion und technologische Entwicklung. Besonders betroffen sind neben Gütern des täglichen Bedarfs Mobilität, Versorgung mit Nahrungsmitteln, Informationen, Energie für Privathaushalte und Industrien, die von diesen Materialien abhängig sind. Engpässe in der Rohstoffversorgung werden zu erheblichen Produktionsrückgängen, Preissteigerungen und einer Verlangsamung der technologischen Innovation führen. Dies wird nicht nur die Entwicklung neuer Technologien behindern, sondern auch die Wartung bestehender Infrastrukturen einschließlich der digitalen Infrastruktur erschweren.

Insgesamt bedingt der Rohstoffmangel aufgrund der deutlich erhöhten Eingangspreise den Bedarf nach Einsparung und erfordert andererseits eine verstärkte Suche nach Verzicht auf Verwurf und ineffizienten Konsum. Im besten Fall wird Recycling die Probleme für eine begrenzte Zeit in die Zukunft verschieben, wobei die Verschiebungszeit deutlich materialabhängig ist.

Wenn Staaten ihre Versorgung nicht mehr decken oder ein verändertes Klima die Versorgung behindert, wird Kaskade von Effekten zu beobachten sein:

> Ein Mangel an Rohstoffen wird zu Produktionsausfällen in verschiedenen Industriezweigen führen. Dies wird die Preise für Rohstoffe und Endprodukte in die Höhe treiben. Produktionsausfälle bedingen auch Betriebsschließungen und Entlassungen, was in der Folge die Arbeitslosigkeit erhöht und die wirtschaftliche Unsicherheit verschärft. Damit hat ein Rohstoffmangel Folgen für das Wirtschaftswachstum. Das wiederum führt zu reduzierten staatlichen Einnahmen und verminderten Möglichkeiten für Staaten, handlungsfähig zu bleiben.
>
> Davon abgesehen wird die Versorgung mit lebenswichtigen Gütern (wie Nahrungsmittel, Treibstoff oder Medikamente) schwieriger, was zu Engpässen und einem Rückgang des Lebensstandards führen würde. Dies bedingte in der Vergangenheit soziale Unruhen und Proteste. Daneben hat ein Rohstoffmangel Preiserhöhungen zur Folge, was besonders ärmere Bevölkerungsgruppen hart trifft und die soziale Ungleichheit verstärkt.

Im außenpolitischen Bereich verursachen oder verschärfen Rohstoffmangel und Klimaänderung geopolitische Spannungen, denn Staaten treten in Konkurrenz um die verbleibenden Rohstoffquellen, was in der Vergangenheit zu internationalen Konflikten oder auch zu militärischen Auseinandersetzungen führte. Länder, die stark von Rohstoffimporten abhängig sind, sind zudem politisch erpressbar. Es wäre naiv zu glauben, dass rohstoffreiche oder mächtige Staaten ihre Position nicht nutzen, um politische Zugeständnisse zu erzwingen, was die Souveränität der betroffenen Länder beeinträchtigt.

Das zwingt Staaten gegebenenfalls, ihre Wirtschaft umzustrukturieren, um die Abhängigkeit von bestimmten Rohstoffen zu verringern. Dies ist eine Chance – etwa wenn die Entwicklung von Recyclingtechnologien, die Substitution von Rohstoffen oder die Förderung von erneuerbaren Energien oder durch Priorisierung von Technologien, die weniger rohstoffintensiv sind, gelingt.

Auf der anderen Seite erhöht ein globaler Rohstoffmangel den politischen Druck, bisher unerschlossene, oft umweltsensible Gebiete (wie die Tiefsee oder die Arktis) für die Rohstoffgewinnung zu nutzen, was erhebliche zusätzliche Umweltfolgen nach sich ziehen wird.

Ein Versorgungsmangel an Rohstoffen hat weitreichende und tiefgreifende Auswirkungen auf Wirtschaft, Gesellschaft und die globale geopolitische Landschaft. Staaten müssen daher Strategien entwickeln, um ihre Versorgung langfristig zu sichern und ihre Abhängigkeit von bestimmten Rohstoffen zu verringern. Die diplomatische Trickkiste, in die unter diesen Bedingungen gegriffen wird, ist heute nicht inhaltsreich, und eben diese Begrenztheit macht Sorgen, denn, wenn Diplomatie nicht reicht, ist man versucht, militärisch zu agieren.

Es ist bekannt, wo sich Ressourcen befinden, wie aufwendig es ist, sie abzubauen und wem Schürfrechte gehören. Staaten werden versuchen, Ressourcen zu erhalten. Verhandlungen mit dem Ziel

- Handelsabkommen zur Sicherung des Zugangs zu bevorzugten Ressourcen,
- Investitionen in die Infrastruktur der Herkunftsgebiete,
- technologische Unterstützung zu bekommen,

werden bereits heute flankiert durch wirtschaftliche und strategische Maßnahmen. Schließlich wird absehbar auch auf militärischen Druck zurückgegriffen wie den Schutz von Handelsrouten oder den direkten Zugang zu kritischen Ressourcen zu sichern.

In dieser Situation bieten Recyclingtechnologien und die Entwicklung alternativer Materialien potenzielle Lösungen zur Verschiebung des Problems, allerdings nicht in jedem Fall zu dessen Lösung. Diese Ansätze sind vielfach zeit- und kostenintensiv, was kurzfristig nicht die volle Lücke füllen kann. Darüber hinaus lassen sich viele der Rohstoffe nicht einfach sortenrein sammeln, und so bleiben deren Zutaten für ein effizientes Recycling schwer oder unzugänglich. Der zunehmende Mangel an Erdgas und Rohöl verschärft die Situation zusätzlich, da auch die Energiepreise steigen und die wirtschaftliche Stabilität, selbst in fortgeschrittenen Demokratien, bedroht wird.

### 2.6.3 Bugwellen und frühzeitiges Agieren

Die sich abzeichnende Krise der Versorgung mit Rohstoffen und Energie sowie der Klimawandel und die daraus resultierenden Probleme in der Nahrungsmittelversorgung werfen ihre Schatten voraus. Probleme treten nicht erst ab dem Zeitpunkt auf, an dem der eine oder andere Rohstoff oder Energielieferant nicht mehr zur Verfügung steht, sondern bereits, wenn klar ist, wann genau dies der Fall sein wird und dieser Zeitpunkt nah genug an der eigenen Rechenschaftspflicht der Verantwortlichen ist. Das Phänomen kann mit Hilfe der Metapher einer Bugwelle beschrieben werden – also der sichtbaren Veränderung der Wasseroberfläche bereits bevor das fahrende Schiff tatsächlich die betreffende Stelle erreicht hat, siehe Abbildung 2.7 unten. Die Dauer der „Vorwarnzeit" hängt von verschiedenen Faktoren und den betrachteten Märkten sowie der generellen Stimmung im Markt ab. Diese Faktoren umfassen die Art des Gutes, die Marktstruktur, die Verfügbarkeit und Qualität von Informationen sowie die Spekulation durch Marktteilnehmer. Diese Faktoren beeinflussen maßgeblich, wie weit im Voraus Märkte auf erwartete Engpässe reagieren.

Die Dauer, über die Märkte im Voraus Knappheiten antizipieren, variiert je nach Kontext und ist das Ergebnis eines Zusammenspiels verschiedener Faktoren. Diese Faktoren umfassen die Art des Gutes sowie die Marktstruktur, die Informationsverfügbarkeit und -qualität. Märkte sind effizient darin, relevante Informationen frühzeitig in Preisen zu reflektieren, vor allem, wenn die Knappheit absehbar ist. Auch die Art des Gutes ist entscheidend dafür, wie weit im Voraus Knappheiten antizipiert werden: Märkte für erschöpfbare Ressourcen wie Öl, Gas oder Metalle antizipieren oft über Jahre im Voraus. Beispielsweise spiegeln Futures-Märkte für Öl oft Erwartungen wider, die mehrere Jahre in die Zukunft reichen (Gorton et al. [174]). Öl-Futures enthalten daher Preisprognosen für bis zu fünf Jahre in die Zukunft (Tang & Xiong [410]). Im Gegensatz dazu reagieren Märkte für landwirtschaftliche Produkte, die ihrerseits stark von saisonalen und klimatischen Bedingungen abhängen, in der Regel auf kurzfristigere Signale, oft nur wenige Monate im Voraus (Hamilton [185]).

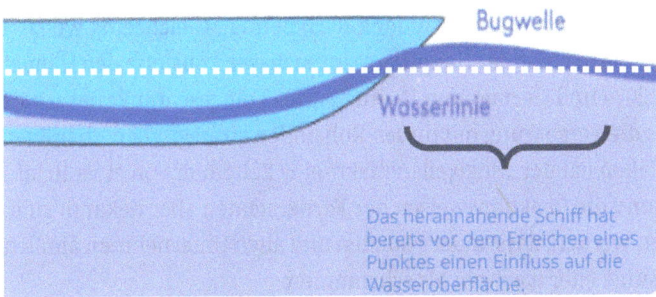

**Abb. 2.7:** Bugwelle. Bereits bevor das eigentlich zu erwartende Ereignis eingetreten ist, vergleichbar einer Bugwelle, werfen globale Reaktionen auf Umwelt- und Ressourcenkrisen ihre Schatten voraus.

Die Antizipation von Knappheiten hängt zudem stark von der Verfügbarkeit und Qualität der Informationen ab. In Märkten mit hoher Transparenz und gutem Informationsfluss werden Knappheiten frühzeitig erkannt und eingepreist. Offizielle Berichte und Prognosen, wie etwa Lagerbestandsdaten oder Produktionsstatistiken, sind hierbei wesentlich (Fama [128]) für transparente Märkte.

In stark wettbewerbsorientierten Märkten reagieren Händler schnell auf potenzielle Engpässe, um von Preisschwankungen zu profitieren. Diese Märkte preisen zukünftige Engpässe häufig schon Monate im Voraus ein (Kyle [255]). In oligopolistischen oder monopolistischen Märkten hingegen erfolgt die Reaktion langsamer, da große Marktakteure die Informationen strategisch nutzen, um ihre Marktmacht zu bewahren (Tirole [416]). Historische Erfahrungen beeinflussen ebenfalls die Antizipationsdauer von Märkten. Wenn Märkte in der Vergangenheit ähnliche Knappheiten erlebt haben, nutzen die Marktteilnehmer diese Erfahrungen, um schneller auf bevorstehende Engpässe zu reagieren. Dies zeigt sich beispielsweise in den Ölkrisen der 1970er Jahre, die die Marktdynamik für Jahrzehnte prägten (Yergin [480]).

Wenn Staaten ihre Schulden nicht mehr zurückzahlen, verlieren sie ihre Unabhängigkeit, was Ursache für Konflikte sein kann. Frühzeitige Maßnahmen, um eine *Unabhängigkeit von Importen* zu erhalten und damit *die Fähigkeit*, Grundbedürfnisse selbst zu decken, bedingt niedrigere Anfällig für externe Schocks und geopolitische Spannungen (Heinberg [192]). Hierzu tragen auch *sparsame Verbrauchsgewohnheiten* bei (Rockström et al. [350]). Allgemein bietet die *geographische Lage* abseits der Grenzlinien der großen Machtblöcke eine weniger ausgeprägte Einbindung in Lieferwege und damit eine bessere Chance, unbeschadet zu bleiben (Scott [376]). Dem Vorteil des Reichtums an Rohstoffen steht bei *Abwesenheit von signifikanten Rohstoffvorkommen* der Vorteil gegenüber, weniger Ziel von Ressourcenkriegen (Auty [26]) zu werden. Verschiedene Szenarien weisen darauf hin, dass Staaten ohne einen dominanten militärisch-industriellen Komplex weniger interne und externe Konflikte haben (Bacevich [28]).

Am Beispiel von Antimon und Germanium zeigt sich das Phänomen der „Bugwellen" konkret. Oben wurde dargelegt, dass die Reichweite für Antimon und Germanium noch 13 bzw. 8 Jahre (Perspektive aus dem Frühjahr 2025) beträgt. Gleichzeitig wurden Medienberichte zitiert, wonach einer der Hauptlieferanten dieser Rohstoffe den Handel mit Antimon im August 2024 und Germanium im August 2023 eingeschränkt hat – dies mit dem Argument, dass die Versorgung mit diesen Rohstoffen strategischen Charakter habe. In diesen beiden Fällen hat der „Bugwelleneffekt" eine Zeitdauer von etwa 10 Jahren. Wenn diese Zeiten und die Reaktionsweisen der Förderstaaten aber bekannt sind, muss davon ausgegangen werden, dass andere Staaten und auch Unternehmen ähnlich agieren und diese Zeiträume eher wachsen als schrumpfen.

### 2.6.4 Recycling

*Recycling* bezeichnet den Prozess der Umwandlung von Abfallstoffen in neue Materialien und Produkte einschließlich der Rückgewinnung von Energie aus Abfall. Recycling zielt darauf ab, neben der Wiedergewinnung von Rohstoffen auch eine Alternative zur traditionellen Abfallbeseitigung zu bieten. Im Vergleich zur Abfallentsorgung ohne Recycling verfolgt es folgende Ziele:
- Einsparung von Materialien,
- Reduktion der Treibhausgasemissionen,
- Vermeidung der Verschwendung potenziell nützlicher Materialien,
- Verringerung des Verbrauchs neuer Rohstoffe,
- Beitrag zur Reduktion von Energieverbrauch,
- Verringerung von Luftverschmutzung (durch Verbrennung),
- Minderung der Wasserverschmutzung (durch Deponierung).

Die Effektivität des Recyclings hängt von mehreren Faktoren ab, darunter der Reinheitsgrad und die Zusammensetzung der Ausgangsmaterialien, die entsprechend verwendeten Recyclingverfahren, die Kontaminierung durch andere Materialien sowie der Energie- und Materialaufwand des Recyclingprozesses (Geissdoerfer et al. [163]).

Recycling erfordert, wie auch die Rohstoffgewinnung, Energie, deren Verfügbarkeit begrenzt ist. Der Energiebedarf im Recyclingprozess steigt typischerweise mit dem Grad der Materialvermischung und sinkenden Anteilen der zurückzugewinnenden Rohstoffe. Dies führt zu einer zusätzlichen Belastung durch die Verknappung von Energie, da schwindende Ressourcen die Energieverfügbarkeit weiter einschränken.

Im Kontext der Abfallbewirtschaftung ist Recycling ein Element der „*3R*"-*Strategie*, die auch die Prinzipien „Reduzieren" und „Wiederverwenden" (Reuse) umfasst. Recycling trägt zur ökologischen Nachhaltigkeit bei, indem es diesen Rohstoffinput reduziert und innerhalb des Wirtschaftssystems umleitet oder dort belässt (Geissdoerfer et al. [163]). Allerdings ist nicht jedes Material leicht aus Abfällen zurückzugewinnen und dem Konzept der Extended Producer Responsibility zugänglich. Zu den leichter zugänglichen Materialien gehören mineralische Abfälle sowie verschiedene Arten von Glas, Papier und Pappe. Die Zugänglichkeit bedeutet jedoch nicht zwangsläufig eine einfache Wiederverwendbarkeit, da sie stark von der Konzentration der Rohstoffe und deren Verunreinigung abhängt. Im biologischen Kreislauf stellen Kompostierung und andere Formen der Wiederverwertung biologisch abbaubarer Abfälle ebenfalls Formen des Recyclings dar, siehe auch Ellen MacArthur Foundation [107]. Die Qualität der Rezyklate stellt eine der größten Schwierigkeiten für eine nachhaltige grüne Wirtschaft dar. Diese Qualität wird im Allgemeinen durch den Anteil an Zielmaterial im Vergleich zu Nicht-Zielmaterial und nicht recycelbarem Materialien bestimmt. Materialien wie Stahl und andere Metalle weisen aufgrund der Recyclingprozesse eine höhere Rezyklatqualität auf. Hochwertiges Recycling unterstützt das Wirtschaftswachstum, indem es den Wert des Abfallmaterials maximiert. Zudem stärkt es das Vertrauen von Verbrauchern und Unternehmen in den Abfall- und Ressourcenmanagementsektor und fördert Investitionen in diesen Bereich. Ein vollständig geschlossener Recyclingkreislauf ist nie realisierbar – es kommt immer zu Verlusten. Strategien zur Substitution und zum Recycling zögern die Erschöpfung nicht erneuerbarer Ressourcen hinaus und gewinnen somit Zeit für den Übergang zu einer Wirtschaft, die auf erneuerbaren Ressourcen basiert und echte oder starke Nachhaltigkeit gewährleistet (Huesemann [203]). Entlang der Lieferkette existieren verschiedene Möglichkeiten, die Qualität der Rezyklate zu beeinflussen:

- Einbringen von Abfällen, die nicht den vorgesehenen Zusammensetzungen entsprechen oder nicht verwertbar sind, in Recyclingsysteme;
- unterschiedliche Sammelsysteme führen zu variierenden Zusammensetzungen, da die gemeinsame Sammlung diverser Materialien zusätzlichen Aufwand für die Trennung in separate Ströme erfordert;

– Optimierung der Effizienz der Sortieranlagen. Trotz technologischer Fortschritte und Verbesserungen in der Rezyklatqualität sind die Sortieranlagen nach wie vor nicht vollkommen effizient in der Materialtrennung.
– Eine Schwierigkeit im Recyclingprozess liegt darin, dass viele Produkte und Produktbestandteile nicht mit Blick auf Recycling konzipiert werden. Das Konzept des Ecodesigns zielt darauf ab, dieses Problem zu adressieren. Idealerweise sollte für jedes Produkt sowie alle zugehörigen Verpackungen ein vollständig geschlossener Kreislauf entworfen werden, bei dem jedes Bauteil entweder durch biologische Zersetzung ins Ökosystem zurückgeführt oder recycelt wird.

Die Probleme, die Recycling adressieren kann, sind begrenzt – dies auch, weil Recyclingraten materialabhängig sind und der Recyclingprozess seinerseits Materialien und Energie erfordert. Allein ressourcenschonendes und energiesparendes Design reicht damit nicht aus, um einen globalen Rohstoffengpass zu verhindern. Grosse und Mainguy (Grosse [179]) zeigten, dass Recycling ohne Konsumverzicht nicht ausreicht, um ein nachhaltiges Wirtschaften zu gewährleisten, insbesondere bei anhaltendem Wirtschaftswachstum. Recycling wird daher unter keinen Umständen 100 % des ursprünglich eingesetzten Materials wiedergewinnen; ein gewisser Materialverlust ist unvermeidlich. Der Recyclingprozess selbst erfordert Energie und zusätzliche Ressourcen.

Unter der sehr optimistischen Annahme, dass
– 60 % und darüber hinaus des im Abfall enthaltenen Materials weltweit recycelt würden,
– ein Äquivalent von 80 % des weltweiten Verbrauchs desselben Materials ständig in Form von Abfall entsorgt wird,
– und kein Wirtschaftswachstum vorausgesetzt,

kann Recycling den Endpunkt der Verknappung des Ressourcenportfolios hinauszögern. Mit Wirtschaftswachstum schrumpft diese Verzögerungszeit beträchtlich – und das, obwohl sich Maßnahmen zur Abfallvermeidung auf die Menge der als Abfall weggeworfenen Materialien auswirken und damit auf das, was für künftige Generationen zur Verfügung stehen wird. Bei einem Wirtschaftswachstum von einem Prozent und einer Recyclingquote von 80 % würde sich die Ressourcenknappheit um 60 Jahre verzögern, und selbst bei einer Recycling quote von 90 % würden weniger als 130 Jahre. Wenn das Wirtschaftswachstum um 50 % reduziert wird, verlängert sich die Reichweite der Rohstoffe aufgrund des Recyclings um nur 70 Jahre, siehe Abbildung 2.8 unten.

In einer Modellrechnung, die eine unrealistisch hohe durchschnittliche Recyclingrate von 62 % annimmt, zeigten Grosse et al., dass bei einer durchschnittlichen Wachstumsrate des Verbrauchs von über 2 % pro Jahr das Recycling die Erschöpfung der Ressourcen nur um maximal 50 Jahre hinauszögern kann. Bei Eisen und Stahl, mit einer jährlichen Wachstumsrate von 3,5 %, ergab das Modell eine Differenz von lediglich 12 Jahren in Bezug auf die Ressourcenerschöpfung zwischen einer Wirtschaft ohne und

Verbrauch
(normierte Skala)

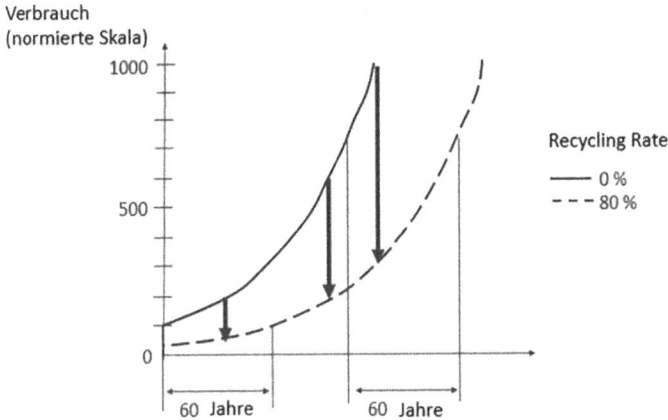

**Abb. 2.8:** Entwicklung des jährlichen Ressourcenverbrauchs bei verschiedenen Recyclingraten und verringertem Wachstum des BIP (1 %) im Vergleich zu den heutigen Erwartungen (durchgezogene Linie) gemäß Grosse [179].

mit Recycling. Die Herausforderung bleibt selbst unter der sehr optimistischen Annahme bestehen, dass 60 % des im Abfall enthaltenen Materials weltweit recycelt werden und zudem ein Äquivalent von 80 % des globalen Verbrauchs dieses Materials ständig als Abfall anfällt.

Versuche, durch Recycling Verantwortung zu übernehmen, ohne wesentliche Änderungen bei Massenprodukten oder der Lebensdauer von Produkten vorzunehmen, erweisen sich daher nur als bedingt wirksam. Zudem sind die Zusammenhänge zwischen Ressourcenknappheit und individuellem Konsum oft nicht direkt am Ort der Ursache sichtbar; nicht-lokale Auswirkungen sind aufgrund der globalen Arbeitsteilung wahrscheinlich. Recycling kann, wenn es darum geht, die wirtschaftliche Entwicklung von der Nutzung und Erschöpfung nicht erneuerbarer Rohstoffe zu entkoppeln, bestenfalls unterstützend wirken, da eine vollständige Schließung der Stoffkreisläufe, eine 100-prozentige Wiederverwertung, nicht realisierbar ist (Huesemann [203]). Recycling verschiebt das Problem lediglich zeitlich in die Zukunft.

### 2.6.5 Versorgung mit Energie

#### Fossile Energieträger
Wie beschrieben erfordert ein umfassendes Verständnis der Bedrohung des sozialökologischen Systems neben der Berücksichtigung der absehbaren Ressourcenknappheit für Mineralstoffe (siehe oben) und klimatischer Aspekte auch einen Blick auf fossile Energieträger als Rohstoffe.

Die Dramatik der Situation hängt damit zusammen, dass fossile Energieträger sowohl als Rohstoff für Medikamente und lebenswichtige Güter genutzt werden als auch

Substanzen mit hoher Energiedichte besonders als Brennstoff geeignet sind. Diese Energie wird nicht nur zur Erwärmung von Haushalten genutzt, sondern auch, um andere Rohstoffe abzubauen, für die Nutzung aufzubereiten oder auch zu transportieren. Auch hier gelten die oben genannten Faktoren, die die Verfügbarkeit beeinflussen:

– Exportrestriktionen, die die Verfügbarkeit beeinflussen,
– der Energie- und Materialbedarf für die Produktion und Aufbereitung von Energieträgern,
– der Transport (Infrastruktur und fossile Energieträger).

Die Verfügbarkeit fossiler Energieträger ist von zahlreichen dynamischen Faktoren abhängig, zudem sind auch fossile Energieträger nur in begrenztem Maß als Rohstoffe vorhanden, wie Tabelle 2.4 andeutet.

**Tab. 2.4:** Die Verfügbarkeit fossiler Energieträger.

| Energieträger | Reichweite der Vorräte | Literaturquellen |
|---|---|---|
| Erdgas | 49 Jahre | *US Geological Survey* (USGS [440] World Oil Resources; Energy Information Administration (EIA [111])) *International Energy Outlook and IEA Gas Market Report* |
| Erdöl | 52 Jahre | *US Geological Survey* (USGS [440]) |
| Steinkohle | 142 Jahre | *US Geological Survey* (USGS [441]; *International Energy Agency* (IEA [213])) IEA Coal Market Report |
| | 47 | Statista [397] |
| Braunkohle | 400 Jahre | *US Geological Survey* (USGS [441]; *International Energy Agency* (IEA [213])) IEA Coal Market Report |

Diese Entwicklung ist kritisch zu sehen, denn historisch war der Wechsel von agrarischer zu industrialisierter Wirtschaft nur durch einen Wechsel der energetischen Grundlage der Wirtschaft hin zu einem fossilenergetischen System möglich.

> Vor der Nutzung fossiler Brennstoffe war die Energieproduktion eng an die Fläche gebunden, etwa durch Biomasse, Holz oder Wasserenergie, die geografische und physische Grenzen hatte. Fossile Energieträger hingegen erlaubten es, Energie in konzentrierter und transportabler Form zu nutzen, unabhängig davon, ob die Rohstoffbasis (wie Wälder für Holz oder Flüsse für Wasserkraft) auf dem Land selbst vorhanden war. Diese Entwicklung ermöglichte es, industrielle und wirtschaftliche Tätigkeiten in einem viel größeren Umfang durchzuführen, ohne dass sie unmittelbar an die verfügbaren lokalen Ressourcen oder Flächen gebunden waren.

Ein Effekt, der natürlich nur so lange funktionieren kann, wie fossile Energieträger als Rohstoff und Energieträger vorhanden sind.

**Kernenergie**

Die Kernenergie liefert derzeit etwa 10 % des weltweiten elektrischen Stroms und spielt in vielen Ländern eine wichtige Rolle in der Energiepolitik (World Nuclear Association [476]). Die Verknüpfung der Kernenergie mit der Waffenproduktion, die Problematik des Uranabbaus und der Endlager bedingt eine immanente Unsicherheit bei der Nutzung dieser Technologie und deren Einfluss auf die Deckung des weltweiten Energiebedarfs und der Reduzierung von Treibhausgasemissionen. Während einige Staaten (wie Deutschland) den Ausstieg aus der Kernenergie vorantreiben, setzen andere (wie China, Indien, Frankreich, oder auch Russland) auf ein Negieren der Probleme und fördern den Ausbau ihrer Kernkraftkapazitäten (International Atomic Energy Agency IAEA [219]).

*Politische und gesellschaftliche Aspekte*: Die Zukunft der Kernenergie hängt von einer Vielzahl von Faktoren ab, darunter technologische Fortschritte, wirtschaftliche Wettbewerbsfähigkeit, Sicherheitsaspekte und politische Rahmenbedingungen. Die öffentliche Akzeptanz der Kernenergie ist in vielen Ländern gering, was auf Sicherheitsbedenken in Uranabbau und Betrieb der Reaktoren sowie ungelöste Abfallprobleme zurückzuführen ist (World Nuclear Association [476]). Politische Unterstützung jenseits der gerechtfertigten Bedenken und klare regulatorische Rahmenbedingungen sind damit erforderlich für die Entwicklung und den Ausbau der Kernenergie (IEA [206]).

**Probleme und Risiken**

Trotz der Potenziale gibt es erhebliche Probleme durch Uranabbau. Nach dem Rückgang des Uranabbaus in der EU aufgrund der Erschöpfung der Ressourcen, der wirtschaftlichen Unrentabilität und dem hohen ökologischen Aufwand bei der Sanierung alter Minen deckt die EU ihren Uranbedarf fast vollständig durch Importe aus Ländern wie Kasachstan, Kanada, Australien und Niger. Bereits die durch den Uranabbau hervorgerufenen Schäden an belebter und unbelebter Natur sind bemerkenswert, werden aber vergleichbar wenig diskutiert – daher soll dieser Aspekt hier skizziert ausgeführt werden.

**Gesundheitsschäden durch Uranabbau**

Der Uranabbau ist offenbar Voraussetzung für die Gewinnung von Brennstoff für Kernkraftwerke. Die gesundheitlichen Auswirkungen des Uranabbaus auf die Arbeiter und umliegenden Gemeinschaften sind erheblich und gut dokumentiert. Allgemein umfassen Auswirkungen des Uranabbaus ein breites Spektrum von gesundheitlichen Problemen, die von direkten Strahlenbelastungen bis hin zu Umweltauswirkungen durch die Freisetzung von Radionukliden und Schwermetallen reichen. Eine umfassende Studie des US National Institute for Occupational Safety and Health (NIOSH) hat gezeigt, dass Uranminenarbeiter ein signifikant höheres Risiko für Lungenkrebs haben als vergleichsweise die allgemeine Bevölkerung (NIOSH [308]).

Der Abbau und die Verarbeitung von Uranerz führen zur Freisetzung von radioaktiven Stoffen und Schwermetallen in die Umwelt. Eine Studie der IAEA zeigte, dass nahe um Uranminen lebende Bevölkerungen und die Natur unter signifikant höheren

Konzentrationen von Radionukliden und Schwermetallen in ihrem Wasser leiden (IAEA [218]). Die langfristigen Gesundheitseffekte des Uranabbaus sind vielfältig und umfassen Krebserkrankungen, Atemwegserkrankungen und Nierenschäden (NCI [305]). Gesundheitsrisiken bestehen nicht nur für die Arbeiter, sondern auch für die Bevölkerung, die in der Nähe von Abbaugebieten lebt. Eine Studie des Environmental Health Perspectives (EHP) untersuchte die sozialen Auswirkungen des Uranabbaus auf indigene Gemeinschaften und fand heraus, dass die betroffenen Gemeinschaften unter erheblichem sozialem Stress und Verlust der Lebensgrundlage leiden (Environmental Health Perspectives [EHP] [112]).

Die Kosten für den Bau neuer Kernkraftwerke sind hoch und übersteigen oft die von Anlagen für erneuerbare Energien wie Solar- und Windkraft (IAEA [219]). Zudem werden Ausgaben für Endlagerung und Versicherung oft nicht in die Stromkosten einbezogen, was den Preis künstlich niedrig erscheinen lässt. Kernkraftwerke bieten jedoch den Vorteil einer wetterunabhängigen, kontinuierlichen Stromproduktion, die zur Netzstabilität beiträgt (IEA [207]). Die Sicherheit im Betrieb bleibt ein ungelöstes Problem trotz Erfahrungen aus den Katastrophen von Tschernobyl (1986) und Fukushima (2011) (UNSCEAR [438]). Auch die sichere Endlagerung hochradioaktiver Abfälle ist nicht gelöst, obwohl Fortschritte bei tiefen geologischen Endlagern erzielt wurden (World Nuclear Association [476]). Weltweit existieren rund 350.000 Tonnen hochradioaktiver Müll, und jährlich kommen etwa 10.000 Tonnen hinzu. Ein dauerhaftes und sicheres Endlager steht jedoch weiterhin aus (Nuclear Free Future Foundation [311]).

### Kernfusion

Die Kernfusion, die Verschmelzung von Wasserstoffkernen zu Helium, gilt theoretisch als nahezu unerschöpfliche und saubere Energiequelle. Technisch ist ihre Nutzung jedoch noch weit entfernt. Projekte wie ITER (International Thermonuclear Experimental Reactor) in Frankreich arbeiten daran, Probleme wie die Kontrolle extrem hoher Temperaturen und Drücke sowie die Entwicklung geeigneter Materialien zu bewältigen (ITER Organization [238]). Optimistische Prognosen rechnen erst weit in der zweiten Hälfte des 21. Jahrhunderts mit der Verfügbarkeit kommerzieller Fusionskraftwerke (National Academies of Sciences, Engineering, and Medicine [301]).

Die Entwicklung von Fusionsreaktoren erfordert spezialisierte Materialien, darunter Strukturmaterialien wie Stahl und Wolfram, supraleitende Materialien wie Niob-Titan, und Plasmabegrenzungsmaterialien wie Graphit. Auch rare Kühlmittel wie Helium (Stockhead [402]) sowie spezielle Legierungen wie Eurofer spielen eine zentrale Rolle (ITER Organization [238]). Einige dieser Rohstoffe sind jedoch selten, was die Entwicklung der Fusionstechnologie behindern könnte.

Angesichts schwindender fossiler Energieressourcen wird die globale Energieversorgung zunehmend auf erneuerbare Energien und Kernkraft angewiesen sein. Fossile Energieträger bleiben wichtig, auch als Rohstoffe. Kernkraft birgt weiterhin Risiken in

Bezug auf Sicherheit, Uranabbau und die ungelöste Endlagerung von Abfällen (World Nuclear Association [476]).

Die Transformation der Energieinfrastruktur hin zu erneuerbaren Energien ist notwendig, aber ressourcenintensiv. Diese Technologien benötigen Flächen, Rohstoffe und Speicherlösungen, die im Wettbewerb mit Landwirtschaft und anderen Nutzungsformen stehen. Urbanisierung verschärft diesen Druck zusätzlich (Ding & Hwang [97]).

Langfristig könnten sich die globalen Energiemärkte destabilisieren, was eine stärkere regionale Energieautarkie erforderlich macht. Selbst bei umfassender Transformation bleiben erhebliche Kosten, Umweltbelastungen und Zeitaufwände, die ohne substanzielle Einsparungen keine nachhaltige Lösung bieten (National Academies of Sciences, Engineering, and Medicine [301]).

### 2.6.6 Versorgung mit Nahrungsmitteln – Landwirtschaft

Auch eine urbane Industriegesellschaft ist auf eine funktionierende Landwirtschaft zur Versorgung mit Nahrungsmitteln angewiesen. Diese Abhängigkeit nimmt mit zunehmender Bevölkerung und wachsender Urbanisierung weiter zu, die Transportwege werden länger und auch Nahrungsmittelabhängigkeiten nehmen zu.

Primär ernährt die landwirtschaftlich tätige Bevölkerung sich selbst, erst danach wird die gewerblich tätige Bevölkerung durch Überschüsse der landwirtschaftlichen Produktion versorgt. Zudem führt die zunehmende Bevölkerungsdichte zu einer Verringerung der landwirtschaftlich nutzbaren Flächen. Darüber hinaus verursachen die beschriebenen Effekte eine höhere Belastung der verfügbaren Flächen, was wachsende Anforderungen an die Landnutzung mit sich bringt, z. B.
– Waldfläche zur Kompensation für $CO_2$-Emissionen,
– Ländereien zum Schutz der Biodiversität,
– Reservierung als Quelle für die zukünftige Versorgung mit biogenen Rohstoffen wie Fasern, Ölen, Stärke/Zucker und Holz (Zellstoff) sowie Bioenergie.

Eine wachsende Bevölkerung außerhalb der Landwirtschaft erfordert damit eine sehr deutliche Produktivitätssteigerung in der Landwirtschaft. Dies ist ein Problem, denn die landwirtschaftliche Produktion ist heute bereits sehr effizient, sodass jede weitere signifikante und ökologisch verträgliche Steigerung schwierig werden wird, auch wenn, was absehbar nicht der Fall ist, die Böden in guter Verfassung sind und genügend Kunstdünger vorhanden ist. Ein historisches Beispiel verdeutlicht dies:

> Wenn 80 % der Bevölkerung in der Landwirtschaft tätig sind und 20 % der nicht-agrarischen Bevölkerung ernähren, muss der in der Landwirtschaft produzierte Überschuss 25 % betragen. Soll der Anteil der nicht-agrarischen Bevölkerung verdoppelt werden, müssen 60 % der Bevölkerung 40 % ernähren.
> Historische Daten illustrieren diesen Effekt drastisch: Um 1500 waren in England etwa 80 % der Bevölkerung in der Landwirtschaft beschäftigt, wobei ein Bauer 0,25 weitere Personen ernährte.

Bis 1850 sank dieser Anteil auf etwa 20 %, sodass ein Bauer nun vier Personen ernähren musste – ein erforderlicher Überschuss, der heute um den Faktor 16 gestiegen ist (WBGU [456]).

Die Produktivität von Landwirten in Europa hat in den letzten Jahrzehnten erheblich zugenommen. Heutzutage ernährt ein Landwirt in Deutschland statistisch gesehen rund 135 Menschen im Vergleich zu nur etwa 10 Menschen direkt nach dem Zweiten Weltkrieg (Deutscher Bauernverband e. V. [93]). Diese Steigerung ist auf technologische Fortschritte und verbesserte landwirtschaftliche Praktiken zurückzuführen. Ähnliche Trends sind in anderen europäischen Ländern zu beobachten, auch wenn die genauen Zahlen von Land zu Land variieren.

Global betrachtet ist unklar, ob die verfügbaren Ökosysteme die steigende Nachfrage bewältigen. Dabei muss die Versorgung nicht nur einer zunehmend gewerblich tätigen, urban lebenden Bevölkerung Rechnung tragen, sondern sie ist – aufgrund des Klimawandels – darüber hinaus von veränderten und schwankenden Wetterbedingungen abhängig, die ihrerseits eine veränderte Landwirtschaft einfordern. Industrialisierte Gesellschaften verlassen sich zudem meist auf die Nahrungsversorgung aus entfernteren Regionen, was Transport und funktionierende Infrastruktur voraussetzt, siehe Abbildung 2.9 unten.

Zusätzlich zur Erosion verliert der Boden auch an Fruchtbarkeit. Laut der Bundesanstalt für Geowissenschaften und Rohstoffe (BGR) wiesen 2007 etwa 34 % der Böden in Deutschland einen Humusgehalt von unter 2 % auf. Nach Ansicht des Europäischen Boden-Netzwerks (European Soil Bureau Network (ESBN)) befinden sich Böden im Vorstadium der Wüstenbildung, wenn ihr Gehalt an organischer Substanz unter 3,6 % liegt.

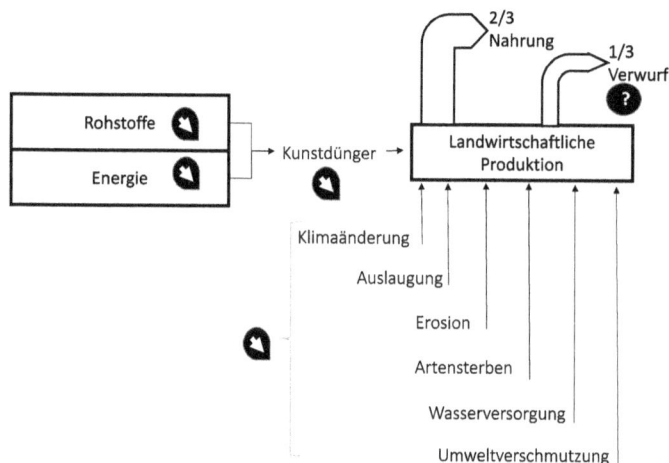

**Abb. 2.9:** Effekt von reduzierter Rohstoff- und Energieversorgung, Klimawandel, Auslaugung, Artensterben, Umweltverschmutzung, Wasserversorgung und Erosion.

**Mutterboden**

Abgesehen davon führt intensive Landwirtschaft zu einem Verlust der biologischen Vielfalt im Boden. Monokulturen, intensive Düngung und ein hoher Einsatz von Pflanzenschutzmitteln sowie das Fehlen von organischem Material im Boden verschlechtern dazu die Bodenqualität und verursachen Humusschwund, Verdichtung und Erosion. Die Bodenzerstörung in der Europäischen Union übersteigt bei weitem die natürliche Bodenbildungsrate: Jährlich gehen etwa 970 Millionen Tonnen fruchtbarer Boden durch Erosion verloren – genug, um z. B. die gesamte Stadt Berlin um einen Meter anzuheben. Die Bildung eines Meters Boden kann, je nach äußeren Bedingungen, zwischen 20.000 und 200.000 Jahre dauern (Brady [59]).

Maria Helena Sameda, Expertin für Ressourcenschutz bei der Ernährungs- und Landwirtschaftsorganisation der Vereinten Nationen (FAO) und spätere stellvertretende Generalsekretärin, warnte im Herbst 2014 vor einem drohenden Zusammenbruch der landwirtschaftlichen Versorgung. Sie betonte, dass die fortschreitende Bodendegradation, die weltweit bereits sehr ausgeprägt sei und weiterhin rasch zunehme, zu einer erheblichen Gefährdung der Nahrungsmittelproduktion führe. Sameda prognostizierte, dass, sofern keine Maßnahmen zur Verlangsamung der Bodendegradation ergriffen werden, bis zum Jahr 2076 der Großteil der Menschheit mit einer ausgeprägten Nahrungsmittelknappheit konfrontiert sein wird. Es wird, so die Vorhersage, keinen plötzlichen Schwund der Nahrungsmittelversorgung geben, sondern eine graduelle langsame Verknappung (Sameda [363]).

Es ist bemerkenswert, wie wenig Aufmerksamkeit die Ressource „Mutterboden" in der öffentlichen Debatte über abnehmende Ressourcen findet. Dies ist umso augenfälliger, wenn berücksichtigt wird, dass die hier angesprochenen Erosionseffekte unabhängig von der Versorgung der Landwirtschaft mit Düngern zu sehen sind.

Zusammenfassend führen die verringerte Verfügbarkeit von Phosphaten zu absehbaren Schwierigkeiten in der Versorgung mit Phosphatdüngern und die Engpässe in der Versorgung mit Rohöl und Energie zu Problemen in der Versorgung mit Nitratdüngern. Hinzu kommen die oben beschriebenen Effekte von Klimaänderung, der Einsatz der Landwirtschaft, um $CO_2$ zu binden und Ethanol für Treibstoffe zu gewinnen sowie Flächen für den notwendigen Schutz der Biodiversität freizuhalten. Diese Kombination aus vielen Einflüssen macht es schwierig, die Nahrungsmittelversorgung der Bevölkerungen zu garantieren. So wird die vor nun 10 Jahren ausgesprochene Warnung „Noch 60 Ernten, dann ist Schluss!" (Sameda [363]) verständlicher und realistisch.

Es verdient bemerkt zu werden, dass der Endpunkt dieses Zeitraums nach am an gesprochenen Ende der globalen Versorgung mit Rohöl und Erdgas liegt. Selbst, wenn die Abschätzung um 10 Jahre falsch wäre, bleibt die grundsätzliche Aussage bestehen: Langfristig ist die Versorgung weder mit Landwirtschaftlichen Produkten noch mit Erdgas oder Erdöl sichergestellt.

### Artensterben

Der Verlust an Arten hat einen starken Einfluss auf die Entwicklung der Nahrungsmittel-versorgung – die Details der Zusammenhänge zwischen aussterbenden Arten und den beeinflussten Ernährungsketten sind aber weitgehend unklar – auch, weil noch nicht alle Arten bekannt sind.

### Gesamtzahl der Spezies

Es wird geschätzt, dass es auf der Erde etwa 8,7 Millionen Arten gibt, darunter Pflanzen, Tiere, Pilze und Mikroorganismen. Davon sind bisher nur etwa 1,2 Millionen Arten wissenschaftlich identifiziert und beschrieben worden. Bei der Mehrzahl der nicht identifizierten Arten handelt es sich vermutlich um wirbellose Tiere und Mikroorganismen, die in wenig erforschten Ökosystemen wie den tropischen Regenwäldern und der Tiefsee leben.

Die International Union for Conservation of Nature (IUCN) bewertet die Arten regelmäßig in ihrer Roten Liste der bedrohten Arten: Etwa 1 Million Arten sind in den kommenden Jahrzehnten vom Aussterben bedroht, darunter Tiere, Pflanzen und Pilze. Diese Zahl wird durch einen Bericht der Intergovernmental Science-Policy Platform on Biodiversity and Ecosystem Services (IPBES [230]) aus dem Jahr 2019 bestätigt.

Das Aussterberisiko variiert je nach Taxa, wobei Amphibien, Korallen und Cycadeen zu den am stärksten gefährdeten Gruppen gehören:
- 41 % der Amphibien,
- 33 % der riffbildenden Korallen,
- 34 % der Nadelbäume und
- 25 % der Säugetiere gelten als bedroht.

### Hauptbedrohungen für Arten

Zu den wichtigsten Ursachen für den Verlust von Arten gehören die Zerstörung von Lebensräumen, der Klimawandel, die Umweltverschmutzung, die Übernutzung (z. B. durch Jagd und Fischerei) und die Einführung invasiver Arten.

Dieser Verlust hat erhebliche Auswirkungen auf Ökosysteme, die für die Nahrungs-mittelproduktion und -sicherheit von entscheidender Bedeutung sind. Die Zusammen-hänge zwischen dem Verlust der biologischen Vielfalt und der Ernährungssicherheit sind vielschichtig und weitgehend unklar:

*Ökosystemleistungen*: Biologische Vielfalt ist die Grundlage für wichtige Ökosystemleistungen, auf die die Landwirtschaft und die Lebensmittelsysteme angewiesen sind. Dazu gehören Bestäubung, Schädlingsbekämpfung, Nährstoffkreislauf und Bodenfruchtbarkeit. So bedroht beispielsweise der Rückgang der Populationen von Wildbestäubern – verursacht durch die Zerstörung von Lebens-räumen, den Einsatz von Pestiziden und den Klimawandel – die Produktivität von Nutzpflanzen, die von der Bestäubung abhängig sind, wie Obst, Gemüse und Nüsse (FAO [132]; Yale E360 [479]).

*Genetische Vielfalt bei Nutzpflanzen und Nutztieren*: Da sich die Landwirtschaft zunehmend auf eine begrenzte Anzahl von Nutzpflanzen- und Nutztierarten stützt, steigt das Risiko von Krankheiten und Schädlingen. Die biologische Vielfalt stellt genetische Ressourcen bereit, die zur Entwicklung widerstandsfähiger Pflanzensorten und Nutztierrassen beitragen können. Derzeit entfallen 66 % der weltweiten Pflanzenproduktion auf neun Kulturpflanzen, was einen besorgniserregenden Trend zu Monokulturen signalisiert, der die Widerstandsfähigkeit gegenüber Umweltveränderungen untergräbt (FAO [132]; Smithsonian [392]).

*Anfälligkeit für den Klimawandel*: Biodiverse Ökosysteme sind besser in der Lage, sich an Klimaextreme anzupassen. Der Verlust von Arten und Lebensräumen verringert diese Anpassungsfähigkeit und macht Nahrungsmittelsysteme anfälliger für Dürren, Überschwemmungen und andere klimabedingte Störungen.

*Auswirkungen auf marginalisierte Gemeinschaften*: Indigene und ländliche Gemeinschaften, die für ihre Ernährung und ihren Lebensunterhalt oft direkt auf wildlebende Arten angewiesen sind, sind unverhältnismäßig stark vom Verlust der biologischen Vielfalt betroffen. Dies verstärkt die Ungleichheit und Ernährungsunsicherheit in diesen Bevölkerungsgruppen (Smithsonian [392]).

## Wasserversorgung

Die Nahrungsmittelversorgung wird neben den oben diskutierten Aspekten offenbar auch von der Wasserversorgung beeinflusst. Beeinflussende Faktoren für die Nahrungsmittelversorgung sind im Detail

*Bewässerung in der Landwirtschaft*: Rund *70 % des weltweiten Süßwassers* wird in der Landwirtschaft genutzt. Besonders in wasserarmen Regionen wie Nordafrika oder Südasien ist die Nahrungsmittelproduktion stark von der Verfügbarkeit von Bewässerungswasser abhängig. Fehlendes Wasser kann zu Ernährungsunsicherheit und niedrigeren Erträgen führen (FAO [130]).

*Erosion*: Übermäßige Bewässerung führt oft zur Versalzung von Böden, was deren Fruchtbarkeit langfristig verringert (WWAP [424]).

*Klimawandel*: Veränderungen im Niederschlag und zunehmende Dürren beeinflussen die Wasserverfügbarkeit negativ. Besonders in Regionen mit Regenfeldbau kann dies zu Ernteausfällen führen (Gleick [169]).

*Lebensmittelpreise*: Wasserknappheit erhöht die Produktionskosten und treibt so die Lebensmittelpreise in die Höhe, was besonders einkommensschwache Haushalte betrifft (WWAP [424]).

Darüber hinausgehende Auswirkungen schlechter Wasserversorgung beziehen sich auf

*Ökosystemschäden*: Die Übernutzung von Flüssen und Seen bedroht aquatische Ökosysteme und gefährdet Artenvielfalt. Feuchtgebiete, die als natürliche Pufferzonen gegen Überschwemmungen wirken, gehen verloren (WWAP [424]).

*Wasserkonflikte*: Die Konkurrenz um Wasserressourcen führt zu Spannungen, beispielsweise zwischen Ländern entlang des Nils oder Euphrats. Diese Konflikte verschärfen politische Instabilität (Gleick [169]).

*Urbanisierung*: Steigende Wasserbedarfe in Städten verdrängen landwirtschaftliche Nutzungen und erschweren die Nahrungsmittelproduktion (FAO [130]).

*Energieerzeugung*: Viele Kraftwerke, insbesondere Wasserkraftwerke, sind auf stabile Wasserressourcen angewiesen. Wasserknappheit könnte die Energieversorgung gefährden (WWAP [424]).

*Gesundheit und Hygiene*: Fehlendes sauberes Wasser beeinträchtigt die Hygiene und führt zu Krankheiten wie Cholera, was wiederum die Arbeitskraft in der Landwirtschaft und die Lebensmittelproduktion beeinträchtigt (WWAP [424]).

## Umweltverschmutzung

Die Nahrungsmittelversorgung steht darüber hinaus in enger Wechselwirkung mit den Auswirkungen der Umweltverschmutzung. Dies geilt besonders hinsichtlich der

*Bodenverschmutzung*: Schadstoffe wie Schwermetalle (z. B. Blei, Cadmium) und Pestizidrückstände reichern sich in landwirtschaftlich genutzten Böden an. Dies beeinträchtigt die Fruchtbarkeit und führt zu kontaminierten Ernteprodukten, die gesundheitsschädlich für Verbraucher sein können (FAO [131]).

*Wasserverschmutzung*: Landwirtschaftliche Abwässer, die mit Düngemitteln und Pestiziden belastet sind, gelangen in Flüsse und Seen. Dies führt zu Eutrophierung und Fischsterben, wodurch die Verfügbarkeit von Fisch als Nahrungsmittel sinkt (UNESCO [424]).

*Luftverschmutzung*: Luftschadstoffe wie Schwefeldioxid ($SO_2$) und Stickoxide ($NO_x$) tragen zu saurem Regen bei, der Böden versauern und Pflanzenerträge reduzieren kann. Feinstaub und Ozon verringern zudem die Photosyntheseleistung von Pflanzen (Van Dingenen et al. [446]).

*Mikroplastik in Lebensmitteln*: Mikroplastikpartikel, die in Wasser und Boden gelangen, können von Pflanzen aufgenommen werden oder in die Nahrungskette über Fische und Meeresfrüchte eintreten. Ihre Auswirkungen auf die menschliche Gesundheit sind noch nicht vollständig erforscht.

Auch hier gehen die Wechselwirkungen der Umweltverschmutzung weit über die direkten Einflussfaktoren hinaus – erwähnenswert sind unter anderem

*Ökosystemschäden*: Verschmutzung bedroht Biodiversität in terrestrischen und aquatischen Ökosystemen, die für die Bestäubung von Pflanzen, Schädlingskontrolle und Nährstoffkreisläufe essenziell sind. Ein Verlust an Biodiversität destabilisiert Nahrungsmittelproduktionssysteme (IPBES [230]).

*Klimawandel*: Umweltverschmutzung, insbesondere durch Treibhausgase, verstärkt den Klimawandel. Dies führt zu häufigeren Extremwetterereignissen, wie Dürren und Überschwemmungen (Kulp & Strauss [253]), die landwirtschaftliche Produktionskapazitäten verringern (IPCC [236]).

*Gesundheitliche Folgen*: Die Aufnahme von Schadstoffen durch Lebensmittel führt zu gesundheitlichen Belastungen in der Bevölkerung, was Produktivitätsverluste und steigende Gesundheitskosten verursacht. Dies betrifft sowohl Produzenten (z. B. Bauern) als auch Konsumenten (WHO [459]).

*Wirtschaftliche Kosten*: Umweltverschmutzung erhöht die Kosten für die Reinigung von Wasserressourcen und den Erhalt von Böden. Diese Belastungen betreffen insbesondere Länder mit begrenzten Ressourcen und erhöhen die soziale Ungleichheit (UNEP [422]).

**Lebensmittelverluste**

Ein anderer Aspekt der Nahrungsmittelversorgung sind Lebensmittelverluste entlang der Lieferkette bis zum Verkauf und Lebensmittelverschwendung, also das, was von Einzelhändlern und Verbrauchern weggeworfen wird. Zusammen bilden sie das Problem der Lebensmittelverluste und -verschwendung (im Englischen als Food Loss and Waste, kurz FLW bezeichnet). FLW verstärkt die Lebensmittelkrise neben der angesprochenen Bodenerosion (Food Loss and Waste [146]). Es trägt zur Erschöpfung natürlicher Ressourcen bei, treibt den Klimawandel mit voran und beeinträchtigt zudem die Ernährungssicherheit. Die Vorstellung in einer Welt zu leben, in der 29 % der globalen Bevölkerung mäßig oder stark von Ernährungsunsicherheit betroffen sind (FAO, IFAD, UNICEF, WFP und WHO [133]) während ein vergleichbarer Anteil (1,3 Milliarden Tonnen pro Jahr) verworfen wird, ist schwer zu ertragen:

> Im Jahr 2022 gingen 13 % der produzierten Lebensmittel verloren, während weitere 19 % auf Einzelhandels- und Haushaltsebene verschwendet wurden. Besonders betroffen sind Obst und Gemüse (45 % Verlust und Verschwendung), gefolgt von Fisch und Meeresfrüchten (35 %), Getreide (30 %), Milchprodukte (20 %) sowie Fleisch und Geflügel (20 %) (UNEP [423]). Lebensmittelverluste sind in Ländern des globalen Südens höher, insbesondere in den frühen Phasen der Lieferkette, aufgrund von Ernte-, Lager- und Transportproblemen. Bei der Lebensmittelverschwendung gibt es inzwischen eine Annäherung der Pro-Kopf-Verschwendung in Haushalten zwischen Ländern mit hohem, mittlerem und niedrigem Einkommen, die sich diesbezüglich nur um 7 kg pro Kopf und Jahr unterscheiden (Food Loss and Waste [146]).

Hindernisse für die strukturierte Lösung von FLW sind neben der Achtlosigkeit in Überflussgesellschaften
- der Mangel an Daten, besonders in ärmeren Ländern,
- unterschiedliche Definitionen von „essbaren" und „nicht essbaren" Lebensmitteln,
- der Mangel an einheitlichen Überwachungsinstrumenten,
- zum Teil auch das Profitstreben einzelner Unternehmen.

Investitionen in Technologien zur Steigerung der Ressourceneffizienz und kreative Lösungen wie Apps zur Lebensmittelrettung haben das Potenzial, einen Paradigmenwechsel einzuleiten. Im Jahr 2022 stammten 60 % der weltweiten Lebensmittelverschwendung aus Haushalten, gefolgt vom Lebensmitteldienstleistungssektor und dem Einzelhandel (UNEP [423]). Letztlich müssen Produzenten, Verbraucher, Unternehmen und Regierungen zusammenarbeiten, um das Problem anzugehen.

**Ausblick – ein Szenario**

Die globalen Schwierigkeiten der Nahrungsmittelversorgung bis 2050 sind erheblich und durch mehrere sich verstärkende Umweltfaktoren bedingt, darunter Bodenerosion, Düngerknappheit, Klimawandel und der Verlust an Biodiversität. Diese Entwicklungen gefährden die landwirtschaftliche Produktion und damit die Ernährungssicherheit.

1. *Bodenerosion*: Bodenerosion verringert die landwirtschaftlich nutzbare Fläche und schwächt die Fruchtbarkeit der Böden. Intensive Landwirtschaft verstärkt den Verlust von Nährstoffen und die Verschlechterung der Bodenstruktur. Jährlich gehen etwa 23–42 Millionen Tonnen Nährstoffe durch Erosion verloren, was bis 2050 die Ernteerträge in stark betroffenen Regionen um bis zu 10 % senken könnte (Montgomery [293]; FAO [129]). Besonders Grundnahrungsmittel wie Weizen, Mais und Reis sind betroffen, die 60 % der globalen Kalorienaufnahme ausmachen.

2. *Düngerknappheit*: Düngemittel wie Stickstoff, Phosphor und Kalium sind unverzichtbar für die moderne Landwirtschaft. Prognosen zufolge könnten Phosphorvorräte Mitte des Jahrhunderts knapp werden, was Düngemittel verteuert und die Lebensmittelproduktion belastet (Cordell et al. [80]). Auch steigende Energiepreise beeinflussen die Verfügbarkeit von Stickstoffdünger, was die Ernteerträge und damit die Nahrungsmittelversorgung weiter bedroht (Erisman et al. [114]).

3. *Klimawandel*: Steigende Temperaturen, veränderte Niederschlagsmuster und Extremwetterereignisse wie Dürren und Überschwemmungen gefährden die Produktivität vieler Anbaukulturen. Eine Temperaturerhöhung um 2 °C könnte Erntepotenziale in tropischen und subtropischen Regionen erheblich verringern. Bis 2050 könnten die Erträge von Grundnahrungsmitteln wie Weizen und Mais um bis zu 25 % sinken (Schlenker & Lobell [370]; IPCC [233]).

4. *Verlust an Biodiversität*: Landnutzungsänderungen, Umweltverschmutzung und Klimawandel beeinträchtigen die biologische Vielfalt, die für widerstandsfähige Ernährungssysteme essenziell ist. Nachhaltige Ansätze zur Erhaltung der Biodiversität und der Verringerung von Lebensraumzerstörung sind erforderlich (IPBES [230]).

5. *Kumulative Effekte*: Die genannten Faktoren verstärken sich gegenseitig: Bodenerosion erhöht die Abhängigkeit von Düngemitteln, deren Knappheit wiederum die Klimaanfälligkeit der Böden verschärft. Extremwetterereignisse verstärken Erosion und Nährstoffverluste, wodurch die Landwirtschaft noch anfälliger wird (Lal [257]).

6. *Umwidmung landwirtschaftlicher Flächen*: Zusätzlich wird die Umwidmung landwirtschaftlicher Flächen z. B. für Biokraftstoffe und nachwachsende Rohstoffe zunehmend diskutiert, steht jedoch im Konflikt mit der Nahrungsmittelproduktion. Diese Konkurrenz um Flächen verschärft die bereits bestehenden Probleme (Montgomery [293]).

Die Kombination aus Bodenerosion, Düngemittelknappheit, Klimawandel, Biodiversitätsverlust usw. wird bis 2050 zu Ertragsrückgängen, steigenden Nahrungsmittelpreisen und Ressourcenkonflikten führen. Nachhaltige landwirtschaftliche Praktiken und eine Reduktion des Ressourcenverbrauchs sind entscheidend, um die Ernährungssicherheit der wachsenden Weltbevölkerung zu gewährleisten.

### 2.6.7 Versorgung mit Information

Die Informationsversorgung ist eine zentrale Grundlage der demokratischen Gesellschaft und wurde historisch durch die Drucktechnik revolutioniert. Gedruckte Texte ermöglichten kostengünstigen und breiten Zugang zu Informationen, wobei der Fokus auf den Inhalten lag und nicht auf den Eigenschaften des Sprechers (Eisenstein [104]; Febvre & Martin [135]). Diese Eigenschaften prägen auch die digitale Kommunikation, jedoch auf Kosten eines kontinuierlichen Energie- und Ressourcenverbrauchs (J. Schmaltz [371]). Zudem entstehen neue soziale Probleme wie Fake News und eine mögliche Abnahme der Lesekompetenz (Carr [68]).

**Zeitungsdruck und Digitalisierung**

Die Auflagen gedruckter Tageszeitungen sinken seit einem Jahrzehnt um etwa ein Drittel und werden voraussichtlich in den nächsten zehn Jahren erneut so stark zurückgehen. Diese Entwicklung gefährdet das Geschäftsmodell klassischer Zeitungen und zwingt Druckereien zu Konsolidierungen. Parallel wächst der Umsatz durch digitale Publikationen, doch die Erlöse aus Online-Werbung fließen größtenteils an Plattformanbieter wie Google oder Amazon. Lokale Zeitungen könnten zukünftig vorzugsweise durch Verbreitung von Informationen über Gemeinschaftsaktivitäten und zielgruppenspezifischen Inhalten bestehen, während nationale und internationale Zeitungen vor größeren Schwierigkeiten stehen.

**Papierverfügbarkeit und Energieverbrauch**

Die gestiegene Nachfrage nach Verpackungspapier und höhere Energiepreise haben die Kosten für Druckpapier stark erhöht. Zugleich zeigt die Forschung, dass der Energieverbrauch bei der Produktion und Nutzung von Nachrichtenmedien hoch ist und je nach Medium stark variiert (Gard & Keoleian [158]). Besonders digitale Inhalte mit Videos oder Animationen verursachen einen deutlich erhöhten Energiebedarf, oft zu Lasten der Umwelt. Ältere Studien unterschätzen zudem den Energieverbrauch durch digitale Werbung und Trackingmechanismen.

Die Transformation der Medienlandschaft zeigt, dass sowohl gedruckte als auch digitale Formate mit Schwierigkeiten hinsichtlich von deren Wirtschaftlichkeit, Ressourcennutzung und Umweltbelastung konfrontiert sind.

1. *Printmedien*

   Der Energieverbrauch bei gedruckten Zeitungen umfasst mehrere Schritte wie Papierherstellung, Druck und Verteilung:

   Papierproduktion: Ein erheblicher Anteil des Energieverbrauchs bei Printmedien entfällt auf die Herstellung des Papiers. Beispielsweise wird berichtet, dass allein die Papierproduktion für eine Zeitungsausgabe Energie im Bereich von 1,3 bis 2,3 kWh pro Exemplar verbrauchen kann, wobei dies stark von der verwendeten Papiersorte und den Recyclinganteilen abhängt. Druck und Vertrieb: Weitere Energie wird für den Druck sowie für den Transport der Zeitungen an die Leser benötigt. Insgesamt wird der Energieverbrauch für eine gedruckte Zeitung pro Leser und Ausgabe auf etwa 3 bis 5 kWh geschätzt, abhängig von Drucktechnik, Transportwegen und -mitteln (Moberg et al. [289]). Eine detaillierte Analyse der schwedischen Zeitung Svenska Dagbladet ergab, dass pro Leser täglich etwa 0,5 bis 1,5 kWh für die Produktion und Verteilung von Printmedien aufgewendet werden (Moberg et al. [289]).

2. *Digitalmedien*

   Digitale Nachrichtenkonsumption hat andere Energiekosten, die hauptsächlich aus dem Betrieb von Servern, Netzwerken und Endgeräten resultieren:

   Serverbetrieb und Datenübertragung: Der Energieverbrauch für die Bereitstellung digitaler Inhalte wird auf etwa 0,01 bis 0,1 kWh pro Webseitenaufruf geschätzt. Dazu zählen auch die Energieaufwendungen für die Speicherung und Übertragung der Daten (Berkhout & Muskens [42]; Gard & Keoleian [158]).
   Endgeräteverbrauch: Der Energieverbrauch hängt davon ab, ob Nutzer Inhalte auf einem Smartphone, Computer oder Tablet lesen. Zum Beispiel verbraucht eine Stunde Nachrichtenlesen auf einem Laptop etwa 0,05 bis 0,1 kWh (Mankoff et al. [274]). Redaktionelle Inhalte von Digitalmedien sind im Vergleich zu Printmedien oft, aber keinesfalls grundsätzlich, energieeffizienter pro gelesener Nachricht, vor allem, wenn die Infrastruktur gut skaliert ist und sich auf viele Nutzer verteilt (Berkhout & Muskens [42]). Der Einsatz von Trackern und von vollfarbiger animierter oder Videowerbung verschiebt dieses Bild deutlich.

3. *Fernsehen*

   Der Energieverbrauch pro Fernsehzuschauer bezieht sich auf die Produktion der TV-Inhalte, deren Übertragung sowie den Energieverbrauch der Endgeräte:

   Produktion und Übertragung: Die Herstellung und Übertragung von Fernsehinhalten verbraucht pro Zuschauerstunde etwa 0,1 bis 0,3 kWh, abhängig vom Inhalt und der Senderinfrastruktur (Hertwich [196]).
   TV-Geräte: Der Stromverbrauch eines Fernsehgeräts variiert zwischen 0,05 und 0,2 kWh pro Stunde, je nach Größe und Typ des Geräts (z. B. LED, OLED). Größere Fernsehgeräte verbrauchen tendenziell mehr Energie (Mankoff et al. [274]).

4. *Rundfunk*

   Der Energieverbrauch pro Radiohörer bezieht sich auf die Produktion der Inhalte, deren Übertragung sowie den Energieverbrauch der Endgeräte:

   Produktions- und Übertragungskosten: Die Energie für die Produktion und Übertragung von Radiosendungen umfasst den Stromverbrauch von Studios und die Verbreitung über Sendemasten. Traditionell wird für UKW- und Mittelwellen-Radiosendungen eine Leistung zwischen 10 und 100 kW pro Stunde geschätzt, wobei dies stark von der Reichweite und dem Sendeformat abhängt. Digitales Radio (DAB+) verbraucht weniger Energie als UKW (Weber et al. [457]), da die Übertragungstechnik effizienter ist und mehr Kanäle auf einer Frequenz senden kann (Shen et al. [381]) – setzt aber die Nutzung einer anderen Infrastruktur voraus.

Verbrauch der Endgeräte: Der Stromverbrauch für Radios hängt von Gerätetyp und Nutzung ab. Ein durchschnittliches tragbares UKW-Radio benötigt etwa 1–2 Watt, während ein DAB+-Radio im Bereich von 3–5 Watt liegt und die entsprechende Infrastruktur verlangt. Internet-Radio verbraucht mehr Energie, da zusätzlich zur Stromversorgung des Lautsprechers die Datenübertragung über WLAN oder Mobilfunknetz erfolgt, was je nach Gerät zwischen 5–10 Watt pro Stunde beträgt (Weber et al. [457]).

Der Energieverbrauch pro Radiokonsument ist – vor allem, wenn traditionelle Übertragungsmechanismen genutzt werden – weit niedriger als bei digitalen Medien, TV und Print, sowohl da Radioübertragungen effizient sind als auch Endgeräte vergleichsweise wenig Strom verbrauchen. Oberflächlich betrachtet ist der digitale Nachrichtenkonsum oft energieeffizienter als Print und Fernsehen, da hier Transportwege und die physische Produktion entfallen. Trotzdem hängt deren Energieverbrauch letztlich stark vom konkreten Nutzungsverhalten sowie den eingesetzten Technologien und Medieneinbindungen sowie deren Effizienz ab (Gard & Keoleian [158]; Hertwich [196]). Hinzu kommt, dass die oben beschriebenen Quellen den Energieverbrauch durch Werbung in digitalen Medien sowie Tracker letztlich nicht in nachvollziehbarer Weise berücksichtigen. Zudem muss berücksichtigt werden, dass der Rohstoffbedarf der digitalen Infrastruktur langfristig nicht gedeckt ist.

Im Vergleich zu Fernsehen und Printmedien ist der Energieverbrauch für Radio pro Konsument deutlich geringer. Während TV und Printmedien sowohl bei Produktion als auch Konsum etwas höhere Energiekosten aufweisen, bleibt Radio aufgrund seiner geringeren Infrastrukturkosten und der niedrigeren Stromaufnahme von Endgeräten insgesamt sparsamer.

Wie oben gezeigt wurde, ist die Versorgung mit Rohstoffen kritisch für die Herstellung von Computern. Verlage für gedruckte Information werden daher wohl nicht davon ausgehen, dass sie sich sehr langfristig durch Informationsvertrieb in digitalen Medien finanzieren – wenn die digitale Infrastruktur nicht hergestellt wird, wird es auch kein digitales Angebot geben.

Auf der anderen Seite besteht heute eine Infrastruktur zur Nachrichtenerzeugung und Verteilung und die Kenntnis etablierter Zielgruppen – beides ist notwendig, um hochqualitative Nachrichten zu produzieren und zu verteilen. Aus Sicht der erwartbaren Rohstoffengpässe (siehe oben) muss daher davon ausgegangen werden, dass das Geschäftsmodell der digitalen Zeitung ein auf wenige Jahrzehnte beschränktes Geschäftsmodell ist, das – zumindest wäre das aus Energie- und Rohstoffsicht vernünftig – durch Radioformate abgelöst werden wird. Ein Hybrid aus digitaler Information und Rundfunk ist offenbar eine Idee – die aber derzeit nicht verfolgt wird.

**Der Lebensweg von Computern: Herstellung, Nutzung und Entsorgung**
**Herstellung**

Die Produktion von Computern und Smartphones ist energie- und ressourcenintensiv und benötigt über 70 Materialien, darunter seltene Erden, Metalle wie Gold und Kupfer sowie Kunststoffe und Glas (Deng et al. [88]; Belkhir & Elmeligi [36]). Für die Herstellung eines Laptops werden 200–300 kWh Energie benötigt, ein Smartphone erfordert etwa 75 kWh. Die Rohstoffgewinnung verursacht erhebliche Umweltschäden durch Lebensraumzerstörung und Verschmutzung (Zeng et al. [481]).

**Nutzung**

Der Energieverbrauch variiert stark je nach Gerät. Desktop-Computer benötigen 200–500 kWh pro Jahr, Laptops 50–150 kWh, und Smartphones sind mit 2–7 kWh pro Jahr am energieeffizientesten (Andrae & Edler [19]). Dennoch belastet die Nutzung digitaler Geräte die Umwelt, insbesondere durch die notwendige Infrastruktur.

**Rechenzentren**

Rechenzentren verbrauchten 2021 weltweit etwa 220–320 TWh, was 1 % des globalen Stromverbrauchs entspricht (IEA [220]). Trotz Effizienzgewinnen wird der Energiebedarf durch das Wachstum von IoT, KI und Cloud-Computing weiter steigen, möglicherweise auf bis zu 8 % des weltweiten Stromverbrauchs bis 2030 (IEA [220]).

**Entsorgung**

Die Entsorgung von Elektronik ist problematisch: Jährlich entstehen 50 Millionen Tonnen Elektroschrott, von denen nur 20 % recycelt werden (Baldé et al. [29]). Viele Geräte enthalten giftige Stoffe wie Blei und Quecksilber, die bei unsachgemäßer Entsorgung Boden, Wasser und Luft kontaminieren. Die komplexe Materialtrennung erschwert ein effektives Recycling, was Ressourcenverluste nach sich zieht.

**Zukunftsaussichten**

Die IT-Branche ist derzeit für 3–4 % der globalen $CO_2$-Emissionen verantwortlich. Dieser Beitrag steigt absehbar durch zunehmende Rohstoffknappheit und steigende Energiekosten (Bardi [31]), aber auch durch veränderte Nutzungsformen. So wird der nichtmenschliche Datenaustausch durch IoT und KI weiter zunehmen, was den Energiebedarf zusätzlich erhöhen wird. Die Elektrifizierung manueller Tätigkeiten des Alltags nimmt zu. Das hat einen erhöhten Verbrauch an Energie im Haushalt aber auch in der Produktion und dem Recycling der entsprechenden Geräte zur Folge. Effizienzmaßnahmen sind entscheidend, um die ökologischen und wirtschaftlichen Schwierigkeiten zu bewältigen.

**Ausblick**

**Kostendruck und Umweltbelastungen**

Die Medienproduktion steht unter steigendem Druck. Der Transport physischer Medien verursacht hohe $CO_2$-Emissionen. Zudem erhöhen steigende Papierpreise und die Belastung globaler Logistiksysteme den wirtschaftlichen und ökologischen Druck (Fink [137]). Das „grüne" Image der digitalen Medien ist keinesfalls gerechtfertigt: Achtlose Nutzung von digitalen Medien, die wachsenden Datenraten und der steigende Energiebedarf von Rechenzentren und Netzwerken lassen den $CO_2$-Fußabdruck der digitalen Infrastruktur und damit der Produkte anwachsen (Schäfer [365]; Anderson [18]).

**Energieeffizienz durch Radio**

Radio bietet eine umweltfreundlichere Alternative. Digitale Übertragungsstandards wie DAB+ ermöglichen energieeffiziente Rundfunkinhalte ohne physischen Transportaufwand. Der $CO_2$-Fußabdruck von Radiosendungen ist deutlich geringer als der datenintensiver digitaler Plattformen (Smith & Wilson [390]).

**Innovationen im Rundfunk**

Technologien zur Optimierung der Signalübertragung und die Nutzung erneuerbarer Energien können die Nachhaltigkeit des Radios noch weiter steigern. Als energieeffizientes Medium hat Radio das Potenzial, im Informations- und Unterhaltungssektor eine zentrale Rolle zu spielen, während ökologische Nachhaltigkeit gefördert wird.

## 2.7 Klimaentwicklung

Im Jahr 2024 haben globale Durchschnittstemperaturen die höchsten Werte seit Beginn der Aufzeichnungen erreicht, mit einer Schätzung, dass die globale Erwärmung um etwa *1,57 °C* über dem vorindustriellen Niveau liegt. Einige Monate des Jahres 2024 haben Temperaturen von bis zu *1,63 °C* über dem vorindustriellen Niveau verzeichnet (NOAA [310]). Wissenschaftler schätzen, dass das Jahr 2024 mit hoher Wahrscheinlichkeit das bisher wärmste Jahr seit Aufzeichnung der Temperaturen sein wird. Dieser Anstieg setzt sich derzeit mit einer Rate von mehr als 0,2 °C pro Jahrzehnt fort. Die letzten zehn Jahre waren die wärmsten seit Beginn der Aufzeichnungen im Jahr 1880, siehe Abbildung 2.10 unten.

Die Erwärmung hat weitreichende Auswirkungen auf Regionen, Jahreszeiten und Ökosysteme, einschließlich extremer Temperaturen, veränderter Niederschlagsmuster und schwindender Eisflächen. Mit dem Pariser Abkommen (IPCC [235]) einigten sich politische Entscheidungsträger auf gemeinsame Ziele zur Begrenzung der globalen Erwärmung. Das Abkommen strebt eine Erhöhung um nicht mehr als 2 °C über das vorindustrielle Niveau an. Das Europäische Parlament beschloss im Herbst 2020, bis 2030 ein Ziel von 55 % der $CO_2$-Emissionen von 1990 zu erreichen, und die deutsche Regierung legte im Frühjahr 2021 ein Ziel von 65 % im Vergleich zu den $CO_2$-Emissionen von 1990 bis 2030 fest. Das Pariser Abkommen ist Gegenstand von Kontroversen. Das 2-Grad-Ziel wurde gewählt, weil die Menschheit in der Zeit nach der Eiszeit Erfahrung mit solchen Werten hat (Xu & Ramanathan [478]; ETH Zürich [115]) – diese Einschätzung trifft nur bedingt zu, denn die Erfahrung bezieht sich auf eine Situation, in der die Bevölkerungsdichte und die Belastung durch andere Umweltprobleme deutlich geringer war.

Es besteht Einigkeit darüber, dass Bevölkerung und Industrie drastische Maßnahmen ergreifen müssen, um es zu erreichen. Die Realität ist, dass die $CO_2$-Emissionen weltweit weiterhin steigen und die Wahrscheinlichkeit, die Emissionsziele zu erreichen, bereits 2017 auf etwa 30 % geschätzt wurde (Xu & Ramanathan [478]) und heute eher niedriger anzusetzen sind. Anders formuliert besteht eine Zweidrittel-Wahrscheinlichkeit, dass die Emissionen *nicht rechtzeitig* auf angestrebte Werte sinken. Zudem reagiert das atmosphärische System recht langsam (IPCC [235]). Eine realistischere Betrachtung der nächsten drei Jahrzehnte zeigt, dass, wenn die menschengemachten Treibhausgasemissionen nicht schon vor 2030 ihren Höhepunkt erreichen, eine Erwärmung von mindestens 3 °C zu erwarten ist (Spratt & Sutton [394]).

Die Klimaentwicklung wurde vielfach basierend auf heute bekannten Daten simuliert. Startpunkte solcher Betrachtungen sind der heute bekannte Status und die in den vergangenen Jahrzehnten beobachtete Dynamik des komplexen Systems Erdatmosphäre. Zu diesem Thema gibt der Deutsche Wetterdienst den öffentlich zugänglichen Klimaatlas heraus, dem die folgenden Abbildungen zur Temperaturentwicklung und der regionalen Entwicklung entnommen wurden (Stand Ende November 2024).

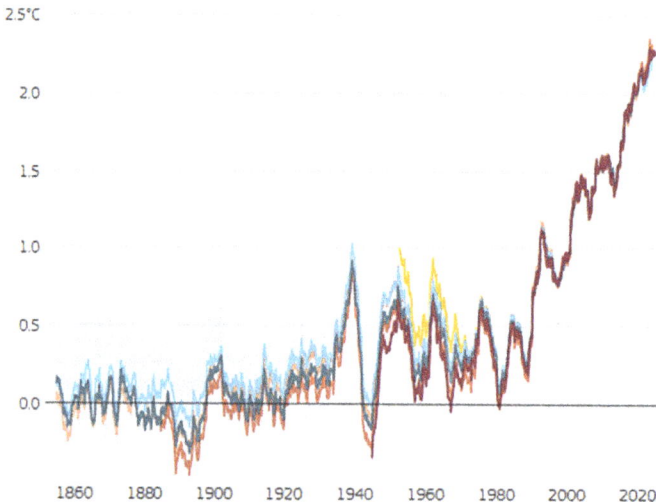

**Abb. 2.10:** Entwicklung der jährlichen Durchschnittstemperatur in Europa. Seit 1960 ist die jährliche Durchschnittstemperatur in Deutschland um etwa 2 °C Celsius gestiegen (Climate Copernicus [73]), siehe auch Abbildung 2.11 unten.

Normalwerte (Zeitraum 1971 - 2000)

August

Abweichung vom Normalwert 1971 - 2000

August

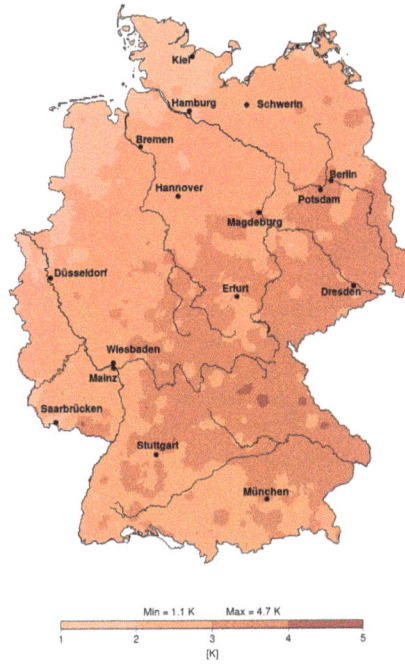

**Abb. 2.11:** Regionale Unterschiede in der Erwärmung. Die Erwärmung nicht überall gleich. Besonders stark betroffen sind Brandenburg mit einem Anstieg von durchschnittlich 2,36 °C (0,36 °C pro Jahrzehnt) und die bayerischen Alpengebiete. Die höchste Temperaturerhöhung von 4 °C wurde in der Gemeinde Rietz-Neuendorf in Brandenburg gemessen. Im Regierungsbezirk Kassel war der Anstieg mit 1,51 °C am geringsten. Die Unterschiede sind wahrscheinlich auf Faktoren wie Bevölkerungsdichte, Flächenverbrauch und die Beschaffenheit der Regionen zurückzuführen (M. Boksch [55]; Deutscher Wetterdienst [94]).

### Simulation der Klimaentwicklung

Für eine weltweite Entwicklung publizierten Xu & Ramanathan [478] erwartete Kernelemente des Temperaturverlaufs:

*2020–2030*: Entsprechend der Projektionen von Xu & Ramanathan [478] erreichen die Kohlendioxidkonzentrationen bis 2030 437 Teile pro Million – ein Wert, der in den letzten 20 Millionen Jahren beispiellos ist – und die Erwärmung erreicht 1,6 °C im globalen Durchschnitt. Lokal sind mit knapp 8 °C deutlich höhere Werte zu erwarten.

*2030–2050*: Die Emissionen erreichen 2030 ihren Höhepunkt und beginnen dann zu sinken, was mit einer 80-prozentigen Reduktion der Energieintensität fossiler Brennstoffe bis 2100 im Vergleich zu 2010 einhergehen würde. Dies führt zu einer Erwärmung von 2,4 °C bis 2050 (Xu & Ramanathan [478]). Aufgrund der Aktivierung einer Reihe von $CO_2$-Emittern, wie z. B. auftauende Moore, kommt es jedoch zu einer weiteren Erwärmung um 0,6 °C – was die Gesamterwärmung bis 2050 auf 3 °C bringt.

Es sei darauf hingewiesen, dass dies weit von einem extremen Szenario entfernt ist: Die Erwärmung wird mit einer Wahrscheinlichkeit von 5 % bis 2050 3,5–4 °C übersteigen (Xu & Ramanathan [478]).

*2050*: Im Jahr 2050 ist das 1,5-Grad-Ziel, das sich die Weltführer gesetzt hatten, weit überschritten. Die Erde hat sich seit den 1800er Jahren, als die Welt begann, fossile Brennstoffe im großen Maßstab zu verbrennen, um 2 °C erwärmt (IPCC [234]). Es gibt eine breite wissenschaftliche Akzeptanz (Xu & Ramanathan [478]), dass angesichts dieser Temperaturentwicklung bis 2050 die Kipppunkte für verschiedene Regionen der Welt (z. B. für den westantarktischen Eisschild) überschritten sein werden. Die Folgen sind ein eisfreies arktisches Sommermeer (bereits weit vor einer Erwärmung um 1,5 °C), ein Schmelzen des grönländischen Eisschilds (weit vor 2 °C Erwärmung) und der weitverbreitete Verlust von Permafrostböden mit der folgenden Freisetzung von dort eingelagertem Methan, sowie das großflächige Austrocknen und Absterben des Amazonasgebietes (das bei 2,5 °C Erwärmung eingetreten sein wird).

Berichte über Hitzewellen und Waldbrände füllen im Jahr 2050 wohl regelmäßig die Abendnachrichten. Sommertage überschreiten dann in London 40 °C und in Delhi 45 °C, extreme Hitzewellen kommen nun 8- bis 9-mal häufiger vor (NOAA [309]). Diese hohen Temperaturen führen zu weit verbreiteten Stromausfällen, da die Stromnetze Schwierigkeiten haben, den Energiebedarf zur Kühlung der Häuser zu decken. Krankenwagensirenen ertönen die ganze Nacht und transportieren Patienten, die an Hitzschlägen leiden, in Notaufnahmen. Während dies wie eine dystopische Vision erscheinen mag, basiert dieses Szenario auf den verfügbaren Klimamodellen (Nature [303]).

Doch es gibt immer noch eine kleine Chance, das schlimmste Szenario zu vermeiden (Nature [304]; IPCC [236]).

Die Biosphäre steuert auf eine Erwärmung zu, die über das bereits Akzeptierte hinausgeht und dabei das Risiko vernachlässigt, dass heute noch unbekannte Dynamiken noch größere Auswirkungen haben werden (Burke et al. [66]). Die Analyse liefert durchgehend die Erkenntnis, dass das 2-Grad-Szenario zu drastischen Veränderungen bei Temperatur und Niederschlag in Nordeuropa und zu Aridifikation in Südeuropa und Afrika führen wird. (Aridifikation ist der langfristige Prozess, bei dem eine Region zunehmend trockener wird und wüstenartige Bedingungen entstehen. Verursacht durch natürliche und menschliche Faktoren, führt sie zu verringertem Wasservorkommen, beeinträchtigter Vegetation und eingeschränkter landwirtschaftlicher Nutzbarkeit.)

Es ist hervorzuheben, dass die Durchschnittstemperaturen lokal zum Teil sehr deutlich überschritten werden. Besonders die industrielle Produktion wird mit veränderten Bedingungen zu kämpfen haben und sich schnell an eine Reihe neuer Herausforderungen anpassen müssen:

- Ein erheblicher Teil der Standorte, an denen sich heute Produktionsstätten befinden, kann, weil nah an Flussläufen oder Überschwemmungsgebieten gelegen, z. B. aufgrund von Überschwemmungen wegfallen.
- Die Versorgungssituation verdient mehr Aufmerksamkeit, da der Zugang zu Materialien (d. h. Infrastruktur und Transport) schwieriger werden.
- Regulierungsbehörden und das Bewusstsein der Verbraucher werden die Produktlebensdauer verlängern.
- Die Energieversorgung wird instabiler, daher muss der Energieverbrauch (und auch der Verbrauch anderer Ressourcen) gesenkt werden.

– Die Knappheit an Rohstoffen wird dazu führen, dass z. B. auch installierte, aber nicht mehr genutzte Industrieanlagen nicht nur als Dienstleister, sondern auch als Rohstoffquelle betrachtet werden (Nature [303]).

Nach dem derzeitigen Verständnis, wie demokratische Gesellschaften mit Problemen umgehen, scheint es unwahrscheinlich, ein existenzielles Problem dieser Art in einem Zeitrahmen zu lösen, der schnell genug ist, um Entwicklungen abzuwenden. Der historische Vergleich bietet sich an – ein Marshall-Plan-ähnliches Programm vermag eventuell schnell eine $CO_2$-freie Energieversorgung aufzubauen. Dies würde eine erhebliche Umverteilung von Ressourcen von Aktivitäten erfordern, die die kohlenstoffintensiven Lebensstile reicherer Gesellschaften unterstützen. Die verheerenden Auswirkungen des Klimawandels sind spürbar. Die Regierungen erreichen die von ihnen vereinbarten Verpflichtungen zur Reduktion von Emissionen nicht (IPCC [236]; World Bank [468]).

Das hier beschriebene Bild ist düster, aber es bleibt vermutlich noch Zeit, um sicherzustellen, dass es nicht in der schlimmst-möglichen Variante zur Realität wird.

Klimavorhersagen sind überwältigend und erschreckend. Doch viele der Experten, die für diese Bewertungen verantwortlich sind, bleiben optimistisch – wenn auch immer verhaltener. Innerhalb weniger Jahre wurden die für die Industrienationen projizierten Emissionsraten deutlich reduziert, im weltweiten Maßstab ist das aber nicht der Fall (IPCC [235, 234]). Politiken, die in erneuerbare Energiequellen investieren, die Produktion fossiler Brennstoffe reduzieren, den elektrischen Verkehr unterstützen, Wälder schützen und die Industrie regulieren, Verschwendung und Verlust vermindern und Sparen etablieren, tragen dazu bei, die schlimmsten Auswirkungen des Klimawandels abzumildern. Klimaforscher betonen jedoch auch, dass die aktuellen Politiken und Zusagen nicht ausreichen – weder in Tempo noch in Umfang. Echte Veränderungen erfordern mutige Lösungen, Innovationen und kollektives, auch staatliches Handeln (IPCC [236]).

### $CO_2$-Abscheidung und -Speicherung (CCS – Carbon Capture and Storage) als Maßnahme zur Reduktion des $CO_2$-Gehaltes der Atmosphäre

$CO_2$-Abscheidung und -Speicherung (CCS) ist eine Technologie, die darauf abzielt, $CO_2$ wieder aus der Atmosphäre holen. Der Abscheidungsprozess des $CO_2$ basiert unter anderem auf aminbasierten Lösungsmitteln *und* festen Adsorbentien *oder* Membranen, die das gebundene $CO_2$ und die Lösungssubstanz abscheiden. Ein Prozess, der Rohstoffe benötigt (Global CCS Institute [171]). Der Entwicklungsstand der verschiedenen derzeit diskutierten Technologieansätze variiert: Nur 10 % der Leistung, die erforderlich wäre, lassen sich durch bekannte und bereits kommerziell wettbewerbsfähige und verfügbare Technologien bedienen, während weitere 45 % kommerziell zwar verfügbar, jedoch noch zu teuer sind und beispielsweise durch Innovationen sowie Skalierung Kostensenkungen benötigen (McKinsey [280]). Die restlichen Technologien befinden sich noch in frühen Entwicklungsstadien (IEA [212]).

Die CCS-Technologie erfordert große Mengen an Stahl, Beton und anderen Baumaterialien für die Bauinfrastruktur. Der Transport des abgeschiedenen $CO_2$ erfolgt oft über Pipelines, die ebenfalls aus großen Mengen Stahl bestehen, und die langfristige Speicherung benötigt geeignete geologische Formationen, die oft zusätzliche Infrastrukturmaßnahmen verlangen.

**Klima und Infrastruktur**

Ein Anstieg der globalen Temperaturen wird erhebliche Belastungen für bestehende Infrastrukturen mit sich bringen. Der Umbau und die Wartung werden zudem durch Ressourcenengpässe schwieriger. Im Detail sind dies die Strom- und Wasserversorgung, der Transportsektor (Straßen und Mobilität), die nicht ohne weiteres für erhöhte Temperaturen und deren Folgen ausgelegt sind, was sich in beschädigten Straßen oder Eisenbahnlinien, schadhaften Wasser- und Stromversorgungen oder, aufgrund des steigenden Meerwasserspiegels bzw. veränderten Binnenwasserständen, zu sich verändernden Häfen führt. Viele Technologien sind nicht für den veränderten Energiebedarf und die Umweltbelastungen ausgelegt, die mit den Entwicklungen einhergehen. Die Modernisierung oder der Neubau von Kraftwerken, Stromnetzen und anderen infrastrukturellen Einrichtungen wird notwendig, aber durch Rohstoffknappheit und hohe Kosten für erneuerbare Energien erschwert.

Die veränderten Temperaturen werden auf alle Sektoren des privaten und öffentlichen Lebens Einfluss nehmen. Zum Beispiel auf die Digitalisierung zum einen, weil Hardware deutlich teurer in Herstellung und Betrieb werden wird, zum anderen aber auch, weil Effizienz und Stabilität digitaler Systeme beeinträchtigt und gleichzeitig die Betriebskosten erhöhen werden. Unternehmen reagieren auf steigende Kosten und Energieanforderungen, indem sie ihre Rechenzentren konsolidieren, um größere, effizientere Einrichtungen zu betreiben. Dies würde zwar den Energieverbrauch insgesamt senken, führt aber auch zu einem stärkeren Aufkommen von Daten und Diensten. Parallel dazu setzen Unternehmen verstärkt auf erneuerbare Energien, um die Betriebskosten zu stabilisieren und die Abhängigkeit von fossilen Brennstoffen zu reduzieren. Ein Wettstreit zwischen industriellen Anwendungen und etwa dem Gesundheits- oder Sicherheitssektor kann wichtig werden. Dies führt auch zu einer regionalen Fragmentierung der Wirtschaft und einem Rückgang des globalen Wirtschaftswachstums. Zudem würde die Energiekrise die Kosten für digitale Infrastrukturen in die Höhe treiben, was weitreichende Konsequenzen für die digitale Wirtschaft hätte.

In den kommenden zwei Jahrzehnten werden sich die physischen Auswirkungen des Klimawandels erheblich verstärken (IPCC [236]. Diese Verstärkung wird bestehende Risiken in Bereichen wie wirtschaftlichem Wohlstand, Ernährungssicherheit, Wasserversorgung, Gesundheit und Umwelt weiter verschärfen (World Bank [466]). Die ungleiche Verteilung der Folgen des Klimawandels wird neue Schwachstellen schaffen und die Anfälligkeit bereits gefährdeter Regionen erhöhen.

Um diesen Bedrohungen zu begegnen, werden Regierungen, Gesellschaften und der Privatsektor voraussichtlich ihre Anpassungs- und Resilienzmaßnahmen intensivieren müssen. Diese Maßnahmen werden jedoch wahrscheinlich nicht gleichmäßig verteilt sein, was dazu führt, dass einzelne Bevölkerungsgruppen benachteiligt werden (UNEP [422]). Die unterschiedlichen Kapazitäten der verschiedenen gesellschaftlichen Schichten zur Umsetzung von Anpassungsstrategien werden die sozialen und wirtschaftlichen Ungleichheiten sowohl innerhalb als auch zwischen Staaten verschärfen. Parallel dazu werden die globalen Diskussionen über die Wege zur Erreichung von Netto-Null-Treibhausgasemissionen an Intensität zunehmen (M. Raupach et al. [343]). Dabei geht es nicht nur um die Frage, wie diese Ziele erreicht werden, sondern auch um die Frage nach der Umsetzungsgeschwindigkeit der notwendigen Maßnahmen und deren Finanzierung (IEA [210]). Diese Debatten prägen die internationalen Klimapolitiken stark und führen zu weiteren Spannungen zwischen Industrieländern und Ländern des globalen Südens. Insgesamt zeigt sich, dass die klimabezogenen Probleme je nach Emissionsentwicklung und Maßnahmenverlauf in den kommenden Jahrzehnten wichtiger für die internationale Politik und Wirtschaft werden. Die Art und Weise, wie Staaten und nichtstaatliche Akteure angesichts dieser Situation reagieren, wird entscheidend dafür sein, ob es gelingt, die globalen Klima- und Entwicklungsziele zu erreichen oder ob die Welt mit zunehmenden klimabedingten Risiken und Ungleichheiten konfrontiert sein wird.

## 2.8 Fazit

Die Versorgung mit Rohstoffen und Energie wird zunehmend unsicher. Es wird erwartet, dass Rohstoffengpässe aufgrund begrenzter Verfügbarkeit bereits im nächsten Jahrzehnt in Form von Lieferengpässen und Preiserhöhungen noch sichtbarer werden als heute. Hinzu kommt, dass Länder mit Rohstoffvorkommen in verstärktem Maß versuchen, diese Vorkommen als Druckmittel einzusetzen. Infolgedessen sind steigende Rohstoffpreise wahrscheinlich – wenn die Ressourcen überhaupt verfügbar bleiben (Brown [60]).

Auch die Nahrungsmittelversorgung ist bedroht. Kunstdünger wird mit abnehmender Rohölversorgung knapp werden, und teilweise unabhängig davon verliert der Mutterboden durch Überbewirtschaftung Erosion seine Fruchtbarkeit (Brown [60]), das Artensterben ist ein unwägbares Risiko für die Ernährungssicherheit – nicht nur für Menschen, sondern auch für andere Spezies.

Die wachsende Abhängigkeit von Computern und Energie in der digitalisierten Welt wandelt sich wahrscheinlich ebenfalls, wenn die Versorgung mit diesen Ressourcen unsicher bleibt (Kemp [245]).

Die Klimaprognosen deuten darauf hin, dass die Temperaturen weit über die Ziele des Pariser Abkommens steigen werden (IPCC [236]). Während Klimaänderung nicht überall gleichmäßig zwangsläufig fatale Folgen impliziert, bedeutet sie auch nicht planbare Veränderungen wie lokale Abkühlungen, Versteppung, Unbewohnbarkeit, gegebenenfalls auch stark veränderte Niederschlagsmuster und Verschiebungen der Vegetation (IPCC [236]). Extreme Wetterbedingungen zerstören oder schädigen die Infrastruktur – die ohnehin stark belastet wird –, denn der wachsende Transportbedarf führt zu einer Überlastung der Infrastruktur, die durch Überschuldung der Staaten zu wenig gepflegt wird. Diese Entwicklungen führen zu Migration, wenn Regionen unbewohnbar werden (Gemenne [164]).

Vor dem Hintergrund wachsender Bevölkerung und mangelnder Vorbereitung der Gesellschaften bedingen solche Änderungen die Notwendigkeit neuer Lösungen für Probleme des täglichen Wirtschaftens (Ostrom [323]).

# 3 Trendforschung und Zukunftsforschung

**Überblick:** Die Zukunft liegt prinzipiell im Dunkeln und das macht unsicher. Die im Kapitel 2 beschriebenen Effekte verstärken diese Unsicherheit – auch weil sie schnell genug passieren, um wahrnehmbar zu sein. Verschiedene Disziplinen bieten Methoden an, mittels derer zumindest eine begrenzte Einschätzung der Zukunft möglich wird: Dies sind

– die Trendforschung, die auf einen kürzeren Zeithorizont aus ist und davon ausgeht, dass mit Trends vor allem, wenn neben dem Ausgangspunkt im Heute auch die historische Entwicklung bekannt ist, recht gut abzuschätzen sein wird, was in der näheren Zukunft passiert.

– die Zukunftsforschung, die auf das Einschätzen eines längeren Zeitraums aus ist. Auch sie nutzt Trends, d. h. sehr langfristige Trends, sogenannte „Megatrends", die sich auf eine Zukunft im Bereich von einigen Jahrzehnten beziehen. Um der größeren Unsicherheit Rechnung zu tragen, werden Szenarien entwickelt, deren Aufgabe es ist, Megatrends verschieden zu gewichten und sich vorzustellen, wie einzelne Ausprägungen auf die Zukunft sind. Natürlich wird es Zufälle geben, die jede einzelne Betrachtung beeinflussen werden, historische Singularitäten wie knappe Wahlen oder Katastrophen. Aber es gibt auch Kontinuitäten wie den Demografischen Wandel, der von solchen Singularitäten nicht beeinflusst wird.

Die Methoden werden gegenübergestellt und Beispiele von Trends, Megatrendsmund Szenarien gegeben. In diesem Kapitel werden Trends und Megatrends sowie einzelne Szenarien beschrieben. Es geht hier nicht um eine detaillierte Vorstellung, die den Rahmen sprengen würde. Es soll viel eher beschrieben werden, was für Zukünfte sich abzeichnen, wenn Klimawandel und Versorgungsengpässe (das, was im vorhergehenden Kapitel betrachtet wurde) nicht berücksichtigt werden.

Wenn richtungweisende Entscheidungen bei begrenzten Ressourcen getroffen werden müssen, entstehen Unsicherheiten. Dies gilt umso mehr, wenn diese Entscheidungen absehbar schwierig zu kommunizieren sind oder auf der Einschätzung von komplexen, langfristigen und wechselwirkenden Einflüssen basieren. In solchen Situationen gewinnen Trend- und Zukunftsforschungsinstitute an Bedeutung, da sie durch Prognosen und Analysen Entscheidungshilfen bieten. Diese Institute wollen es politischen und wirtschaftlichen Entscheidungsträgern ermöglichen, sich auf die Expertise zu stützen, um die Qualität ihrer eigenen Einschätzungen zu erhöhen oder auch ohnedies geplante Maßnahmen durch eine externe und neutrale „Absegnung" zu legitimieren.

Obwohl eng miteinander verwandt und oft in ähnlichen Kontexten verwendet, gibt es Unterschiede zwischen Trendforschung und Zukunftsforschung, die unter anderem im Folgenden ausgeführt werden.

https://doi.org/10.1515/9783111610887-003

Bei der systematischen Betrachtung der Zukunft ist es vernünftig, zwei Zeiträume zu unterscheiden:

einen überschaubaren und nahen Zeitraum, über den nach bisherigen Erfahrungen anzunehmen ist, dass im Prinzip bereits alle Puzzleteile auf dem Tisch liegen und das Bild bekannt ist (typischerweise der Arbeitsbereich der Trendforschung) und

einen ferneren Zeitraum, vor dem nach menschlicher Erfahrung noch viele Zufälle und gänzliche Neuentwicklungen stattfinden und gänzlich unerwartete Entwicklungen das Leben prägen (typischerweise der Arbeitsbereich der Zukunftsforschung).

Im ersten Schritt sollen diese Zeiträume gegeneinander abgegrenzt werden – wobei als Beispiel technologische Entwicklungen genutzt werden.

## 3.1 Technologische Trends – Dynamik beim Markteintritt und Marktaustritt

Technologische Entwicklungen und deren Markteinführung verlaufen in zwei wesentlichen Phasen: der Zeitspanne zwischen Erfindung und Marktreife sowie der Zeit bis zum Marktaustritt alter Technologien. Beide Phasen variieren stark und können durch den sogenannten *Sailing-Ship-Effekt* (Optimierung bestehender Technologien, um deren Lebensdauer zu verlängern) verlängert werden. Einflussfaktoren auf technologische Veränderungen sind

1. *Technologischer Fortschritt*: Zwischen der Erfindung und Markteinführung einer Technologie vergehen oft Jahre oder Jahrzehnte, wie der Übergang von Röhren- zu Transistorradios zeigt (Christensen [72]; Rogers [355]).
2. *Marktnachfrage*: Eine starke Nachfrage kann den Einführungsprozess beschleunigen. Beispielsweise verdrängten Smartphones schnell herkömmliche Mobiltelefone (Schilling [368]; West & Mace [458]).
3. *Regulierung und Gesetzgebung*: Strenge Vorschriften, etwa in der Medizin oder Automobilindustrie, können neue Technologien verzögern, während Umweltgesetze alte Technologien wie Glühlampen schneller obsolet machen (Geels [161]; Tushman & Anderson [420]).
4. *Kosten und Verfügbarkeit*: Sinkende Kosten beschleunigen den Ersatz älterer Technologien. Fehlende Finanzierung kann Entwicklungszeiten jedoch verlängern (Abernathy & Utterback [2]; Freeman & Soete [149]).
5. *Infrastruktur*: Die notwendige Infrastruktur beeinflusst die Geschwindigkeit technologischer Übergänge. So dauerte der Wechsel von VHS zu DVD aufgrund der hohen Verbreitung von VHS-Playern länger (Hughes [204], Bijker et al. [44]).
6. *Kulturelle und soziale Faktoren*: Gewohnheiten und Nostalgie können ältere Technologien wie Vinylplatten länger am Markt halten (Rogers [355]).

Durchschnittliche Zeiträume für das Erlangen der Marktreife unterscheiden sich stark. Sie können für die Medizintechnologien bei 10–15 Jahren (DiMasi et al. [96]) liegen, bei Informations- und Kommunikationstechnologien bei 5–10 Jahren (Schilling [368]) oder bei Energietechnologien deutlich länger bei 15–20 Jahre oder mehr (Wilson [463]). Das gleiche gilt für den Marktaustritt, das Auswechseln einer einmal etablierten Technologie: Technologien wie Röhrenfernseher oder CDs benötigen oft 10–20 Jahre, während infrastrukturell abhängige Technologien wie Verbrennungsmotoren 20–50 Jahre oder mehr brauchen (Hughes [204], Abernathy & Utterback [2]).

## 3.2 Trendforschung und Zukunftsforschung

Zukunftsforschung und Trendforschung sind unterschiedliche wissenschaftliche Disziplinen, die sich mit der Erforschung der Zukunft befassen. Während die Trendforschung auf die Analyse und Projektion aktueller Entwicklungen in einem kurzen Zeithorizont fokussiert ist, zielt die Zukunftsforschung darauf ab, langfristige und tiefgreifende Veränderungen zu verstehen und mögliche Zukünfte zu gestalten. Die Ergebnisse beider Ansätze bieten wertvolle Resultate, um die Schwierigkeiten und Chancen der Zukunft zu antizipieren und fundierte Entscheidungen zu treffen. Trendforschung befasst sich mit der Analyse und Prognose von aktuellen und kurzfristig absehbaren Entwicklungen. Zukunftsforschung hingegen betrachtet langfristige Entwicklungen und nutzt eine breitere Palette an Methoden, um verschiedene mögliche Zukunftsszenarien zu erkunden und deren Implikationen zu verstehen. Beide Disziplinen ergänzen sich, um ein umfassenderes Bild von zukünftigen Entwicklungen zu erhalten (Georghiou et al. [166]).

Im Detail unterscheiden sich Trendforschung und Zukunftsforschung hinsichtlich Definition, Zeithorizont der untersuchten Objekte, Fokus, Methoden und Anwendungsgebieten wie Tabelle 3.1 andeutet und weiter unten im Detail ausgeführt wird, siehe auch Abbildung 3.1 unten.

**Gemeinsamkeiten und Synergien**

Trotz dieser Unterschiede gibt es auch bedeutende Gemeinsamkeiten zwischen Zukunfts- und Trendforschung. Beide Disziplinen wollen Unsicherheiten reduzieren und Entscheidungsträgern dabei helfen, sich besser auf die Zukunft vorzubereiten. Sowohl die Zukunfts- als auch die Trendforschung nutzen interdisziplinäre Ansätze und kombinieren qualitative und quantitative Methoden, um ein umfassendes Bild der Zukunft zu zeichnen.

Beide Forschungsansätze konzentrieren sich auf zwei Arten von Trends:

Trendforscher nutzen den Begriff „*Trend*" für kurzfristige Phänomene, und den Begriff „*Megatrends*", um Effekte und Entwicklungen zu beschreiben, deren Entwicklungen die nächsten 50 Jahre absehbar prägen werden. Megatrends haben eine Halbwertszeit von mindestens 25 bis 30 Jahren, sind in mehr als einem Lebensbereich spürbar, haben prinzipiell einen globalen Charakter, sind stabil und behalten insgesamt eine prägende Position (Naisbitt [298]):

**Tab. 3.1:** Unterschiede und Gemeinsamkeiten von Trend- und Zukunftsforschung. Beide nutzen dabei Methoden wie Datenanalyse, Marktbeobachtungen und Expertengespräche, um Muster und Tendenzen zu erkennen.

| | Trendforschung | Zukunftsforschung |
|---|---|---|
| Definition: | Trendforschung konzentriert sich auf die Identifizierung, Analyse und Prognose von aktuellen und zukünftigen Trends in verschiedenen Bereichen wie Technologie, Gesellschaft, Wirtschaft und Kultur (Kreibich et al. [252]). | Zukunftsforschung ist ein breiteres und umfassenderes Feld, das sich mit der systematischen Erforschung von möglichen, wahrscheinlichen und wünschenswerten Zukunftsszenarien beschäftigt. Sie zielt darauf ab, langfristige Entwicklungen und ihre potenziellen Auswirkungen zu verstehen (Bell [37]). |
| Zeithorizont: | Die Trendforschung betrachtet oft kurzfristige bis mittelfristige Entwicklungen, typischerweise in einem Zeitraum von 5 bis 10 Jahren (Rohrbeck [356]). | Zukunftsforschung deckt einen längeren Zeithorizont ab, oft mehrere Jahrzehnte bis hin zu einem Jahrhundert (Glenn [170]). |
| Fokus: | Sie beschäftigt sich hauptsächlich mit bereits erkennbaren Mustern und Veränderungen, die sich in einer frühen Phase befinden oder kurz davor stehen, sich durchzusetzen (Gordon [173]). | Sie konzentriert sich nicht nur auf erkennbare Trends, sondern auch auf tiefere, transformative Veränderungen, mögliche Diskontinuitäten und radikale Innovationen. Dabei werden auch gesellschaftliche, technologische, ökonomische, ökologische und politische Faktoren berücksichtigt (Inayatullah [215]). |
| Methoden: | Dazu gehören Marktanalysen, Umfragen, Experteninterviews, Datenanalyse, Beobachtung von Innovationszyklen und Social Media Monitoring (Lindgren & Bandhold [266]). | Die Zukunftsforschung verwendet eine Vielzahl von Methoden, darunter Szenario-Planung, Delphi-Methoden, Visioning, Backcasting, Systemdenken und qualitative sowie quantitative Modelle (van der Heijden [444]). |
| Anwendung: | Trendforschung wird häufig in der Marktforschung, Produktentwicklung und strategischen Planung verwendet, um Unternehmen zu helfen, wettbewerbsfähig zu bleiben und auf Veränderungen im Markt zu reagieren (Mason & Staude [278]). | Zukunftsforschung wird von Regierungen, Unternehmen, NGOs und akademischen Institutionen genutzt, um langfristige Strategien zu entwickeln, politische Entscheidungen zu unterstützen und gesellschaftliche Probleme zu adressieren (Slaughter [387]). |

*Trends* sind stabile Entwicklungen, die bereits in der Gegenwart festzustellen sind und die in die Zukunft projiziert werden (Naisbitt [298]). Trends werden häufig in Bereichen wie Technologie, Konsumverhalten, Wirtschaft und Kultur identifiziert. Die Trendforschung versucht, diese Entwicklungen zu quantifizieren und ihre Auswirkungen auf kurze bis mittelfristige Zeiträume zu prognostizieren.

**Abb. 3.1:** Abgrenzung und Verbindung von Trendforschung und Zukunftsforschung. Trend- und Zukunftsforschung lassen sich voneinander abgrenzen. In der obigen Zeichnung symbolisiert der linke Kreis Trend- und der rechte Zukunftsforschung. Der linke Kreis beschreibt die verschiedenen Charakteristika der Trendforschung. Beide zeigen Gemeinsamkeiten, die sich im überlappenden Bereich in der Mitte des Diagramms finden.

*Megatrends* haben das Potenzial, Zivilisationen, deren Technologien, die praktizierte Ökonomie und die gelebten Wertesysteme zu verändern und zu durchdringen. Da ein Megatrend definitionsgemäß oft eine Vielzahl verschiedener Einzeltrends vereint, werden Megatrends oft nicht scharf voneinander abgegrenzt – sie vermischen sich in gewisser Weise miteinander (Kreibich et al. [252]). Megatrends treten nicht sehr häufig auf, sind aber gut sichtbar, da sie einen großen und epochalen Charakter besitzen (Glenn [170]). Die eingangs beschriebene Klima- und Versorgungsproblematik hat damit den Charakter eines Megatrends.

Die Zukunftsforschung geht über die bloße Identifikation von Trends hinaus und zielt darauf ab, komplexe Zukunftsszenarien zu entwickeln, die verschiedene mögliche Entwicklungen und deren Implikationen umfassen. Die Zukunftsforschung bezieht dabei zahlreiche Einflussfaktoren wie technologische Innovationen, soziale Dynamiken oder politische Veränderungen ein. Sie verwendet Methoden wie *Szenarienanalysen*, Delphi-Studien (strukturierte Expertenbefragungen mit dem Ziel, ein einheitliches Meinungsbild über eine Entwicklung zu erhalten) und systemische Modelle, um Unsicherheiten zu berücksichtigen und eine Bandbreite möglicher Zukünfte zu erkunden (Mietzner & Reger [286]).

**Wechselwirkungen zwischen Trends**

Trends stehen nicht für sich allein da – sie wechselwirken miteinander. Diese Wechselwirkungen sind häufig entscheidend für die Auswirkungen. Trends sind häufig bekannt und entstehen in der Regel nicht schnell. Es ist unwahrscheinlich, dass kurzfristig gänzlich neue gesellschaftliche Kräfte aus dem Nichts hinzukommen oder bestehende bis zur Bedeutungslosigkeit wegfallen.

Das National Intelligence Council, ein Zusammenschluss der US-amerikanischen Geheimdienste, produziert am Anfang der Legislaturperiode eines neuen amerikanischen Präsidenten einen öffentlich zugänglichen Report mit den gesammelten Einschätzungen über wesentliche Entwicklungen in den USA und der Welt. Der im Jahr 2021, zum Anfang der Biden-Administration, erschienene und sehr lesenswerte Report stand unter dem Motto: Globale Trends 2040, eine stärker umkämpfte Welt (Global Trends [302]). In diesem Bericht werden die aus Sicht dieser Institutionen „strukturellen Kräfte", die die Entwicklung bis 2040 beeinflussen werden, dargelegt. Die Analyse dieser Kräfte ist mit wissenschaftlich erarbeiteten Quellen abgesichert.

Im Folgenden wird der im Global Trends 2040 Report vorgestellten Argumentationsweise zum Teil gefolgt, und sie wird mit unabhängigen Quellen vertiefend belegt. Der Global Trends 2040 Report und ergänzende unabhängige Quellen heben eine Vielzahl entscheidender Entwicklungen und Probleme hervor, die die kommenden Jahrzehnte prägen werden:

1. *Technologischer Wandel*: Die Einführung neuer Technologien verändert Arbeitsplätze, Industrien und Gemeinschaften. Gleichzeitig steigt die Abhängigkeit von technologischer Infrastruktur, was die Störanfälligkeit erhöht (Brynjolfsson & McAfee [63], World Economic Forum [474]). Die ungleichmäßige Verteilung technologischer Vorteile verschärft soziale und wirtschaftliche Ungleichheiten (Acemoglu & Restrepo [4]).

2. *Demografischer Wandel*: Alternde Bevölkerungen stellen viele Länder vor wirtschaftliche Herausforderungen, die nur durch Automatisierung und Migration gemildert werden können (Bloom et al. [47]). Gleichzeitig erfordert der globale Migrationsdruck Lösungen, um wachsende Ströme zu bewältigen. 2020 lebten über 270 Millionen Menschen außerhalb ihres Herkunftslandes (International Organization for Migration [227]).

3. *Staatsverschuldung und soziale Kohäsion*: Unzufriedenheit und ein Verlust an sozialem Zusammenhalt prägen die Gesellschaften. Wachsende Verschuldung engt die Handlungsspielräume der Regierungen ein, was den Verlust an subjektiv wahrgenommener Partizipation am Staat weiter erhöht. Strategien wie bewusste Inflation und Steueranpassungen belasten Wirtschaft und Bürger zusätzlich (Brynjolfsson & McAfee [63]).

4. *Globale Vernetzung und Fragmentierung*: Die Globalisierung bleibt bestehen, wandelt sich aber durch verschobene Produktionsnetzwerke. Die zunehmende Vernetzung durch Technologie führt paradoxerweise zu Fragmentierung, indem Menschen in „Informationssilos" interagieren, die ihre Überzeugungen bestärken (Castells [70]; Sunstein [405]). Bis 2040 werden Milliarden IoT-Geräte miteinander verbunden sein, was Folgen auf gesellschaftliche Spannungen und digitale Kontrolle hat (Evans [127]; Morozov [294]).

5. *Transnationale Herausforderungen*: Probleme wie Klimawandel, Migration und technologische Disruption übersteigen die Kapazitäten bestehender globaler Systeme. Internationale Organisationen und Normen sind unzureichend auf diese Herausforderungen vorbereitet (United Nations [432]). Dies untergräbt traditionelle Ordnungen und verstärkt Konflikte zwischen Identitätsgruppen, Regierungen und Bürgern (Rodrik [353]; Fukuyama [151]).

6. *Gesellschaftliche Spannungen*: Wachsende Identitätskonflikte und die Kluft zwischen Bürgerforderungen und Regierungsleistung führen zu Instabilität und Erosion sozialer Strukturen (Inglehart [217]; Mounk [295]).

Diese Trends zeigen eine komplex vernetzte, aber zunehmend fragmentierte Welt, in der Kooperation und Innovation unerlässlich sind, um soziale, wirtschaftliche und ökologische Herausforderungen zu bewältigen.

In den kommenden Jahrzehnten werden *demografische Verschiebungen* zu den wahrscheinlichsten Trends gehören, da sich das globale Bevölkerungswachstum verlangsamt und die Weltbevölkerung rasch altert (United Nations [431]). Diese Entwicklung wird zu wirtschaftlichen Herausforderungen führen, da die betroffenen Regionen mit einer schrumpfenden Bevölkerung konfrontiert sein werden, was wiederum das Wirtschaftswachstum beeinträchtigen wird (European Commission [121]; World Bank [470]). Der gesellschaftliche Diskurs um diese Themen wird sich verstärken. Die Politik innerhalb der Staaten wird wahrscheinlich unbeständiger und umstrittener, wobei keine Region oder Ideologie, kein Regierungssystem dagegen immun zu sein scheint oder passende Antworten parat hat (Levitsky & Ziblatt [265]). Auf internationaler Ebene werden die Großmächte in vermehrtem Maß darum wetteifern, neue Spielregeln aufzustellen und auszunutzen (Allison [10]), wobei dieser Wettbewerb in allen Bereichen stattfindet, von Informationen und Medien bis hin zu Handel und technologischen Innovationen (Shambaugh [379]). Spätestens mit dem Näherrücken von Engpässen und zunehmenden Effekten des Klimawandels geraten die Themen aus dem Fokus der Zukunftsforschung auch in den Bereich der Trendforschung:

*Endlichkeit der Ressourcen und Rohstoffe – Versorgungsengpässe mit Energie und Rohstoffen (und in der Konsequenz auch mit Informationen)*: Alle Lebewesen benötigen diese sowohl zur Ernährung als auch zur Deckung ihres Energiebedarfs (Kreibich et al. [252]).

*Klimaveränderungen und deren Folgen – Versorgungsengpässe*: Diese umfassen Phänomene wie veränderte oder ausbleibende Versorgung mit Nahrungsmitteln, was sowohl direkte (Hunger) als auch indirekte Folgen (Handelsbeschränkungen, Kriege, Zusammenbruch der Infrastruktur und Lieferengpässe) haben kann (Georghiou et al. [166]).

*Identifikation der zutreffenden Dynamik für das betreffende Phänomen*: Wie bereits angesprochen folgen verschiedene Phänomene des SES verschiedenen Zeitabhängigkeiten – so kommt es zu zeitlich linearen, exponentiellen und chaotischen Entwicklungen.

Die ersten beiden Effekte wechselwirken mit Megatrends oder haben zumindest das Potenzial, praktisch in allen Bereichen des SES gravierende Änderungen hervorzurufen.

## 3.3 Szenarien und Szenarienanalyse

Trendaussagen und Szenarienanalysen sind sich gegenseitig ergänzende Instrumente der strategischen Planung und Vorausschau. Die Szenarienanalyse nutzt Trendaussagen als Grundlage, indem sie Beschreibungen, die Szenarien, erstellt, um unterschiedliche potenzielle Entwicklungen und deren Auswirkungen aufzuzeigen (Shoemaker [384]). Die Wechselwirkung zwischen Trends hat verschiedene Ausprägungen und kann damit jedem Trend verschiedene Gewichtungen geben. Die Ausgestaltung dieser Gewichtungen wird in Szenarien vorgenommen. Deren Analyse ermöglicht es zu diskutieren, wie sich die Zukunft unter verschiedenen Annahmen entwickeln.

Durch den methodischen Einsatz der Szenarienanalyse lassen sich die Auswirkungen einzelner Trends in verschiedenen Szenarien analysieren (Petersen et al. [327]). Diese Analyse erfolgt häufig basierend auf der Formulierung spezifischer Fragestellungen. So hat der National Intelligence Council (NIC) der USA in seinen Szenarienanalysen Bedingungen in und Erwartungen für spezifische Regionen und Ländern untersucht sowie die politischen Entscheidungen der Bevölkerung und Führungspersönlichkeiten analysiert, die das globale Umfeld beeinflussen werden (National Intelligence Council [302]).

Am Einfachsten lassen sich Szenarien mittels Beispielen aus der Literatur oder auch dem Film illustrieren, denn in literarischen Texten finden sich gelegentlich erstaunlich hellsichtige Beschreibungen künftiger Entwicklungen (Bühler [65]). Wie nahe die literarische Antizipation der Zukunft an der späteren Realität liegt, fällt sowohl für internationale Zusammenhänge wie Machtblöcke und Kriege (E. Grautoff [175]) wie auch für Technologische Visionen auf:

> So beschreibt Ernst Jünger in seinem Roman „Heliopolis" (1949) den *Phonophor*, ein tragbares Gerät, das neben klassischer Telefonie auch zur Orientierung, Positionsermittlung, Zeitmessung, als Ausweis, als Scheckbuch, zum Abrufen umfangreicher Datenbanken und zur Ausübung politischer Rechte dient (Jünger [243], S. 281, *Heliopolis*, Klett-Cotta).

Die Antizipation in der Literatur zukünftiger technologischer Entwicklungen trägt Züge wissenschaftlich erarbeiteten Wissens (Kosow & Gaßner [250]). Solche Voraussagen finden sich häufig in der utopischen Literatur, sind jedoch nicht auf diese beschränkt (Horn [199]). In der angewandten Zukunftsforschung existieren bereits Projekte, die diesen Ansatz praktisch nutzen: Die französischen Streitkräfte unterhalten beispielsweise ein „Red Team", in dem Science-Fiction-Autoren Szenarien möglicher Sicherheitsrisiken entwickeln (Red Team [345]). Ähnlich orientiert ist das vom deutschen Bundesministerium für Bildung und Forschung geförderte Projekt „FutureWork", in dem unter Rückgriff auf Science-Fiction-Literatur zukünftige Arbeitswelten und die globale Entwicklung untersucht werden soll (FutureWork [154]). Das Potenzial der entsprechenden Analysen von Literatur und der anzuwendenden Methoden wurde verschiedentlich ausgewiesen (Kosow & Gaßner [250]; Popp [333]; Seefried [377]). Kosow und Gassner diskutierten auch die Hypothese, dass Krisen und Konflikte bereits Jahre vor ihrem Ausbruch in der Literatur vorweggenommen werden (Kosow & Gaßner [250]).

> Ein Regisseur, der in dieser Hinsicht als besonders visionär gilt, war Stanley Kubrick. Er drehte den Film *2001: Odyssee im Weltraum*, ohne die reale Erfahrung einer Weltraumreise gemacht zu haben. Der amerikanische Astronaut Tom Stafford sagte später nach Abschluss seiner Weltraummission: „We were essentially flying Kubrick's space shuttle," und „Everything that I had seen in *2001: A Space Odyssey* we were executing." Dieses Zitat hebt die visuelle und technische Genauigkeit von Kubricks Film hervor, der 1968 veröffentlicht wurde, ein Jahr vor der ersten Mondlandung. Die Präzision von Kubricks Darstellung des Weltraums wurde vielfach betont (Stafford, *Smithsonian Magazine*, 2005 [396]).

Solche Betrachtungsweisen dienen gegebenenfalls zur Identifikation von Schlüsselfaktoren, die stabile Ankerpunkte bieten und ihrerseits eine breite Palette möglicher Entwicklungen beeinflussen (Wilson [464]).

## Szenarienanalyse
Die Szenarienanalyse trägt mit dazu bei, die mit der Trendanalyse einhergehenden Unsicherheiten zu reduzieren (Wilson [464]). Durch die Kombination von Megatrends und Szenarienanalyse entsteht somit eine robustere Sicht auf zukünftige Entwicklungen.

Die Szenarienanalyse findet in verschiedenen Bereichen wie Wirtschaft, Politik, Umwelt und Technologie Anwendung und liefert wertvolle Einblicke in mögliche Entwicklungen sowie deren Auswirkungen (Kosow & Gaßner [250]). Szenarienanalysen erlauben es, verschiedene plausible Zukünfte zu antizipieren. Dies kann genutzt werden, um die Unterstützung strategischer Entscheidungen zu erleichtern und auf unvorhergesehene Entwicklungen vorbereitet zu sein (Kosow & Gaßner [250]).

## Methoden der Szenarienanalyse
Die Szenarienanalyse untersucht potenzielle Zukünfte, um Entscheidungen unter Unsicherheiten zu unterstützen. Sie basiert auf mehreren Schritten, darunter die Identifikation von Schlüsselfaktoren, die Analyse von Unsicherheiten und die Entwicklung kohärenter Szenarien (van der Heijden [444]; Ringland [347]). Häufig verwendete Methoden sind
- *Intuitive Logik*: Experten nutzen qualitative Ansätze, um praxisnahe Szenarien zu entwickeln, z. B. in Workshops oder Delphi-Studien (Bradfield [58]).
- *Szenariomatrix*: Diese Methode kombiniert Unsicherheiten in einer Matrix, um systematisch mögliche Zukunftspfade zu identifizieren (Schwartz [374]).
- *Szenarionarrative*: Narrative beschreiben detailliert potenzielle Zukünfte und deren Implikationen, was die Kommunikation komplexer Entwicklungen erleichtert (Amer et al. [12]).

Anwendungen der Szenarienanalyse werden in vielen Feldern des öffentlichen Lebens gefunden wie z. B.

– *Wirtschaft*: Unternehmen wie Shell antizipieren Marktveränderungen und treffen strategische Entscheidungen basierend auf Szenarien (Wack [451]).
– *Politik*: Regierungen nutzen Szenarien, um Strategien etwa in der Migrationspolitik zu entwickeln (European Commission [120]).
– *Umwelt*: Organisationen wie das IPCC analysieren Klimaszenarien, um Politikmaßnahmen und deren Wirkung zu bewerten (IPCC [232]).
– *Technologie*: Prognosen über zukünftige technologische Entwicklungen, z. B. in KI oder IoT, leiten Innovationsstrategien.

Die Szenarienanalyse ist damit eine wichtige Methode der Zukunftsforschung, mit der es möglich wird, unterschiedliche plausible Zukünfte zu antizipieren und strategische Entscheidungen vorab zu prüfen. Mit Hilfe der systematischen Analyse von Unsicherheiten und Schlüsselfaktoren lassen sich Organisationen und Regierungen auf zukünftige Entwicklungen vorbereiten. Trotz der systemimmanenten Herausforderungen bietet die Szenarienanalyse Einblicke und unterstützt damit die langfristige Planung und Entscheidungsfindung in verschiedenen Bereichen.

Die Komplexität der Zukunft macht es schwer, Unsicherheiten präzise zu integrieren. Szenarien können als Vorhersagen fehlinterpretiert werden, obwohl sie explorative Werkzeuge sind. Die Qualität hängt von der Datenbasis und der Expertise der Beteiligten ab. Trotz dieser Grenzen bleibt die Szenarienanalyse ein zentraler Bestandteil der Zukunftsforschung.

## 3.4 Zukunftsgestaltung – das konstruktive Futur

In Kapitel 2 wurde ein traditioneller, prognostischer Ansatz verfolgt:

Es wurden Energieverbrauch und die Versorgungssituation sowie der gesellschaftliche Metabolismus diskutiert. Es wurde darauf verwiesen, dass, wenn die Gesellschaften sich nicht mehr ernähren können, das Risiko besteht, dass Grenzwerte überschritten und Kipppunkte erreicht werden. Die Perspektive war, dass nicht klar ist, wann Kipppunkte erreicht werden, wohl aber, dass, wenn sie einmal erreicht wurden, ganze Gesellschaftssysteme ihrer Lebensgrundlagen beraubt werden können und ein Kollaps eintreten kann. Ein Kollaps bedeutet, dass die bestehende Ordnung zusammenbricht und, was schwieriger ist, die bislang etablierten Steuerungsmaßnahmen nicht mehr funktionieren, weil das Gesamtsystem nicht mehr so reagiert wie in der Vergangenheit und damit etablierte Mechanismen nicht mehr funktionieren.

Da Rohstoff- und Energievorräte endlich sind, ist eine solche Entwicklung unausweichlich – jedoch kann gestaltet werden, wie und wann der Eintritt in eine absehbare Phase von Versorgungsengpässen, Klimawandel stattfindet.

Die Position war nicht pessimistisch, sondern von der Vorsicht getragen, dass, wenn genaue Kipppunkte unbekannt sind, es verantwortungsvoll ist, das Risiko, in ihre Nähe zu kommen, zu meiden. Das erfordert ein aktives Gestalten, das darauf abzielt, die Zukunft nicht nur vorherzusagen, sondern vielmehr normative und kreative Wege sucht und betont, um erwünschte Szenarien zu entwickeln und umzusetzen. Hier greift das Konzept des konstruktiven Futurs:

Das konstruktive Futur geht davon aus, dass die Zukunft weder festgelegt noch ein bloßes Produkt linearer Entwicklungen ist. Vielmehr sieht es die Zukunft als gestaltbaren Raum, der durch unsere heutigen Handlungen, Werte und Visionen beeinflusst wird. Laut Slaughter [388] sind normative Zukunftsbilder, d. h. Zielbilder und ethische Prinzipien (Voros [450]), essenziell, um Veränderungen gezielt zu lenken und nicht lediglich auf Trends zu reagieren. Dies impliziert
- breite gesellschaftliche Mitwirkung, um vielfältige Perspektiven in die Gestaltung einzubeziehen (Miller [287]),
- das Begreifen von Zukunft nicht als „Schicksal", sondern als eine Vielzahl möglicher Szenarien, die gestaltet werden können (Inayatullah [215]),
- in der Gestaltung das Anwenden von Techniken wie Szenariobildung, Backcasting und Design Thinking, die helfen können, Visionen zu entwickeln und Handlungsstrategien zu erarbeiten (Robinson [349]).

In Kapitel 3.2 und 3.3 wurde *Szenarienbildung* intensiv diskutiert, und in den nächsten Kapiteln werden Szenarien beispielhaft ausgeführt. Die beiden Methoden *Backcasting* und *Design Thinking* bedürfen einer Erklärung, siehe auch Tabelle 3.2 unten:

*Backcasting* ist eine Planungsmethode, die mit einer klar definierten, wünschenswerten Zukunft beginnt und rückwärts arbeitet, um die notwendigen Schritte zu identifizieren, die erforderlich sind, um dieses Ziel zu erreichen (Robinson [349]). Hierbei wird ein idealer zukünftiger Zustand festgelegt, z. B. eine nachhaltige Gesellschaft im Jahr 2050, und der folgende Prozess analysiert quasi rückwärts, welche Veränderungen, Maßnahmen oder Technologien notwendig sind, um vom heutigen Zustand zum Ziel zu gelangen.

*Design Thinking* ist eine iterative, nutzerzentrierte Methode zur Problemlösung, die Kreativität, Empathie und interdisziplinäre Zusammenarbeit betont (Brown [61]). Der Fokus liegt darauf, die Bedürfnisse der Nutzer oder von Bevölkerungen zu verstehen und zu adressieren. Der Arbeitsprozess ist kollaborativ, strukturiert umfasst fünf Phasen: *Verstehen, Definieren, Ideen entwickeln, Prototyp erstellen* und *Testen*. Teams aus verschiedenen Disziplinen arbeiten zusammen, um innovative Lösungen zu entwickeln.

**Tab. 3.2:** Unterschiede der Methoden Backcasting und Design Thinking.

| Merkmal | Backcasting | Design Thinking |
|---|---|---|
| Ziel | Langfristige Zukunftsvision umsetzen | Kreative Problemlösung mit Nutzerfokus |
| Zeitliche Orientierung | Zukunftsorientiert, rückwärts von der Vision | Gegenwartsorientiert, iterativer Fortschritt |
| Hauptanwendung | Strategieentwicklung, Nachhaltigkeit | Produkt- und Serviceentwicklung |

Das konstruktive Futur findet als „Werkzeugkasten" Anwendung in Bereichen wie der nachhaltigen Entwicklung und der sozialen Transformation. Zum Beispiel betonte das Intergovernmental Panel on Climate Change (IPCC [231]) die Notwendigkeit von Szenarien, um eine $CO_2$-sensibilisierte Gesellschaft zu planen. Ebenso wird in der Stadtplanung mit den Methoden des konstruktiven Futurs an Konzepten für nachhaltige und integrative Städte gearbeitet, um soziale Gerechtigkeit und ökologische Balance zu fördern (United Nations [428]). Der Methodenbaukasten des konstruktiven Futurs wird von einigen als Schlüssel zur Lösung globaler Herausforderungen gesehen, weil er Handlungsspielräume betont und positiv auf Zukunftsvisionen fokussiert ist. Kritiker bemängeln jedoch, dass der Ansatz möglicherweise idealistisch sein könnte und praktische Hindernisse bei der Umsetzung nicht ausreichend berücksichtigt (Slaughter [388]). Ein weiterer Kritikpunkt ist, dass in Design Thinking und Backcasting meist Experten beteiligt sind, während gesellschaftliche Einbindung kaum methodisch angestrebt wird. Hier kann der von Robert Jungk vorgeschlagene Ansatz der *Zukunftswerkstatt* einen Ausweg darstellen: Die Zukunftswerkstatt, eine partizipative Methode zur Zukunftsgestaltung, teilt einige Gemeinsamkeiten mit Backcasting und Design Thinking, unterscheidet sich jedoch durch ihren spezifischen Fokus auf gesellschaftliche Transformation und partizipative Prozesse.

> Die Zukunftswerkstatt ist eine Methode, die in den 1960er Jahren von Robert Jungk entwickelt wurde, um kreative und gesellschaftlich relevante Lösungen für Probleme zu finden. Sie basiert auf drei Phasen:
> 1. *Kritikphase*: Identifizierung von Problemen und Hindernissen;
> 2. *Fantasiephase*: Entwicklung visionärer Ideen ohne Einschränkungen durch Machbarkeitsüberlegungen;
> 3. *Verwirklichungsphase*: Konkrete Planung und Umsetzung der Ideen.
> Das Ziel ist es, möglichst viele Menschen in die Entwicklung zukunftsorientierter Lösungen einzubeziehen, insbesondere für soziale und ökologische Themen (Jungk & Müllert [244]).

> Die Zukunftswerkstatt kann von Backcasting und Design Thinking profitieren:
> 1. *Backcasting in der Verwirklichungsphase*: Der Backcasting-Ansatz kann die Verwirklichungsphase der Zukunftswerkstatt strukturieren, indem er klare Schritte zur Umsetzung visionärer Ideen definiert.
> 2. *Design Thinking für Prototypen*: Die Kreativitätstechniken und Prototyping-Ansätze von Design Thinking könnten die Fantasie- und Verwirklichungsphasen der Zukunftswerkstatt bereichern.

Hier finden, von der Szenarienanalyse abgesehen, diese Methoden keine direkte Anwendung. Es ist zu vermuten, dass einige der zitierten Literaturstellen jedoch entsprechende Methoden nutzten, insbesondere um partizipative Prozesse und interdisziplinäre Zusammenarbeit bei der Arbeit an Zukunftsaspekten zu ermöglichen.

# 4 Leben in der Nachkriegszeit und 2050

**Überblick:** Bis 2050 werden Klimawandel, Bodenerosion und Rohstoffknappheit zu erheblichen wirtschaftlichen und gesellschaftlichen Veränderungen führen. Die Landwirtschaft wird stark betroffen sein, was zu Nahrungsmittelknappheit und höheren Preisen für Lebensmittel führt. Politische und technologische Maßnahmen, die auf Nachhaltigkeit und Resilienz abzielen, sind notwendig, um die Folgen dieser Entwicklungen zu mildern.

Hinzu kommt sehr wahrscheinlich, dass die Staaten aufgrund zu wenig restriktiver Ausgabenpolitik im Vorfeld überschuldet sind und, als Folge der abnehmenden Rohstoff- und Energieversorgung, weniger Steuereinnahmen erwirtschaften werden – was wiederum bewirkt, dass viele Staaten absehbar Schwierigkeiten haben werden, ihre Aufgaben zu finanzieren.

Es wird beschrieben, was „ein Zusammenbruch einer Kultur" ist und was Nachhaltigkeit in dem Kontext bedeutet, ebenso wird ein Klimaszenario aus der Literatur für 2050 dargestellt. Um diese Beschreibung weniger abstrakt, also „anfassbarer" zu gestalten, sollen konkret Aspekte des Lebens aus der unmittelbaren Nachkriegszeit und solche aus dem Jahr 2050 dargestellt werden. Das Jahr 2050 wurde gewählt, da der Zeitraum bis 2050 (25 Jahre) überschaubar ist und viele Informationen und Abschätzungen für diesen Zeitpunkt aus der Literatur zu entnehmen sind.

Ein anderes Ziel ist es, praktisch vorzugehen – „normale" Lebensbedingungen anzunehmen um die absehbaren Entwicklungen „fühlbar" zu machen.

## 4.1 Szenario 2050

Die wachsende Herausforderung durch den Klimawandel, die Bodenerosion und die Verknappung kritischer Rohstoffe, wird in den nächsten Jahrzehnten erhebliche Auswirkungen auf jeden Lebensbereich haben – wenn möglich, wird im Folgenden Bezug auf Studien für das Jahr 2050 genommen. Im Folgenden wie auch obigen Text steht das Jahr 2050 für einen Zeitraum, der von der heutigen Zeit etwa 25–35 Jahre entfernt ist. Naturgemäß wird es so sein, dass einzelne Ausprägungen anders verlaufen werden als hier skizziert – dennoch sollte die gesamte vorgestellte Richtung zutreffend sein.

Die *steigenden Preise für Nahrungsmittel, Energie und Rohstoffe* belasten ärmere Bevölkerungsgruppen weltweit stärker, was zu einer Zunahme von sozialen Spannungen und politischer Instabilität führen wird. Besonders in einkommensschwachen Ländern wird die Ungleichheit durch die Auswirkungen des Klimawandels und der Ressourcenknappheit weiter verschärft. Oxfam berichtet, dass die Folgen des Klimawandels die ärmsten Länder mehr als die reichen treffen, da Armut gleichzusetzen ist mit weniger Möglichkeiten zur Anpassung (Oxfam [326]). Konflikte um Wasser und Rohstoffe wer-

https://doi.org/10.1515/9783111610887-004

den in ressourcenarmen Regionen ebenfalls zunehmen, was die politische Instabilität verstärkt (IPCC [232]).

Ein weiteres Problem stellt die hohe Verschuldung vieler Staaten dar, die sich bis 2050 weiter verschärfen kann. Dies würde die Handlungsfähigkeit der Regierungen erheblich einschränken, da immer größere Teile des Staatshaushalts für den Schuldendienst aufgewendet werden müssen. Staaten mit hoher Staatsverschuldung haben Schwierigkeiten, hoheitliche Aufgaben wie die Bereitstellung von öffentlicher Infrastruktur, Gesundheitsdiensten und Sozialschutzsystemen zu erfüllen (OECD [314]). Besonders unter Bedingungen, in denen die Ernährungssicherheit bedroht ist und Rohstoffe knapp sind, hätten diese staatlichen Aufgaben jedoch das Potenzial, entscheidend dazu beizutragen, Probleme abzuwenden. Ein Versagen bei der Sicherstellung dieser Dienstleistungen wird zu sozialer Instabilität, vermehrten Konflikten oder auch einer höheren Sterblichkeit führen (World Bank [471]).

In diesem Zusammenhang werden Staaten, die stark verschuldet und nicht in der Lage sind, ihre Aufgaben zu erfüllen, zunehmend auf internationale Hilfe angewiesen sein. Diese Abhängigkeit ist jedoch problematisch, da sie die nationale Souveränität und Handlungsfähigkeit einschränkt. Zudem wird wahrscheinlich die globale Bereitschaft und Kapazität, Hilfe zu leisten, durch *Nahrungsmittelknappheit* und die *Klimakrise* beeinträchtigt werden, da den meisten Staaten die gleichen Probleme drohen.

In Ländern, in denen bereits wirtschaftliche und klimatische Krisen bestehen, haben bereits in der Vergangenheit Proteste, Aufstände und staatliche Zusammenbrüche gedroht. Die Verbindung von wirtschaftlicher Instabilität und Klimawandel birgt somit das Potenzial für zusätzliche politische Krisen (IPCC [237]). Zusätzlich zu den oben genannten Herausforderungen haben verschuldete Staaten begrenztere Mittel, um sich an die Auswirkungen des Klimawandels anzupassen. Dies beeinträchtigt z. B. die Fähigkeiten der Infrastruktur, die notwendig ist, um die landwirtschaftliche Produktion zu sichern oder extreme Wetterereignisse zu bewältigen. Auch die Anpassungsmaßnahmen an den Klimawandel, die nach Einschätzung von Experten bis zu mehreren Billionen US-Dollar kosten wird (UNFCCC [425]), wären in vielen Staaten finanziell schwer zu stemmen. Dies wird die Anfälligkeit gegenüber Klimakatastrophen weiter erhöhen und es in vielen Regionen schwierig machen, Landwirtschaft zu betreiben (FAO [144]).

Verschuldung verschärft zudem die Ungleichheit innerhalb und zwischen Staaten weiter. Schwächere Staaten und Regionen werden unter den Folgen des Klimawandels und der Ressourcenknappheit stärker leiden als reichere Nationen, was die globalen Ungleichheiten weiter verstärkt. Dies wird zu Migration führen, da Menschen aus betroffenen Regionen flüchten, um in stabilere Gebiete zu gelangen (UNHCR [426]).

Die Kombination aus hoher Staatsverschuldung, Nahrungsmittelknappheit, Ressourcenmangel und den Folgen des Klimawandels verkompliziert in einem Szenario um 2050 die an sich bereits bestehende Herausforderung für die globale und lokale Stabilität weiter. Verschuldete Staaten sind nur begrenzt in der Lage, ihre hoheitlichen Aufgaben zu erfüllen, was sowohl die Anpassung an den Klimawandel, als auch die Versorgung der Bevölkerung mit lebenswichtigen Gütern wie Nahrung und Wasser erschwert. Die Unzufriedenheit in der Bevölkerung wächst. Diese Entwicklungen haben das Potenzial, eine Spirale von sozialer, wirtschaftlicher und politischer Instabilität auszulösen.

Details dieser Szenarien sind dem Anhang zu entnehmen.

Um ein Szenario für das Jahr 2050 zu illustrieren, ist es auch sinnvoll, in die Vergangenheit zu sehen – dies auch, um vergleichbar nah zurückliegende Erfahrungen ins Gedächtnis zu rufen. Im deutschen Sprachraum bietet sich an, die Zeit der Not unmittelbar nach dem Zweiten Weltkrieg als Referenz zu nutzen – auch hier waren Rohstoffe und Mittel knapp und die Unsicherheit groß – es gab aber auch deutliche Unterschiede zu der absehbaren Situation in 2050.

## 4.2 Eine Referenz aus der Vergangenheit – die Nachkriegszeit

Nach dem Ende des Zweiten Weltkriegs erlebte die Zivilbevölkerung materielle Knappheit, provisorische Lebensverhältnisse und soziale Umwälzungen. Die Städte lagen vielfach in Trümmern, Handel und Infrastruktur waren in Mitleidenschaft gezogen worden. Im folgenden Abschnitt wird zunächst der Alltag in dieser unmittelbaren Zeit skizziert, wobei Aspekte wie Ernährung, Wohnen, Bildung und Familienstrukturen im Fokus stehen. Ziel ist es, ein wenig fühlbar zu machen, wie sich das Leben damals praktisch gestaltete.

### Ernährungssituation und Wirtschaft in der Nachkriegszeit

In der unmittelbaren Nachkriegszeit prägten Nahrungsmittelknappheit und Versorgungsengpässe das Leben der Menschen. Lebensmittelmarken und Rationen sicherten den Zugang zu Grundnahrungsmitteln wie Brot, Kartoffeln und Rüben, während Fleisch, Milchprodukte (Butter) und Obst selten waren. Häufig reichten die Rationen nicht aus, weshalb viele auf den Schwarzmarkt oder Tauschhandel angewiesen waren (Fass [134]; Schissler [369]). Gemeinschaftsgärten und Trümmergärten dienten zur Selbstversorgung und waren ein Teil des sozialen Wiederaufbaus.

Die Ernährungslage war kritisch: Die tägliche Kalorienzufuhr lag oft nur bei 1000–1500 Kalorien, was Hunger und Mangelernährung zur Folge hatte (Ziegler [482]). Internationale Hilfsorganisationen wie UNRRA und CARE leisteten mit Lebensmittellieferungen und Schulmahlzeiten wichtige Unterstützung. Dennoch blieb die Versorgungslage über einige Jahre prekär, was die Menschen unter anderem zu Eigenanbau und Kleinviehzucht zwang (Tooze [417]).

### Wirtschaftliche Schwierigkeiten und Währungsreform

Nach dem Krieg standen viele Länder vor dem wirtschaftlichen Kollaps. Infrastruktur und Produktionskapazitäten waren zerstört, während Rohstoff- und Arbeitskräftemangel herrschten. Hyperinflation machte Geld nahezu wertlos, sodass Tauschhandel und Ersatzwährungen wie Zigaretten dominierten (Ziegler [482]). Internationale Hilfen, etwa durch den Marshall-Plan, und Maßnahmen wie die Stabilisierung der Kohleproduktion halfen, erste Fortschritte zu erzielen (Ellis [109]).

Die Währungsreform von 1948 brachte in Westdeutschland die D-Mark und beendete die Inflation. Sie stabilisierte die Wirtschaft und legte den Grundstein für das „Wirtschaftswunder" der 1950er Jahre.

### Staatsverschuldung und Rohstoffknappheit

Die deutsche Staatsverschuldung und Reparationszahlungen belasteten den Wiederaufbau. Der Mangel an Kohle und anderen Rohstoffen lähmte Produktion und Heizung im Winter. Maßnahmen der Alliierten wie die Kontrolle des Ruhrgebiets priorisierten die Kohleproduktion, um Wirtschaft und Energieversorgung zu sichern (Abelshauser [1]).

Die Landwirtschaft war wegen geringer Erträge und fehlender Ressourcen stark beeinträchtigt. Der Mangel führte zu Unterernährung, während die Alliierten und Hilfsprogramme versuchten, die gravierendsten Folgen abzufedern.

Die obige Beschreibung wird im Anhang durch weitere Informationen über das Leben in der unmittelbaren Nachkriegszeit ergänzt.

Nach dem Zweiten Weltkrieg herrschte in zahlreichen europäischen Ländern eine erhebliche Knappheit an Nahrungsmitteln. Die Menschen waren stark auf die Unterstützung durch Hilfsorganisationen und die Alliierten angewiesen, wobei Programme wie der Marshallplan eine zentrale Rolle spielten. Besonders in den Städten erfolgte die Lebensmittelverteilung über staatliche Stellen, doch die bereitgestellten Notrationen bestanden meist nur aus grundlegenden Produkten wie Brot, Kartoffeln und gelegentlich etwas Fleisch oder Milch. Oft ließ die Qualität dieser Lebensmittel zu wünschen übrig. Die strengen Rationierungen zwangen viele Haushalte dazu, alternative Beschaffungswege zu nutzen – sei es durch den Schwarzmarkt, Tauschgeschäfte oder den Eigenanbau von Lebensmitteln in Gärten und Kleingartenanlagen. Für zahlreiche Menschen wurde die Selbstversorgung zu einer notwendigen Strategie, um das tägliche Überleben zu sichern.

Wie die Diskussion über Klimawandel und Rohstoff- sowie Nahrungsmittelversorgung in den vorhergegangenen Kapiteln zeigte, ist die absehbare Situation auch im Detail sehr vergleichbar – aber es gibt auch Unterschiede.

## 4.3 Parallelen und Unterschiede zwischen Nachkriegszeit und Situation 2050

Der Vergleich zwischen der unmittelbaren Nachkriegssituation in Europa nach dem Zweiten Weltkrieg und einer potenziellen Zukunft im Jahr 2050, in der Rohstoff-, Energie- und Nahrungsmittelversorgung stark eingeschränkt sind, bietet sowohl Parallelen als auch signifikante Unterschiede. Während beide Szenarien durch Knappheit und erhebliche gesellschaftliche Umwälzungen gekennzeichnet sind, unterscheiden sie sich in den zugrundeliegenden Ursachen, der technologischen Entwicklung und den gesellschaftlichen Strukturen.

Im Detail lassen sich viele Ähnlichkeiten zwischen den beiden Situationen, der unmittelbaren Nachkriegszeit und einer Lebenssituation im Jahr 2050 festmachen. Es gibt aber auch augenscheinliche Unterschiede – insbesondere in der – ehedem gerechtfertigten – Hoffnung, es würde einen Weg zurück geben zu den vergleichsweise einfachen Problemen und der Stabilität der heutigen Zeit. Eine Hoffnung, die angesichts des irreversiblen Klimawandels und mancher zu zugänglichen Preisen nicht mehr verfügbaren Rohstoffe 2050 nicht mehr gerechtfertigt sein wird. Während die obigen Aspekte eher allgemeinen Charakter haben, sollen im Folgenden der private und berufliche Alltag sowie das gesellschaftliche Leben etwas genauer betrachtet werden (für einige detailliertere Betrachtungen wird auf den Anhang verwiesen).

### 4.3.1 Der private Alltag

Nach dem Zweiten Weltkrieg war die Nahrungsmittelversorgung in vielen europäischen Ländern stark eingeschränkt. Die Bevölkerung war auf Hilfsorganisationen und die Alliierten angewiesen, wobei Programme wie der Marshallplan eine integrierende Funktion einnahmen. Städtische Haushalte erhielten hauptsächlich Notrationen, die über staatliche Stellen verteilt wurden und meist aus Grundnahrungsmitteln wie Brot, Kartoffeln und gelegentlich Fleisch oder Milchprodukten bestanden, wobei die Qualität oft zu wünschen übrigließ. Die strengen Rationierungssysteme zwangen viele Familien dazu, auf den Schwarzmarkt, Tauschgeschäfte oder den Anbau von Nahrungsmitteln in eigenen Gärten zurückzugreifen, um ihren Bedarf zu decken. Subsistenzwirtschaft wurde für viele wieder zur Überlebensstrategie.

Im Jahr 2050 wird die Nahrungsmittelversorgung aufgrund von Klimawandel, extremen Wetterereignissen und der Erschöpfung landwirtschaftlicher Flächen stark eingeschränkt sein. Familien werden sich vermehrt auf lokal produzierte Lebensmittel stützen, wenn globale Lieferketten gestört sind (IPCC [236]). Urban Farming und vertikale Gärten können zur allgemeinen Versorgung beitragen, ähnlich den „Victory Gardens" während des Krieges, jedoch technologisch fortschrittlicher und nachhaltiger. Im Gegensatz zur Nachkriegszeit wirde der Mangel dauerhaft sein, was zu einer Umstellung auf ressourcenarme Nahrungsmittel wie beispielsweise Insektenproteine oder Algen führen kann.

Auch die Energieversorgung war in der unmittelbaren Nachkriegszeit äußerst unzuverlässig. Viele Haushalte hatten keinen Zugang zu Strom oder Gas, da die Infrastruktur zerstört war. Zum Heizen und Kochen griffen viele Familien auf Kohle oder Holz zurück – Brennstoffe, die sie oft auf dem Schwarzmarkt oder durch das Sammeln in Wäldern beschafften. Elektrizität wurde, wenn überhaupt, nur wenige Stunden am Tag geliefert, und Heizmaterial war knapp, sodass Familien oft in einem Raum zusammenlebten, um Heizkosten zu sparen.

Im Jahr 2050 wird die Energieversorgung durch den Rückgang fossiler Brennstoffe und den langsamen Ausbau erneuerbarer Energien eingeschränkt sein. Haushalte müssten strikte Energiesparmaßnahmen einhalten, und die Energiequellen wie Solarzellen und kleine Windkraftanlagen werden wichtig (World Bank [466]). Wie nach dem Krieg werden Familien gezwungen sein, ihren Energieverbrauch drastisch zu reduzieren.

Nach dem Krieg war die Mobilität stark eingeschränkt. Der öffentliche Nahverkehr war oft zerstört, und aufgrund des Treibstoffmangels hatten viele Menschen keinen Zugang zu Autos. Fahrräder und das Gehen wurden zu den Hauptfortbewegungsmitteln, längere Reisen waren selten, und die Menschen arbeiteten häufig in der Nähe ihrer Wohnorte. Die Infrastruktur war stark beschädigt, und der Transport von Waren war schwierig und teuer.

Auch im Jahr 2050 wird die Mobilität durch Energieknappheit beeinträchtigt sein. Elektrische Fahrzeuge dominieren zwar, ihre Nutzung wird jedoch aufgrund begrenzter Energie und der Abwesenheit bestimmter Rohstoffe eingeschränkt sein. Öffentliche Verkehrsmittel wie elektrische Züge und Straßenbahnen werden bevorzugt werden, da sie effizienter im Umgang mit Energie sind (OECD [314]). Zudem ist es wahrscheinlich, dass es eine Rückkehr zu lokaleren Lebensformen geben wird, bei denen die Menschen näher an ihrem Arbeitsplatz wohnen und weniger reisen. Fahrräder und andere nicht-motorisierte Transportmittel gewinnen erneut an Bedeutung, ähnlich wie in der Nachkriegszeit.

Die Schulbildung war in der Nachkriegszeit ebenfalls stark beeinträchtigt. Viele Schulen waren zerstört oder besetzt, und die Lehrpläne mussten angepasst werden, um die neue politische Situation zu berücksichtigen. Der Unterricht fand oft in provisorischen Räumen statt, und es fehlte an Lehrmaterialien. Kinder hatten nur eingeschränkten Zugang zur Bildung. Praktische Fähigkeiten wie Landwirtschaft oder Handwerk wurden betont, um die Gesellschaft auf den Wiederaufbau vorzubereiten (Moeller [290]).

Bereits vor dem Jahr 2050 muss sich die Bildung neben sozialen auf praktische Fähigkeiten konzentrieren: Neben sozialen Qualifikationen, die erforderlich sind, um den gesellschaftlichen Zusammenhalt zu pflegen, muss Bildung Vorbereitung auf Ressourcenmanagement, erneuerbare Energien und Klimaanpassung als eigene Schwerpunkte beinhalten. Gemeinschaftliche Lernformen und Problemlösungen haben das Potenzial in den Vordergrund zu rücken, wie Versorgungsengpässe bewältigt werden können (OECD [315]).

Auch die *Geschlechterrollen und Familienstrukturen* veränderten sich nach dem Zweiten Weltkrieg erheblich: Viele Frauen hatten während des Krieges Arbeitsplätze übernommen, wurden jedoch nach Kriegsende oft wieder in traditionelle Funktionen zurückgedrängt, obwohl sie weiterhin einen wichtigen Beitrag zum Haushaltseinkommen leisteten (Grossmann [180]). Die Rückkehr der Männer und die Traumata der Kriegsjahre belasteten die Familienstrukturen zusätzlich.

Die Geschlechterrollen werden sich wahrscheinlich weiter diversifizieren. Die Flexibilität der Rollenbilder wird zunehmen, da traditionelle Industriejobs aufgrund der Ressourcenknappheit zurückgehen und neue Arbeitsformen entstehen (OECD [315]).

### 4.3.2 Der berufliche Alltag

In einer Welt mit wahrscheinlich bereits eingeschränkter Rohstoff-, Energie- und Nahrungsmittelversorgung wird sich der berufliche Alltag erheblich von den heutigen Arbeitsbedingungen unterscheiden. Ähnlich wie in der unmittelbaren Nachkriegszeit werden Anpassungsfähigkeit und Effizienz in einer Welt des Ressourcenmangels entscheidend für das Überleben sein. Im Vergleich zur heutigen Zeit werden die Veränderungen im beruflichen Alltag umfassend sein und nahezu alle Aspekte der Arbeit betreffen.

Nach dem Zweiten Weltkrieg waren die Berufsfelder stark auf den Wiederaufbau und die Reindustrialisierung ausgerichtet. Handwerksberufe, Bauwesen und Landwirtschaft standen im hoch im Kurs. Der Hintergrund dieser Gewichtung war, dass es nötig war, mit wenig Ressourcen und viel Improvisation die zerstörte Infrastruktur wiederherzustellen und den Grundbedarf der Bevölkerung zu decken (Moeller [290]). Arbeitskräfte wurden in vielen Sektoren dringend benötigt, und Frauen, die während des Krieges vermehrt in die Erwerbstätigkeit eingetreten waren, blieben in einigen Berufen präsent, auch wenn sie oft wieder in traditionelle Schemata in der Familie gedrängt wurden (Grossmann [180]).

Im Jahr 2050 werden die Berufsfelder stärker als heute auf Ressourcenschonung und Klimaanpassung fokussiert sein. Auch Infrastrukturerhaltung, regenerative Landwirtschaft und Kreislaufwirtschaft werden zu Schlüsselaktivitäten. Berufe, die sich mit der Entwicklung und Implementierung von Lösungen für Energie- und Wassermangel sowie der Wiederverwertung von Materialien befassen, werden an Bedeutung gewinnen (OECD [314]). Fachkräfte in Bereichen wie erneuerbare Energien, Umweltwissenschaften und ressourcenschonende Produktionstechniken werden absehbar besonders gefragt sein. Ein weiterer wichtiger Sektor wird die Reparatur und Wiederverwendung von Gütern sein, ähnlich wie in der Nachkriegszeit, als der Erhalt bestehender Materialien und Werkzeuge unabdingbar war. Der Fokus wird auf Langlebigkeit und minimalem Ressourcenverbrauch liegen, mit einem hohen Bedarf an Arbeitskräften für Reparaturen und Instandhaltungen (IPCC [236]).

Die Arbeitsbedingungen nach dem Zweiten Weltkrieg waren oft prekär, da die Infrastruktur weitgehend zerstört war und grundlegende Ressourcen wie Strom, Heizung oder angemessene Arbeitsmaterialien fehlten. Viele Arbeitsplätze waren provisorisch, die Arbeitszeiten lang. und soziale Absicherungen waren kaum vorhanden. Der Wiederaufbau hatte oberste Priorität, was oft zu schlechten Arbeitsbedingungen und niedriger Entlohnung führte (Moeller [290]).

Im Jahr 2050 werden die Arbeitsbedingungen ebenfalls durch Unsicherheit und Mangel geprägt sein, jedoch in einer technologisch fortgeschrittenen Welt. Während sich der Zugang zu Ressourcen weiterhin verschlechtert, wird Technologie bei der Aufrechterhaltung von Arbeitsprozessen bedeutender werden. Telearbeit, bereits auf dem Vormarsch, dominiert Bürotätigkeit in einer ressourcenknappen Zukunft, da sie weniger Energie für Transport und Infrastruktur benötigt (World Bank [468]). Im Gegensatz dazu werden Dienstleistungen nur in einer wohlhabenden Welt signifikant zur Wertschöpfung beitragen, was eine Rückkehr zu lokalisierten, manuellen Arbeitsmärkten begünstigt. Ähnlich wie nach dem Krieg, als Menschen in der Nähe ihres Wohnortes arbeiteten, werden lokale Arbeitsplätze aufgrund von Energieknappheit und Transportproblemen bevorzugt. Regionale Ökonomien und Arbeitsmärkte gewinnen an Bedeutung, da lange Arbeitswege und internationale Geschäftsreisen aufgrund der Energiekrise seltener und teurer werden (OECD [314]).

Die Arbeitszeiten in der Nachkriegszeit waren oft lang und anstrengend, da der Wiederaufbau höchste Priorität hatte. Um über die Runden zu kommen, arbeiteten viele Menschen in mehreren Jobs oder im informellen Sektor. Die Produktivität war oft durch den Mangel an Ressourcen und modernen Technologien begrenzt (Moeller [290]).

Arbeitszeiten werden sich, auch abhängig von der Verfügbarkeit von Energie, variabler gestalten. Unternehmen werden, wo immer möglich, ihre produktivsten/konsumintensivsten Phasen auf Zeiten legen, in denen erneuerbare Energiequellen wie Solar- oder Windenergie ausreichend Strom liefern (IPCC [236]). Eine Flexibilisierung der Arbeitszeiten wird erforderlich werden, um sich an die Verfügbarkeit von Ressourcen anzupassen. Die Produktivität wird stärker von technologischen Fortschritten abhängen, wie etwa durch die Automatisierung von Aufgaben und die Nutzung von KI zur Optimierung von Produktionsprozessen. Dennoch wird Knappheit an Materialien und Energie die Produktivität in traditionellen Sektoren einschränken, mit einem Fokus auf Effizienz und Nachhaltigkeit statt auf Massenproduktion.

Nach dem Krieg kehrten viele Männer an ihre Arbeitsplätze zurück, während Frauen, die während des Krieges in der Produktion und im Dienstleistungssektor gearbeitet hatten, oft wieder in traditionelle Rollen gedrängt wurden. Dennoch blieben viele Frauen weiterhin erwerbstätig, vor allem in Berufen, die während des Krieges an Bedeutung gewonnen hatten, wie in der Pflege oder im Bildungswesen (Grossmann [180]).

Zusammenfassend wird sich der berufliche Alltag in einer Zukunft mit stark eingeschränkter Rohstoff-, Energie- und Nahrungsmittelversorgung grundlegend von der Nachkriegszeit unterscheiden, jedoch auch einige Parallelen aufweisen. Während sich die Menschen wie nach dem 2. Weltkrieg an Mangel und Unsicherheit anpassen müssen, werden technologische Entwicklungen im Jahr 2050 helfen, so die Hoffnung, insbesondere in den Bereichen Digitalisierung und erneuerbare Energien, effizienter und nachhaltiger zu arbeiten – falls genügend Energie und Rohstoffe vorhanden sind. Flexibilität, Ressourceneffizienz und Nachhaltigkeit werden zu den entscheidenden Qualifikationselementen für den beruflichen Alltag werden. Hohe Staatsverschuldung ist gekoppelt mit Armut und schlechtem Zustand der Infrastruktur, während der Klimawandel zusätzlich das Wirtschaftsleben bestimmt.

### 4.3.3 Allgemeine Parallelen und Unterschiede zwischen beiden Situationen

Ein Szenario für das Jahr 2050 weist sowohl Ähnlichkeiten als auch Unterschiede zur Nachkriegszeit auf (um den Lesefluss zu erleichtern, wurde ein Großteil der Szenarien in den Anhang verlegt). Beide Zeiträume sind durch Mangelwirtschaft und Rationierungen gekennzeichnet.

Nach dem Zweiten Weltkrieg führten Zerstörungen und der Zusammenbruch der Logistik zu Engpässen bei der Nahrungsmittel- und Rohstoffversorgung, was Rationierungen erforderte (Moeller [290]). Auch 2050 werden wohl ähnliche Maßnahmen notwendig, um knappe Ressourcen wie Wasser und Energie gerecht zu verteilen. Die Mobilität war nach dem Krieg aufgrund von zerstörter Infrastruktur und Treibstoffmangel stark eingeschränkt; im Jahr 2050 wird dies wahrscheinlich durch den Mangel an fossilen Brennstoffen und alternativen Energiequellen erneut der Fall sein, was z. B. eine verstärkte Rückkehr zu lokalisierten Lebensweisen begünstigt. Nach dem Krieg war der Wiederaufbau wichtig, wobei sowohl der Mut, Geräte des Alltags ohne Sachkunde zu reparieren, und Innovationen entscheidend waren. Auch im Jahr 2050 wird Innovation nötig sein, auch für den Wiederaufbau von Infrastruktur, und zusätzlich zur Entwicklung neuer Technologien für nachhaltige Landwirtschaft, Energieproduktion und Kreislaufwirtschaft.

Die gesellschaftlichen Reaktionen auf die Herausforderungen des Jahres 2050, in dem die Rohstoff-, Energie- und Nahrungsmittelversorgung stark eingeschränkt sind, werden sich, so die Einschätzung, erheblich von den gesellschaftlichen Entwicklungen nach dem Zweiten Weltkrieg unterscheiden. Während die Nachkriegszeit vor allem von ökonomischen und infrastrukturellen Wiederaufbauprogrammen geprägt war, die ökologische Überlegungen weitgehend vernachlässigten, wird im Jahr 2050 das ökologische Bewusstsein bedeutend werden. Bildungssysteme der Zukunft werden verstärkt auf die Vermittlung von Umweltbewusstsein und nachhaltigen Lebensweisen ausgerichtet sein (OECD [315]). Die Herausforderung wird darin bestehen, nicht nur die Infrastruktur an die neuen Bedingungen anzupassen, sondern auch Konsumgewohnheiten und Lebensstile grundlegend zu verändern.

Nach dem Zweiten Weltkrieg markierten internationale Institutionen wie die Vereinten Nationen und der Marshallplan den Beginn einer Ära der globalen Zusammenarbeit, die den Wiederaufbau unterstützte. Globale Kooperation war entscheidend, um gemeinsame Ressourcen effektiv, d. h. zum Wohle aller zu nutzen. Die Geschlechterrollen haben sich nach dem Krieg erheblich verändert. Frauen, die während des Krieges verstärkt und verantwortlich in den Arbeitsmarkt eingetreten waren, wurden nach Kriegsende oft und letztlich begründet lediglich mit männlicher Machtherrlichkeit in traditionelle Funktionen zurückgedrängt (Grossmann [180]).

Beim Vergleich der unmittelbaren Nachkriegssituation in Europa mit einem Szenario von Ressourcenknappheit im Jahr 2050 lassen sich einige wesentliche Gemeinsamkeiten und Unterschiede feststellen. In beiden Fällen geht es im alltäglichen Überleben um die Anpassung der Lebensgewohnheiten an neue, schwierige Versorgungsumstände. Sowohl nach dem Krieg als auch in einer Zukunft mit eingeschränkter Versorgung wird die Situation in den Haushalten durch eine starke Reduzierung des Lebensstandards und einen Mangel an grundlegenden Ressourcen geprägt sein. Die spezifischen Probleme und die Art der Anpassungen werden jedoch aufgrund unterschiedlicher gesellschaftlicher Werte und technologischer Entwicklungen variieren – aber 2050 fehlt die Perspektive, wonach in einer unbestimmten Zukunft wieder mehr Ressourcen zugänglich sein werden. Die motivierende Idee einer „besseren Zukunft" fällt weg.

Auch in Bezug auf die Mobilität gibt es Parallelen. Nach dem Krieg war die Mobilität der Bevölkerung stark eingeschränkt, da Verkehrswege zerstört und Treibstoffe knapp waren. Viele Menschen mussten auf alternative Transportmittel wie Fahrräder zurückgreifen oder zu Fuß gehen. Für das Jahr 2050 zeichnet sich eine ähnliche Situation ab, fossile Brennstoffe werden knapp, und alternative Energiequellen stehen regional nicht in ausreichendem Maß zur Verfügung. Dies wird dazu führen, dass die Menschen wieder stärker auf lokal organisierte Lebensweisen angewiesen sind, ähnlich wie in der Nachkriegszeit.

Ein weiteres gemeinsames Merkmal beider Szenarien ist die Notwendigkeit von Innovationen und Fähigkeiten zur Reparatur bestehender und veralteter Infrastruktur, um ein Weiterleben zu ermöglichen. Nach dem Zweiten Weltkrieg war der Wiederaufbau der zerstörten Städte und Industrien von größter Bedeutung, was eine Zeit intensiver Innovationen in Gang setzte. In einer Zukunft, in der Rohstoffknappheit vorherrscht, wird der Fokus jedoch weniger auf dem physischen Wiederaufbau liegen. Vielmehr werden Innovationen in den Bereichen Technologie, Ressourcenmanagement, Kreislaufwirtschaft und nachhaltige Landwirtschaft entscheidend sein.

Einige Unterschiede zwischen beiden Zeiträumen verdienen es hervorgehoben zu werden:

Die Ursachen der Knappheit nach dem Zweiten Weltkrieg waren in erster Linie auf die Zerstörung der Infrastruktur, den Verlust von Produktionskapazitäten und Wohnungen, durch den Krieg zerstörte Familienstrukturen oder auch finanzielle Probleme von Privatpersonen und Staaten zurückzuführen (Moeller [290]). Im Jahr 2050 hingegen wird die Knappheit durch die ökologische Übernutzung, der Klimawandel und das Ende des fossilen Energiezeitalters verursachend für Probleme sein (IPCC [236]). Schwächen oder Wegfallen der Nahrungsmittelversorgung kommen gegebenenfalls lokal hinzu. Diese Ursachen lassen sich nur zum Teil mit dem Maßnahmenkatalog aus den Jahren nach 1945 bedienen. Sie erfordern keine kurzfristigen Wiederaufbaumaßnahmen, sondern langfristige, systemische Veränderungen im Umgang mit Ressourcen und Technologien.

Ein weiterer Unterschied liegt im technologischen Fortschritt. Viele Technologien – von der Automobilproduktion bis zur Elektrifizierung der Haushalte – steckten in der Nachkriegszeit noch in den Kinderschuhen. Die Welt im Jahr 2050 wird technologisch weitaus fortgeschrittener und diesbezüglich vielfältiger sein. Technologien wie erneuerbare Energien, Smart Grids und effiziente Landwirtschaft können helfen, die

Auswirkungen der Ressourcenknappheit abzufedern, auch wenn sie wahrscheinlich nicht ausreichen werden, um die Bedürfnisse aller zu decken. Andererseits werden Produkte heute gezielt so gebaut, dass sie nur eine kurze Lebensdauer haben – eine Priorität, die sich ändern wird, was Folgen auf Vollbeschäftigung und internationalen Handel haben kann.

Auch die gesellschaftlichen Strukturen beider Zeiträume werden sich unterscheiden: Nach dem Zweiten Weltkrieg waren Gesellschaften politisch und wirtschaftlich vorwiegend auf den Nationalstaat ausgerichtet. Diese Strukturen haben sich gewandelt. Im Jahr 2050 wird die Welt noch viel stärker global vernetzt sein als heute, was sowohl Vorteile als auch Risiken mit sich bringt. Internationale Kooperationen helfen, Ressourcen effizienter zu verteilen, während die Abhängigkeit von globalen Lieferketten Gesellschaften anfälliger für systemische Schocks macht (World Bank [468]). Viele Hinweise deuten auf eine Regionalisierung der Gemeinschaften hin.

Die Art der verfügbaren Energie und damit die Energieerzeugung werden sich unterscheiden. Nach dem Krieg basierte die Energieversorgung hauptsächlich auf fossilen Brennstoffen wie Kohle und zu einem etwas kleineren Teil auf Öl, obwohl diese Ressourcen knapp waren, sodass beispielsweise Produktionsumgebungen stillgelegt wurden. Im Jahr 2050 hingegen wird der Anteil fossiler Brennstoffe drastisch reduziert sein, und die Energieversorgung wird zunehmend auf erneuerbare Energien umgestellt. Gleichzeitig wird der Energiehunger der Gesellschaften bestehen bleiben, und es obliegt den Regierungen, den Verbrauch der verbleibenden fossilen Rohstoffe zu Gunsten von deren Nutzung als Ausgangsmaterialien für Produkte zu reglementieren. Das Hauptproblem wird dann weniger die technische Machbarkeit, sondern vielmehr die Skalierung und Effizienz in der Nutzung der Energieträger gleich welcher Art sein, um die Bedürfnisse einer wachsenden Weltbevölkerung zu decken.

Sehr grundsätzlich ist auch der Unterschied der gesellschaftlichen *Vision* und der konstituierenden Werte der Gesellschaften: Unmittelbar nach dem Krieg gab es die Vision des *„nie wieder Krieg"* und auch die Aussicht auf ein materielles „besser-gehen". Die Erfahrung des Krieges und das Streben nach einem subjektiv empfundenen „besser gehen" als Zukunftsperspektive hat mit dem Aussterben der Kriegsgeneration an Präsenz verloren. Welche Vision Grundlage für einen Plan nach 2050 sein wird, lässt sich aus heutiger Sicht noch nicht sagen.

Sowohl die Nachkriegszeit als auch eine mögliche Zukunft mit Ressourcenknappheit wiesen bzw. weisen erhebliche Probleme auf. Während die Menschen in der unmittelbaren Nachkriegszeit mit dem physischen Wiederaufbau und dem Überleben beschäftigt waren, wird die Situation in einem glimpflichen Fall im Jahr 2050 durch Mangel an langfristig etablierten technologischen Lösungen und globaler Kooperation geprägt sein. Doch in beiden Situationen war bzw. wird der Umgang mit Knappheit, sei es bei Lebensmitteln, Energie oder Mobilität, eine Schwierigkeit, die tiefgreifende Anpassungen im Alltagsleben der Menschen erforderte oder wahrscheinlich erfordern wird.

Während es viele Parallelen zwischen der Nachkriegszeit und einer potenziellen Zukunft im Jahr 2050 gibt, sind die Unterschiede in den zugrundeliegenden Ursachen der

Knappheit, dem technologischen und sozialen Fortschritt und den globalen Vernetzungen signifikant. Die Nachkriegszeit war geprägt von der physischen Zerstörung und dem Wiederaufbau, während die Herausforderungen im Jahr 2050 systemischer Natur sind und einen tiefgreifenden Wandel in der gesellschaftlichen Organisation und Kultur antreiben. Das erfordert eine Vision und daraus resultierend Ziele und Pläne. Vorbildung, Anpassungsfähigkeit und Offenheit der Gesellschaften für neue Bedingungen werden entscheidend für den Umgang mit Ressourcenknappheit sein.

# 5 Herausforderungen und Handlungsoptionen für 2050

**Überblick:** In den vorhergegangenen Kapiteln wurde zum einen beschrieben, wie sich Klima und Versorgung wahrscheinlich entwickeln werden (Kapitel 2) und zum anderen, wie die Zukunft eingeschätzt wird. Mit Beispielen werden Megatrends und Szenarien dargelegt, mit deren Hilfe sich abzeichnet, was passiert, wenn Klimawandel und Versorgungsengpässe (was im vorhergehenden Kapitel betrachtet wurde) nicht berücksichtigt werden.

Das folgende Kapitel stellt Änderungen dar, die sich aus den Zukunftsszenarien ergeben, wenn Klimawandel und Versorgungsengpässe berücksichtigt werden. Es zeigt sich, dass der absehbare Versorgungsengpass zu ausgeprägten und vielschichtigen Problemen führt.

Natürlich ruft diese Entwicklung nach Handlungsoptionen – und es gibt nicht viele, denn eine stets wachsende Weltbevölkerung wird immer mehr Ressourcen und Energie benötigen – selbst wenn Staaten und Individuen sparen. In diesem Kapitel wurde ein Blickwinkel eingenommen, der sich auf Bildung bezieht, denn unabhängig davon, wie eine Zukunft aussieht: die dann Lebenden müssen und werden agieren, und wie sie es tun, wird dann für deren und die nachfolgenden Generationen entscheidend sein. Bildung prägt damit den Hintergrund und das Handwerkszeug, das den heutigen und zukünftigen Generationen zur Verfügung steht, um die Gesellschaft zu prägen – wenn und nachdem die absehbaren Probleme virulent werden.

Es wird kurz angedeutet, dass, historisch gesehen, menschliche Kulturen ausgesprochen ähnlich sind, was darauf hindeutet, dass es nicht viele Möglichkeiten für ein kulturelles Miteinander und des Lernens voneinander und ein gleichzeitiges „weiter so" gibt. Dennoch ist neben dem Erlernen von intellektuellen und manuellen Fähigkeiten wichtig, aus der Geschichte und von anderen zu lernen. Das setzt Respekt vor der Vielfalt und dem anders sein schon heute voraus – gerade um Lösungen anderer Gemeinschaften zu erhalten. Viele Szenarienanalysen haben Regionalisierung als ein gemeinsames Element. Die lokalen Lösungen, auch die kleiner Kulturen, sind damit ein Schlüssel.

In der Analyse der Veränderungen zeigt sich, dass keines der oben beschriebenen Szenarien unverändert auf die Änderung des Klimas und der Ressourcenknappheit reagiert. Auf den Alltag übertragen bedeutet dies, dass kein Aspekt des täglichen Lebens von Klimaänderung und Versorgungsengpässen unberührt bleiben wird. Die Frage, der im Folgenden nachgegangen wird, ist also, welche Problemstellungen oder auch Chancen sich in den Szenarien für 2050 abzeichnen, wenn

- die Versorgung mit Nahrungsmitteln schwierig oder unmöglich wird, wenn die Versorgung mit Kunstdünger nicht mehr möglich ist und zusätzlich die Böden ausgelaugt und erodiert sind oder die Biodiversität breitflächig abnimmt;

https://doi.org/10.1515/9783111610887-005

– der Handlungsspielraum von Staaten, mit Steuerungsmaßnahmen einzugreifen, kleiner wird, wenn die Wirtschaftsleistung eines Staates sinkt und die Schuldenlast der vorher angehäuften Schulden zu hoch wird, um zurückgezahlt zu werden. Ein Problem, dem in der Regel durch hohe Inflationsraten oder stark verringerte Staatsschulden begegnet wird.

Sobald klar ist, wann bestimmte Ressourcen nicht mehr zur Verfügung stehen, wird sich eine Art Bugwelleneffekt zeigen in dem Sinne, dass deutlich vor dem Abebben des Zuflusses der Ressourcen Preissteigerungen und politische Protektionsmaßnahmen ausgeprägte Effekte haben werden – *bevor* der eigentliche technische Engpass eintritt;

– nationaler oder internationaler sozialer Unfrieden Folgen in allen Bereichen des Zusammenlebens hat.

– Die Dynamik, die zwischen Erreichen eines Grenzwertes und Erreichen eines Kipppunktes durchlaufen wird, ist nach dem heutigen Stand der Kenntnis erst im Rückblick bekannt. Nach Erreichen eines Kipppunktes reagiert das System aber chaotisch – das heißt, die Entwicklung nach Überschreiten des Kipppunktes ist prinzipiell nicht vorhersagbar. Zudem sind die Wechselwirkungen zwischen den einzelnen Parametern der planetaren Grenzen nach Überschreiten der Kipppunkte unbekannt.

In der Literatur wurde nicht davon ausgegangen, dass sich das politisch-wirtschaftliche System und gegebenenfalls auch das Klima oder die Versorgung im Fall von Versorgungsproblemen und Überschreitung von Kipppunkten chaotisch verhalten wird (wie z. B. von Gunderson & Holling [182] vorhergesagt und mittlerweile als realistisches Szenario belegt), sondern weiterhin steuerbar oder zumindest durch bekanntes Verhalten charakterisierbar bleibt. Ein chaotisches Verhalten würde letztlich zu einem sehr schnellen Systemkollaps führen. Historisch gesehen dauert solch ein Absturz wenige Jahrzehnte, und das Risiko für die gesamte menschliche Zivilisation ist real.

Es ist eine wichtige Aufgabe, auch Chancen zu erkennen, und man muss optimistisch bleiben, darf nicht resignieren. Letztlich sind die Probleme, denen Chancen gegenüberstehen, selbst gemacht, und es wäre vielleicht effektiver und weniger kostenintensiv, die Probleme, deren Lösungen als Chancen wahrnehmbar sind, von vorn herein zu vermeiden.

## 5.1 Herausforderungen und Chancen

### 5.1.1 Wirtschaftliche und technologische Schwierigkeiten

#### Technologische Anpassungen und Innovationen

Technologische Anpassung und Innovation stehen im Zentrum vieler Szenarien, die auf die Bewältigung zukünftiger Anforderungen abzielen. Getrieben durch die Erfahrung der vergangenen Jahrzehnte stellen viele Szenarien die Digitalisierung in den Mittelpunkt der technischen Entwicklung. Zum Beispiel wird eine vielschichtige Automatisierung durch fortgeschrittene künstliche Intelligenz (KI) erwartet, die viele traditionelle Berufe ersetzt, indem sie Maschinen unterstützt, die komplexe Aufgaben übernehmen. Allerdings werden die Verfügbarkeit und Umsetzung solcher Technologien durch Ressourcenknappheit und eingeschränkte Energieversorgung beeinträchtigt werden, was die vollständige Automatisierung erschwert oder auch weniger lukrativ scheinen lässt. Hinsichtlich neuer Materialien liegt die Hoffnung auf alternativen und biogenen Materialien sowie verbesserten Lösungsansätzen, die helfen, die Abhängigkeit von knappen Rohstoffen zu verringern und die Infrastruktur auch unter eingeschränkter Ressourcenversorgung aufrechtzuerhalten. Die Geschwindigkeit technologischer Entwicklungen wird sich bei erhöhten Temperaturen und verminderter Ressourcenzufuhr (und wahrscheinlich auch knappen finanziellen Ressourcen) eher verlangsamen. Innovationen und kreative Projekte werden aufgrund begrenzter Ressourcen und Energie in ihrer Reichweite und ihrem Tempo eingeschränkt.

Trotz dieser Forderungen versuchen Staaten, durch technologische Innovationen und den Einsatz erneuerbarer Energien die Lücken zu schließen, die durch den Rückgang fossiler Brennstoffe und kritischer Rohstoffe entstehen. Die Ressourcenproblematik wird bestehen bleiben, auch dann, wenn Fortschritte in der Kreislaufwirtschaft, der Entwicklung von Ersatzmaterialien und der Verbesserung der Energieeffizienz helfen, einige dieser Hindernisse zeitbegrenzt zu überwinden. Investitionen in Bildung und Technologie tragen dazu bei, soziale Problemstellungen zu bewältigen und das Vertrauen in demokratische Institutionen zu stärken. Allerdings stehen Innovationen in Bereichen wie Smart Cities und Virtualisierung unter starkem Druck, da Ressourcen für neue Projekte begrenzt sind. Die Verknappung wichtiger Rohstoffe und steigende Energiekosten hemmen den Innovationsprozess, schaffen aber auch den Bedarf für regionale Innovationen.

### 5.1.2 Soziale Herausforderungen

**Benachteiligung von Randgruppen und Erzeugung neuer Randgruppen**
Klimawandel und Ressourcenknappheit resultieren in steigenden Lebenshaltungskosten, was wiederum bestehende soziale Ungleichheiten weiter ausprägen und zu Spannungen in der Gesellschaft verursachen kann. Benachteiligte Bevölkerungsteile werden unter den Auswirkungen der Ressourcenknappheit und Umweltveränderungen mehr als andere leiden, was die Kluft zwischen wohlhabenden und weniger wohlhabenden Regionen vertieft. Der finanziell eingeschränkte Zugang zu Technologien wird auch die digitale Kluft weiter vergrößern.

Die ungleiche Verteilung von Technologien und Ressourcen führt bereits heute dazu, dass Regionen ihre Dominanz ausbauen, während weniger entwickelte Gebiete zurückfallen. Insgesamt hat die Kombination aus wirtschaftlichen Umwälzungen,

Ressourcenengpässen und sozialen Ungleichheiten das Potenzial zu einer Verschärfung sozialer und politischer Spannungen, was den gesellschaftlichen Zusammenhalt bedroht und neue Anforderungen für die Bewältigung dieser tiefgreifenden Veränderungen schafft.

## Migration

Die Verschlechterung der Lebensbedingungen infolge von permanenten Energie- und Ressourcenengpässen sowie Klimawandel wird Auswirkungen auf Migration und humanitäre Krisen haben.

Migrationsbewegungen treten in wachsendem Umfang auf, da Menschen aus stark von Kriegen oder Umweltänderungen betroffenen Regionen in weniger gefährdete Gebiete flüchten. Die Ursache von Flucht überlagert sich mit Effekten der Überbevölkerung. Diese Wanderungsbewegungen verlaufen sowohl innerhalb von Ländern, grenzüberschreitend in den Ursprungsländern, als auch über weite Distanzen und tragen potenziell zu sozialen und politischen Spannungen in den Aufnahmeländern bei. Die Notwendigkeit zur Anpassung an die neuen Klimabedingungen kann auch zur umfassenden Umsiedlung ganzer Bevölkerungen führen.

Solche Maßnahmen politisch und sozial sensibel umzusetzen, um Konflikte zu vermeiden und den sozialen Frieden zu wahren, erfordert stabile politische Verhältnisse – eine Voraussetzung, die in polarisierten Gesellschaften in abnehmendem Maß gegeben ist. Verstärkte internationale Zusammenarbeit und Solidarität sind unerlässlich, um die Probleme gemeinsam zu bewältigen. Darüber hinaus werden verschärfte Klima- und Umweltbedingungen die Nahrungsmittelproduktion und die Verfügbarkeit von Trinkwasser beeinträchtigen, was besonders in ärmeren Ländern zu einer Bedrohung der Ernährungssicherheit führt. Ernteausfälle und globaler Wasserstress heizen Migration und Ressourcenkonflikte an.

Die Entwicklungen erfordern koordinierte internationale Anstrengungen, um humanitäre Krisen zu verhindern und den sozialen Zusammenhalt zu sichern, aber die Stärke internationaler Einrichtungen ist nicht garantiert.

## Regionale Ungleichheiten und sozialen Spannungen

Unter dem Blickwinkel von Ungleichheiten und sozialen Spannungen beleuchten mehrere Szenarien die potenzielle Verschärfung bestehender Probleme und die Entstehung neuer Schwierigkeiten. Regional sind Ressourcen ungleich verteilt, was zu zunehmender wirtschaftlicher und sozialer Ungleichheit führt. Diese Ungleichheiten nehmen mit wachsender Ressourcenknappheit zu und führen sowohl innerhalb als auch zwischen verschiedenen Regionen zu sozialen Spannungen und Konflikten. Umweltveränderungen wie ein Anstieg der globalen Durchschnittstemperatur, schaffen veränderte Gesundheitsrisiken, indem sie die Verbreitung von Infektionskrankheiten begünstigen. Städtische Überbevölkerung und unzureichende städtische Infrastrukturen, besonders in ärmeren Vierteln, verstärken die Ausbreitung solcher Krankheiten weiter und fördern die soziale Ungleichheit.

Der Zugang zu digitalen Technologien wird durch hohe Kosten und begrenzte Verfügbarkeit eingeschränkt, was die digitale Kluft vergrößert und soziale Ungleichheiten weiter vertieft. KI bringt zudem ethische Herausforderungen mit sich, etwa in Bezug auf Datenschutz, Entscheidungsfindung und soziale Gerechtigkeit. Begrenzte Ressourcen schränken die Fähigkeit der Gesellschaft ein, adäquate Regulierungen und ethische Rahmenbedingungen zu schaffen. Wenn ethische Standards nicht ausreichend entwickelt oder gelebt werden, begünstigt dies Missbrauch und Diskriminierung durch Technologien. Letztlich führen diese Effekte zu verschärften sozialen Spannungen und damit zu einer komplexeren und im Zweifelsfall schwierigen gesellschaftlichen Dynamik.

**Bildung und Weiterbildung in der Arbeitswelt**

Unter dem Blickwinkel „Bildung und Weiterbildung" wird in den durch die angenommene Klimaänderung und den Rohstoffmangel veränderten Szenarien eine potenzielle Einschränkung der Bildungs- und Umschulungsmaßnahmen aufgrund begrenzter Ressourcen und unzureichender Energieversorgung beschrieben. Wenn wirtschaftliche und materielle Engpässe die Verfügbarkeit von Ressourcen für Bildung und Weiterbildung einschränken, hat dies erheblichen Einfluss auf die Anpassung von Bildungssystemen. Die Notwendigkeit für umfangreiche Bildungs- und Umschulungsprogramme wird auch in einem Umfeld knapper Ressourcen bestehen bleiben, allerdings wären die Möglichkeiten zur Umsetzung solcher Maßnahmen eingeschränkt. Bildungssysteme müssten daher auf kostengünstige und ressourcenschonende Ansätze zurückgreifen, um weiterhin effektiv zu bleiben. Der Fokus sollte verstärkt auf praktische und effiziente Bildungsstrategien gelegt werden, um den Herausforderungen einer ressourcenbegrenzten Zukunft gerecht zu werden.

Ressourcenknappheit und steigende Energiekosten beeinflussen über den Kostenaspekt Arbeitsmarkt und Bildung. Die fortschreitende Virtualisierung der Arbeits- und Lernumgebungen wird durch gestiegene Kosten beeinträchtigt, was Unternehmen und Bildungseinrichtungen zwingen würde, innovative und energieeffiziente Lösungen zu entwickeln. Neue Berufsfelder entstehen z. B. in regionalen Kontexten, etwa in den Bereichen Recycling, erneuerbare Energien und lokale Produktion. Gleichzeitig wird die Globalisierung der Arbeitsmärkte durch die Fokussierung auf lokale Ressourcen eingeschränkt, was zu einer Umstrukturierung und Regionalisierung des Arbeitsmarktes führt.

Die Automatisierung ersetzt zwar bestehende Arbeitsplätze, jedoch wird die Schaffung neuer Arbeitsfelder durch die knappen Ressourcen und die begrenzte Energieverfügbarkeit verlangsamt werden. Dies führt zu erheblichen wirtschaftlichen und sozialen Umwälzungen, da die vollständige Umsetzung neuer Technologien behindert wird. Der Arbeitsmarkt bewegt sich dadurch in eine permanente Übergangsphase, in der traditionelle Jobs verschwinden und neue, noch nicht vollständig erschlossene Tätigkeitsfelder entstehen, die die wirtschaftliche Resilienz auf die Probe stellen. Die Bedeutung manueller Tätigkeiten und die Fähigkeit, „mit den Händen praktische Lösungen" zu schaffen, wird im Zuge abnehmender Rohstoffversorgung und von Lieferschwierigkeiten zunehmen. Die Ausbildung dafür wird jedoch bereits jetzt vernachlässigt, da mit der politischen Vorliebe für größere Betriebe, die mit deren wirtschaftlicher Bedeutung begründet wird, eine im Vergleich geringere gesellschaftliche Wertschätzung handwerklicher Tätigkeiten einhergeht. Dies führt zu einem Mangel an Handwerkern.

**Zunahme chronischer Gesundheitsprobleme**

Es kommt zu einer Verschlechterung der allgemeinen Gesundheit, die durch verschiedene Faktoren beeinflusst wird. Höhere Energiepreise und eine unzureichende Versorgung verschlechtern besonders für einkommensschwache Gruppen die Lebensbedingungen, was bei unzureichender Versorgung zu ungesunden Lebensstilen und einer Zunahme chronischer Erkrankungen wie Herz-Kreislauf-Erkrankungen und Diabetes führt – drüber hinaus muss von Mangelernährung und Hungersnot ausgegangen werden.

Erhöhte Lufttemperaturen und verschärfte Umweltbedingungen steigern die Wahrscheinlichkeit von Atemwegserkrankungen und anderen chronischen Gesundheitsproblemen. Die wegen der Versorgungsengpässe bei Gas und Öl wahrscheinlich verstärkte Nutzung von umweltschädlichen Energieträgern wie Steinkohle verschlechtert die Luftqualität und verursacht so zusätzliche gesundheitliche Belastungen.

Ressourcenknappheit beeinträchtigt die Gesundheitsversorgung weiter, indem sie die Entwicklung und Bereitstellung präventiver und therapeutischer Dienste erschwert. Diese Einschränkungen würden die Fähigkeit der Gesundheitssysteme, chronische Krankheiten frühzeitig zu diagnostizieren und zu behandeln, deutlich verringern. Zudem belastet die gleichzeitige Zunahme von akuten Infektionskrankheiten und chronischen Erkrankungen die Gesundheitssysteme stark, was die Effizienz bei der Nutzung begrenzter Ressourcen zu einer Schwierigkeit macht.

Schließlich tragen diese gesundheitlichen und wirtschaftlichen Belastungen zur sozialen Ungleichheit bei. Benachteiligte Gruppen, die ohnehin häufiger von chronischen Gesundheitsproblemen betroffen sind, leiden aufgrund eingeschränkter Zugänge zu medizinischer Versorgung und Präventionsmaßnahmen noch stärker unter den Folgen der Energieknappheit und der steigenden Kosten.

### 5.1.3 Politische Herausforderungen, lokale und globale Ordnung

**Innenpolitik**

Wirtschaftliche Unsicherheit, als unbegründet wahrgenommene oder vermeintliche Benachteiligung, Rohstoffknappheit und Klimawandel begünstigen populistische Bewegungen und politische Polarisierung, was die politische Stabilität in Demokratien bedroht. In vielen Staaten erschweren wachsende soziale Ungleichheiten und politische Blockaden die Entwicklung von Lösungen auf nationaler und globaler Ebene. Die internen Probleme untergraben das Vertrauen in staatliche Institutionen und stärken populistische Bewegungen. Diese Probleme führen zu sozialen Spannungen, wenn Ressourcen und technologische Vorteile ungleich verteilt sind. Eine starke Abhängigkeit von öffentlich-privaten Partnerschaften begünstigt Interessenkonflikte und Korruption, was klare Regulierungen und transparente Prozesse erforderlich macht. Plattformunternehmen im Technologie- und Energiesektor bringen durch ihre Marktmacht sowohl Chancen für Innovationen als auch Risiken für Ungleichheiten und Machtkonzentration in die Gesellschaft – und es ist noch unklar, wie diese Unternehmen ihre Macht nutzen werden.

Die Kombination aus Energiekrise, Rohstoffmangel und Klimawandel zieht erhebliche soziale und politische Umwälzungen nach sich. Gesellschaften werden sich an die neuen Bedingungen anpassen müssen, was durch innovative technologische Lösungen und gesellschaftliche Reformen erleichtert werden kann. Die Anpassungsfähigkeit und Resilienz der globalen Gemeinschaft sind entscheidend, um den Problemen gerecht zu werden und eine nachhaltige Zukunft zu sichern.

**Internationale Beziehungen**

Technologische und wirtschaftliche Fortschritte können Demokratien zwar stärken, doch bleibt fraglich, wie gut sie globale Probleme lösen können, wenn geopolitische Spannungen und interne Schwierigkeiten die internationale Kooperation beeinträchtigen. Die Betonung nationaler Interessen und regionaler Machtblöcke behindern die internationale Zusammenarbeit. Die globale Wirtschaftsordnung fragmentiert sich in verschiedene Machtblöcke, was die Handelsbeziehungen und Lieferketten destabilisiert und ineffiziente Produktionsstrukturen hervorruft. Die zunehmende Fragmentierung der (globalen) Ordnung führt zu intensiveren geopolitischen Spannungen, da Staaten und Bündnisse um knappe Ressourcen und strategische Einflussgebiete konkurrieren. Diese Rivalitäten verschärfen politische und militärische Konflikte vor allem in rohstoffreichen oder strategisch bedeutsamen Regionen. Der Mangel an kritischen Rohstoffen und die ungleiche Verteilung von Ressourcen leistet Konflikten Vorschub, da Staaten ihren Zugang zu verbleibenden Ressourcen sichern wollen. Globale Institutionen werden voraussichtlich geschwächt. Das reduziert deren Fähigkeit, verbindliche Entscheidungen zu fördern oder globale Herausforderungen wie den Klimawandel effektiv anzugehen.

Verschiebungen in den Machtverhältnissen – etwa zwischen der EU, den USA, Russland, Indien und China – könnten langfristig neue geopolitische Konstellationen und Spannungen hervorrufen. Obwohl globale Zusammenarbeit existiert, erschweren divergierende nationale Interessen die Effizienz gemeinsamer Maßnahmen und deren Umsetzung. Die Schwächung internationaler Institutionen und die daraus resultierende

Entstehung von Machtvakuum begünstigen regionale Konflikte und politische Instabilitäten, vor allem in besonders anfälligen Gebieten, in denen regionale Akteure versuchen, ihre Interessen durchzusetzen.

Die durch wirtschaftliche Abhängigkeit und strategischen Wettbewerb geprägte Koexistenz der Großmächte sorgt zwar kurzfristig für Stabilität, könnte jedoch Handelskonflikte und politische Spannungen auslösen, die die globale Wirtschaft weiter belasten.

### Bedeutung der Regionalität

Die besprochene Fragmentierung erschwert die globale Zusammenarbeit. In der Folge werden Staaten verstärkt eigene anstelle von globalen Lösungsansätzen verfolgen. Als Reaktion auf Energie- und Rohstoffknappheit werden Länder stärker in regionale Allianzen eingebunden. Dies führt zu verringertem internationalem Handel und einer Fragmentierung des globalen Marktes.

Länder und Wirtschaftsblöcke versuchen, ihre Autarkie zu erhöhen, indem sie sich stärker auf lokale Ressourcen und Märkte konzentrieren. Der Trend zur Selbstversorgung verstärkt sich daher, während eine verstärkte regionale Autarkie die wirtschaftliche Resilienz einzelner Länder stärkt. Dies belastet gleichzeitig die globale wirtschaftliche Integration und Zusammenarbeit noch zusätzlich. Mit der Regionalisierung geht auch eine Betonung kultureller Unterschiede und regionaler Identitäten einher. Dies fördert sowohl die kulturelle Vielfalt, verringert aber gegebenenfalls auch den sozialen Zusammenhalt innerhalb lokaler gesellschaften wie zwischen Regionen. Regionen, die besser mit den Herausforderungen von Rohstoff- und Energieengpässen umgehen, profitieren, was bestehende regionale und wirtschaftliche Ungleichheiten verschärft. Die Verteilung von Ressourcen und technologischen Fortschritten vertieft bestehende Ungleichheiten weiter. Benachteiligte Regionen und Bevölkerungsgruppen geraten wegen fehlender Unterstützung und begrenztem Zugang zu neuen Technologien verstärkt unter Druck.

### Risiko einer wachsenden digitalen Kluft

Wenn bestimmte Länder oder Bevölkerungsgruppen von den technologischen Entwicklungen ausgeschlossen bleiben, schafft die fortschreitende Digitalisierung neue Formen der Ungleichheit. Ebenso vertieft sich die digitale Kluft, wenn der Zugang zu Technologie und Bildung ungleich verteilt ist. Das hat das Potenzial, bestehende soziale Ungleichheiten weiter zu verschärfen.

Ein Szenario, in dem Klima und Versorgungsthemen nicht im Mittelpunkt stehen, erscheint angesichts der gegenwärtigen und absehbaren Trends und Schwierigkeiten unwahrscheinlich. Die Menschheit muss sich zunehmend mit der Frage auseinandersetzen, wie sie die begrenzten Ressourcen nachhaltig nutzen kann, um eine stabile Versorgung sicherzustellen. Wie die obigen sehr kompakt dargestellten Szenarienanalysen zeigen, erfordet dies eine grundlegende Umgestaltung der Produktions- und Konsummuster, die Entwicklung neuer Technologien und die Implementierung von nachhaltigen Praktiken auf allen Ebenen der Gesellschaft (Jackson [239]).

Das Bild stellt sich noch negativer und mit noch weniger Chancen dar, wenn

- die Versorgung mit Nahrungsmitteln schwierig oder unmöglich wird,
- die Möglichkeit von Staaten, mit Steuerungsmaßnahmen einzugreifen, sinkt,
- bestimmte Ressourcen nicht mehr zur Verfügung stehen und sich ein Bugwelleneffekt zeigt,
- nationaler oder internationaler sozialer Unfrieden Folgen in allen Bereichen des Zusammenlebens hat.

### 5.1.4 Chancen

Die Notwendigkeit zur Anpassung an veränderte globale Bedingungen hat das Potenzial, maßgeblich zur Beschleunigung der technologischen Innovationen beizutragen (insbesondere in Bereichen wie nachhaltiger Energieproduktion und -versorgung, Wassermanagement und Ressourcennutzung). Unternehmen und der staatliche Sektor investieren in diesem Fall vermehrt in neue Technologien oder auch in angepasste Saatgüter. In der Landwirtschaft tragen Investitionen in fortschrittliche Agrartechnologien dazu bei, Nahrungsmittelkrisen zu bewältigen. Ebenso tragen innovative Ansätze insbesondere in der Wasseraufbereitung und nachhaltigen Energiegewinnung zur Stabilisierung der globalen Versorgungslage bei.

Die Probleme in den Bereichen Energie und Umwelt stimulieren beschleunigte technologische Entwicklungen und Innovationen. Technologische Fortschritte tragen nicht nur zur Bekämpfung des Klimawandels bei, sondern bringen auch neue, nachhaltige Technologien und verringerte Ressourcenausbeutung hervor. Trotz der zunehmenden Umweltbelastungen werden städtische Umfelder zu Zentren technologischer Innovationen: Durch den Einsatz von digitalen Technologien optimieren Städte ihren Energieverbrauch, verbessern Verkehrsflüsse und verwalten Ressourcen effizienter. Darüber hinaus unterstützt die Entwicklung von Techniken zur Energieeinsparung den Anpassungsbedarf an verschärfte Umweltbedingungen.

In Anbetracht extremer Wetterbedingungen und erhöhter Temperaturen müssen zugeschnittene städtische Anpassungsstrategien entwickelt werden. Dazu gehören der Ausbau von grünen Infrastrukturen, die Nutzung von Geothermie und reflektierender Materialien zur Reduktion des Wärmeinseleffekts sowie die Verbesserung der Energieeffizienz in Gebäuden. Diese Maßnahmen verbessern nicht nur die Lebensqualität in Städten, sondern erhöhen auch die Resilienz gegenüber den Auswirkungen des Klimawandels.

Technologische Innovationen bieten das Potenzial, Lebensbedingungen weltweit zu verbessern und Ungleichheiten zu verringern. Fortschritte in Bereichen wie Bildung,

Gesundheit und Infrastruktur kommen benachteiligten Bevölkerungsgruppen zugute, wenn sie effektiv eingesetzt und zugänglich gemacht werden.

Die Probleme der Zukunft werden absehbar vor allem im städtischen Milieu ein stärkeres Bewusstsein für Nachhaltigkeit und Ressourcenschonung fördern. Städte sind in der Lage, innovative Lösungen entwickeln, um ihre ökologischen Fußabdrücke zu reduzieren und gleichzeitig den Lebensstandard zu verbessern. Die Durchlässigkeit vom Stadt- zum Landleben wird wohl langfristig schwieriger, da die einen in der Öffentlichkeit vornehmlich als Versorger der anderen angesehen werden. Darüber hinaus verringern nachhaltigere Mobilitätslösungen die Abhängigkeit von fossilen Brennstoffen – um Rebound-Effekte zu vermeiden, werden aber politisch motiviert Kosten hoch gehalten.

Neue Technologien im Bereich der erneuerbaren Energien, Kreislaufwirtschaft und nachhaltiger Stadtentwicklung tragen dazu bei, die Krise zu bewältigen. Gleichzeitig führt die Notwendigkeit internationaler Kooperationen zur Bewältigung der globalen Probleme und, wenn sie denn eingegangen wird, zu einer Umstrukturierung der geopolitischen und wirtschaftlichen Ordnung. Trotz begrenzter Ressourcen erzielen Demokratien wirtschaftliches Wachstum, wenn sie starke Bildungssysteme nutzen, um alternative Ressourcen zu erschließen und technologische Lösungen effektiv umzusetzen. Länder, die von Krisen stark betroffen sind, profitieren durch internationale Unterstützung bei ihrem wirtschaftlichen Wiederaufbau und der Instandsetzung ihrer Infrastrukturen. Diese Hilfen haben das Potenzial, die Basis für langfristige wirtschaftliche Stabilität und Wachstum zu schaffen.

Trotz Energie- und Rohstoffkrisen ermöglichen die fortschrittlichen Technologien eine globale wirtschaftliche Transformation auch in den Bereichen digitale und grüne Technologien. Technologische Fortschritte haben das Potenzial, die Lebensqualität zu verbessern und den Zugang zu Bildung und Gesundheitsversorgung zu erleichtern, selbst unter schwierigen Bedingungen.

## 5.2 Rahmenbedingungen

### 5.2.1 Unternehmen

Die Notwendigkeit für Unternehmen, sich anzupassen und Nachhaltigkeit zu integrieren, ergibt sich aus mehreren grundlegenden Entwicklungen und Anforderungen. Diese lassen sich in ökonomische, ökologische und soziale Dimensionen unterteilen, die gemeinsam den Rahmen für eine nachhaltige Unternehmensführung bilden:

1. Ökonomische Notwendigkeiten: Anpassung an Markt- und Regulierungsdruck
   Unternehmen stehen zunehmend unter Druck, ihre Geschäftsmodelle an globale Trends wie Digitalisierung, Klimawandel und Ressourcenknappheit anzupassen. Die steigende Nachfrage nach nachhaltigen Produkten und Dienstleistungen ist ein treibender ökonomischer Faktor:

- *Marktanforderungen*: Verbraucher bevorzugen Unternehmen, die nachhaltige Praktiken anwenden. Eine Studie von Nielsen [307] zeigt, dass zwei Drittel der Konsumenten weltweit bereit sind, für nachhaltige Produkte mehr zu zahlen. Nachhaltigkeit wird somit zum Wettbewerbsvorteil – der aber vom Marketing der Unternehmen unsubstantiiert und damit missbräuchlich genutzt wird.
- *Regulierung und Governance*: Regierungen verschärfen Umweltauflagen und setzen auf verbindliche Klimaziele, wie etwa die Einhaltung des Pariser Klimaabkommens. Unternehmen müssen diese Anforderungen erfüllen, um wettbewerbsfähig zu bleiben (Porter & Kramer [335]).
- *Ressourceneffizienz*: Angesichts steigender Rohstoffpreise und knapper Ressourcen bzw. von Versorgungsengpässen ist eine ressourcenschonende Produktion nicht nur ökologisch sinnvoll, sondern wirtschaftlich notwendig.

2. Ökologische Notwendigkeiten: Klimawandel und Ressourcenknappheit
   Der Klimawandel und die Zerstörung natürlicher Lebensräume stellen existenzielle Bedrohungen dar, die Unternehmen dazu zwingen, nachhaltiger zu wirtschaften.
   - *Klimawandel*: Der anthropogene Klimawandel verursacht zunehmende Risiken wie Extremwetterereignisse, die Lieferketten unterbrechen und Produktionsstätten gefährden können (IPCC [237]). Unternehmen müssen sich diesen Risiken stellen, indem sie klimaneutrale Produktionsprozesse und Strategien entwickeln (M. Has [188]).
   - *Ressourcenknappheit*: Erschöpfte natürliche Ressourcen wie Wasser und seltene Erden zwingen Unternehmen dazu, effizientere Technologien einzusetzen und Kreislaufwirtschaftsmodelle zu implementieren (Bocken et al. [51]).
   - *Biodiversität*: Der Verlust an biologischer Vielfalt beeinträchtigt ökologische Systeme, auf die Unternehmen direkt angewiesen sind, etwa in der Landwirtschaft oder im Rohstoffsektor (Rockström et al. [350]).

3. Soziale Notwendigkeiten: Gesellschaftliche Verantwortung und Mitarbeitereinbindung
   Nachhaltigkeit ist eng mit der sozialen Dimension des Wirtschaftens verknüpft, da Unternehmen eine immer wichtigere Rolle in der Gestaltung gesellschaftlicher Entwicklungen spielen.
   - *Gesellschaftliche Erwartungen*: Stakeholder einschließlich Investoren, Kunden und Mitarbeitenden, erwarten zunehmend, dass Unternehmen sich gesellschaftlichen Herausforderungen wie Ungleichheit und Menschenrechten widmen (Freeman et al. [150]).
   - *Mitarbeiterbindung*: Nachhaltige Unternehmen schaffen attraktivere Arbeitsbedingungen und stärken so ihre Arbeitgebermarke. Dies ist ein entscheidender Faktor, um in einem angespannten Arbeitsmarkt qualifizierte Talente zu gewinnen und zu binden (Epstein & Buhovac [113]).

4. Langfristige Perspektive: Die Rolle der Unternehmen in der Transformation
   Unternehmen spielen eine Schlüsselrolle bei der Umsetzung globaler Nachhaltigkeitsziele wie den Sustainable Development Goals (SDGs) der Vereinten Nationen.

Diese Ziele setzen einen globalen Rahmen, der Unternehmen zu ökologischen, sozialen und ökonomischen Transformationen anregt (M. Has [188]).

- *Wettbewerbsvorteile durch Nachhaltigkeit*: Porter & Kramer [335] betonen, dass Shared Value – die Schaffung von wirtschaftlichem und gesellschaftlichem Nutzen – zu Innovationen und langfristiger Wettbewerbsfähigkeit führen kann.
- *Zukunftsfähigkeit sichern*: Unternehmen, die Nachhaltigkeit ignorieren, riskieren langfristig ihre Existenz. Sie werden durch disruptive Geschäftsmodelle, Regulierungen und die Präferenzen der Konsumenten verdrängt (Hart [186]).

Nachhaltigkeit ist damit als zentrale Anpassungsnotwendigkeit auch eine der Voraussetzungen für das wirtschaftliche Überleben von Unternehmen – nicht nur lediglich eine moralische Verpflichtung. Ein nachhaltiges Geschäftsmodell und praktisches Wirtschaften schützt Unternehmen vor den Risiken von Versorgungsengpässen und Klimawandel. Grundsätzlich kann selbst ein Großbetrieb die allgemeine Ressourcengrundlage kaum beeinflussen. Daher muss das Wirtschaften des Einzelunternehmens eingebettet und flankiert werden durch ein allgemeines politisches Klima, ohne das eine positive gesellschaftliche Wirkung nicht erzielbar ist.

Die Umsetzung dieser Rahmenforderungen in den konkreten unternehmerischen Alltag ist anerkanntermaßen schwierig. In den letzten Jahrzehnten haben Unternehmen vor allem Change Management erfolgreich genutzt, um diese Art von tiefgreifenden Veränderungen umzusetzen. Dieser Ansatz half, Prozesse zu strukturieren und den Übergang für Menschen innerhalb der Organisation zu erleichtern. Doch angesichts zunehmender globaler Unsicherheiten und dynamischer Marktbedingungen reicht dieser traditionelle Ansatz nicht mehr aus. Unternehmen müssen sich auf einen permanenten Wandel einstellen. Change Management ist damit kein einmaliger Prozess. Vielmehr beschreibt das Wort einen kontinuierlichen Zustand, der Agilität und Flexibilität voraussetzt und den es zu erhalten gilt. Das Schlagwort *Organizational Agility* beschreibt in diesem Zusammenhang die Fähigkeit einer Organisation, schnell auf neue Probleme wie auch auf Chancen zu reagieren. Dafür braucht es angepasste Strukturen, dynamische Fähigkeiten und eine lernende Kultur.

1. Dynamische Fähigkeiten entwickeln

   Um in einem sich schnell wandelnden Umfeld zu bestehen, sind dynamische Fähigkeiten essenziell. Sie erleichtern es Organisationen, Ressourcen neu zu konfigurieren und Prozesse flexibel anzupassen (Teece et al. [412]). Konkret bedeutet das:

   - *Proaktives Ressourcenmanagement*: Unternehmen sollten regelmäßig ihre vorhandenen Ressourcen analysieren und neu zuweisen, um auf veränderte Marktbedingungen zu reagieren. Ein Beispiel ist die Umstellung von Produktionskapazitäten auf klimafreundlichere Technologien, das Ecodesign hin zu einer Kreislaufwirtschaft und den Aufbau einer entsprechenden Logistik (M. Has [189]).
   - *Technologieintegration*: Organisationen sollten kontinuierlich insbesondere Plattformtechnologien einführen und so optimieren, dass eine Wiedernutzung

von Technologieelementen in verschiedenen Produkten sowie deren Austausch im Feld ermöglicht wird. Hierbei sind Pilotprojekte unerlässlich, um deren Effektivität zu testen, bevor sie in größerem Maßstab implementiert werden.

2. Eine lernende Organisation aufbauen

Eine lernende Organisation bleibt langfristig anpassungsfähig. Peter Senge [378] beschreibt in *„Die fünfte Disziplin"*, wie Unternehmen kontinuierlich neue Erkenntnisse generieren und in ihre Arbeitsweise integrieren können. Praktische Schritte sind dabei

- *Feedback-Schleifen etablieren*: Regelmäßige Retrospektiven oder Lessons-Learned-Workshops helfen, aus Fehlern und Erfolgen zu lernen. Eine Unternehmenskultur ist erforderlich, die den offenen Austausch auch über Fehler gestattet.
- *Wissen teilen*: Digitale Plattformen können den internen Wissensaustausch erleichtern, z. B. durch Wikis oder interne Foren.
- *Kulturwandel fördern*: Mitarbeitende sollten ermutigt werden, Risiken einzugehen und innovative Ideen einzubringen. Dies erfordert Führungskräfte, die Vorbilder im Experimentieren und Lernen sind.

3. Agilität und Governance-Strukturen anpassen

Agile Methoden wie Scrum, Kanban oder Lean Management können Organisationen helfen, Veränderungen schneller und effektiver zu bewältigen. Diese Methoden setzen auf iterative Prozesse und kurze Feedback-Zyklen. Konkrete Anwendungen:

- *Kleine, autonome Teams*: Teams sollten Entscheidungsspielräume erhalten, um schnell auf lokale Gegebenheiten reagieren zu können.
- *Cross-funktionale Zusammenarbeit*: Abteilungen wie Marketing, Entwicklung und Produktion arbeiten gemeinsam an Projekten, um den Austausch von Wissen zu fördern und Barrieren zwischen ihnen abzubauen.
- *Transparente Entscheidungsprozesse*: Klare Kommunikationskanäle und regelmäßige Updates erleichtern es allen Beteiligten, auf dem gleichen Stand zu bleiben (Levin et al. [263]).

4. Eine nachhaltige Unternehmenskultur schaffen

Unternehmen müssen eine Kultur der Nachhaltigkeit fördern, die sowohl intern als auch extern wirkt. Ziel ist es, Mitarbeitende, Lieferketten und Kunden für langfristige Veränderungen zu gewinnen.

- *Nachhaltigkeit in den Alltag integrieren*: Maßnahmen wie plastikfreie Büros oder $CO_2$-neutrale Produktionsprozesse sind erste Schritte.
- *Bewusstsein schaffen*: Schulungen und Workshops helfen Mitarbeitenden, den Klimawandel und die Ressourcenschonung zu verstehen und sich aktiv einzubringen.
- *Gemeinsame Werte definieren*: Unternehmen sollten Nachhaltigkeit als zentralen Wert in ihre Unternehmenskultur verankern und diesen in Mission und Vision reflektieren.

5. Innovation und Experimente fördern

   Innovation erfordert ein Umfeld, das Experimente und neue Ideen unterstützt. Unternehmen müssen Mut zeigen, um Neues auszuprobieren. Dafür braucht es

   – *Investitionen in Forschung und Entwicklung*: Neue und langlebige Technologien, z. B. für erneuerbare Energien, können langfristig Wettbewerbsvorteile schaffen.

   – *Partnerschaften nutzen*: Kooperationen mit Start-ups oder Forschungseinrichtungen können den Innovationsprozess beschleunigen.

   – *Offene Fehlerkultur*: Fehler sollten als Lernchancen betrachtet werden. Hier helfen Anreizsysteme, die risikofreudiges Handeln belohnen.

6. Die Gesellschaft einbeziehen

   Unternehmen müssen nicht nur intern handeln, sondern auch extern Verantwortung übernehmen. Dazu gehört

   – *Empowerment der Mitarbeitenden und der Gesellschaft*: Bürger und Mitarbeitende sollten aktiv in Entscheidungsprozesse eingebunden werden, etwa durch Umfragen oder Workshops.

   – *Zusammenarbeit über Sektoren hinweg*: Unternehmen, Regierungen und NGOs sollten gemeinsame Lösungen entwickeln, um globale Probleme wie den Klimawandel anzugehen.

   Unternehmen müssen sich durch praktische Schritte für die Entwicklung einer zukunftsfähigen Organisation von statischen Strukturen lösen und stattdessen kontinuierliche Anpassungsfähigkeit fördern. Agilität, dynamische Fähigkeiten und eine lernende Kultur sind keine theoretischen Konzepte, sondern konkrete Werkzeuge, um langfristig erfolgreich zu bleiben. Die Investition in Nachhaltigkeit, Innovation und Zusammenarbeit wird nicht nur die Wettbewerbsfähigkeit sichern, sondern auch einen positiven Beitrag zur Gesellschaft leisten.

### 5.2.2 Staaten

Wie Unternehmen haben Staaten eine Vielzahl von Optionen, um Rahmenbedingungen für Nachhaltigkeit zu fördern und in ihre politischen, wirtschaftlichen und gesellschaftlichen Strukturen zu integrieren. Diese Bedingungen lassen sich in verschiedene Kategorien einteilen.

1. Gesetzgebung und Regulierung

   – *Umweltschutzgesetze*: Staaten können gesetzliche Rahmenbedingungen schaffen, die den Schutz von Natur und Umwelt sicherstellen. Dazu gehören beispielsweise Emissionsgrenzen für $CO_2$, Abfallmanagement-Vorschriften, Wasser- und Luftqualitätsgesetze sowie die Förderung von Kreislaufwirtschaftsmodellen und vieles mehr.

   – *Nachhaltige Beschaffung*: Gesetze, die den öffentlichen Sektor verpflichten, nur noch nachhaltig produzierte Güter und Dienstleistungen zu beschaffen.

- *Bau- und Stadtplanungsvorschriften*: Fördern von energieeffizienten Gebäuden, nachhaltiger Infrastruktur und grünen Städten, z. B. durch die Einführung von Energieeffizienzstandards oder durch die Förderung von grünen Baustandards.

2. Finanzielle Anreize und Subventionen
   - *Steuerliche Anreize*: Staaten können umweltfreundliche Investitionen durch Steuervergünstigungen oder -erleichterungen fördern, wie z. B. für die Nutzung erneuerbarer Energien oder den Kauf von Elektrofahrzeugen.
   - *Subventionen und Förderprogramme*: Direkte staatliche Fördermittel und Zuschüsse für Unternehmen und Haushalte, die in nachhaltige Technologien oder Praktiken investieren, wie z. B. Solarenergie, Windkraft oder Elektromobilität.
   - *Umweltsteuern*: Einführung von „Pigou-Steuern" auf umweltschädliche Produkte oder Dienstleistungen (z. B. $CO_2$-Steuer, Plastiksteuer), die den Markt in eine nachhaltigere Richtung lenken sollen.

3. Bildung und Aufklärung
   - *Öffentlichkeitsarbeit und Bildung*: Staaten können Programme zur Förderung von Umweltbewusstsein und Nachhaltigkeitsbildung entwickeln. Dies kann durch Schulen, Universitäten, Medienkampagnen und öffentliche Informationsinitiativen erfolgen.
   - *Förderung von Forschung und Innovation*: Unterstützung von Forschungsprojekten, die neue nachhaltige Technologien und innovative Lösungen entwickeln, z. B. in den Bereichen erneuerbare Energien, Kreislaufwirtschaft oder nachhaltige Landwirtschaft.

4. Internationale Zusammenarbeit und Diplomatie
   - *Teilnahme an internationalen Abkommen*: Staaten können sich internationalen Klimaschutzabkommen und Nachhaltigkeitsinitiativen anschließen wie z. B. dem Pariser Abkommen, den UN-Nachhaltigkeitszielen (SDGs) oder der Agenda 2030.
   - *Finanzielle Unterstützung für Entwicklungsländer*: Durch die Bereitstellung von Entwicklungszusammenarbeit können Industrieländer den globalen Süden bei der Förderung von Nachhaltigkeit unterstützen (z. B. durch den Ausbau erneuerbarer Energien oder den Schutz von Regenwäldern).
   - *Handelsabkommen und nachhaltige Lieferketten*: Staaten können durch Handelsabkommen und internationale Partnerschaften die Einführung von Nachhaltigkeitskriterien in globalen Lieferketten fördern.

5. Förderung nachhaltiger Wirtschaftssysteme
   - *Green Economy und Kreislaufwirtschaft*: Förderung von Wirtschaftsmodellen, die auf Ressourcen-Effizienz und langfristige Umweltschutzaspekte setzen. Dazu gehört die Unterstützung von Unternehmen, die zirkuläre Geschäftsmodelle etablieren, bei denen Produkte repariert, wiederverwendet oder recycelt werden.

- *Nachhaltige Landwirtschaft*: Unterstützung von Agrarpraktiken, die die Umwelt schonen, wie z. B. biologischer Landbau, agroökologische Ansätze und die Reduktion von Pestiziden und chemischen Düngemitteln.
- *Nachhaltige Mobilität*: Förderung von emissionsfreien Verkehrslösungen wie Elektrofahrzeugen, öffentlichen Verkehrsmitteln und Radwegen.

6. Verhaltensänderung durch gesellschaftliche Anreize
   - *Förderung nachhaltigen Konsums*: Staaten können durch Aufklärung, gesetzliche Vorgaben oder Anreize den Konsum von nachhaltig produzierten Gütern fördern und Konsummuster ändern, z. B. durch die Einführung von Verboten für Einwegplastik oder durch die Unterstützung nachhaltiger Verpackungslösungen.
   - *Verhaltensökonomische Instrumente*: Einführung von Maßnahmen wie „nudge"-Ansätzen, um umweltbewusstes Verhalten zu fördern wie z. B. Rabatte für den Kauf von umweltfreundlichen Produkten oder die Einführung von Programmen, die das Recyclingverhalten von Bürgern belohnen.

7. Stärkung der Resilienz gegenüber Klimawandel
   - *Wirtschaftliche Resilienz*: Der Übergang erfordert kulturelle und wirtschaftliche Resilienz sowie Anpassungsstrategien, um die Auswirkungen abzumildern (Stern [399]). Dies bedeutet, dass Staaten wirtschaftspolitische Maßnahmen entwickeln müssen, die sowohl wirtschaftliche Stabilität als auch Nachhaltigkeit fördern.
   - *Klimaanpassungsstrategien*: Entwicklung und Umsetzung von Maßnahmen zur Anpassung an den Klimawandel, etwa durch den Ausbau von Hochwasserschutzanlagen, nachhaltige Landnutzung und den Schutz von Ökosystemen, die als Puffer gegen extreme Wetterereignisse wirken.
   - *Förderung von grünen Infrastrukturprojekten*: Zum Beispiel die Begrünung von Städten, den Schutz von Wäldern und Feuchtgebieten und die Wiederherstellung von Ökosystemen, die helfen, das Klima zu stabilisieren und die Biodiversität zu erhalten.

Staaten haben offenbar wegen ihrer Doppelrolle als Auftraggeber und Arbeitgeber eine Schlüsselrolle bei der Förderung von Nachhaltigkeit. Handlungsoptionen reichen von legislativen Maßnahmen über wirtschaftliche Anreize bis hin zu internationalen Kooperationen. Die Herausforderung besteht darin, verschiedene Ansätze zu kombinieren und effektiv umzusetzen, um auf globaler und lokaler Ebene eine nachhaltige Entwicklung zu fördern und die drängenden Umweltprobleme zu bewältigen.

Das politische Agieren der Volksvertreter oder derer, die sich zur Wahl stellen, spielt offenbar auch eine entscheidende Rolle, denn ohne durch Verhalten repräsentierte Werte ist eine sich selbst neu definierende Gesellschaft nur schwer vorstellbar.

Im Folgenden sollen drei Aspekte des staatlichen Agierens hervorgehoben werden: Bildung, Innovationen und staatliches Wirtschaften – Bildung, weil in diesem Bereich nach Ansicht des Autors zu wenig getan wird, und Innovationen, weil nach Ansicht des

Autors zu große Hoffnungen in Innovationen gelegt werden. Nachhaltiges Wirtschaften kann (und muss) auf allen Ebenen der Gesellschaft stattfinden.

## 5.3 Bildung

Bildung ist entscheidend für die Entwicklung von Problemlösungskompetenzen, die Fähigkeiten wie Problemerkennung, -analyse und die Auswahl geeigneter Lösungswege umfasst (OECD [315]). Sie fördert neben Wissen auch kognitive Fähigkeiten, wie sie erforderlich sind, um komplexen Problemen in verschiedenen Bereichen zu begegnen. Ein grundlegendes Verständnis wissenschaftlicher und gesellschaftlicher Konzepte schafft auch die Basis für eine interdisziplinäre Herangehensweise an Probleme. Darüber hinaus kann Bildung die Fähigkeit stärken, das eigene Denken zu reflektieren und Problemlösungsstrategien anzupassen (Swanson [407]). Diese Fähigkeit zur Selbstüberwachung erhöht die Flexibilität und Anpassungsfähigkeit bei der Problemlösung. Bildung fördert auch kooperative Fähigkeiten, wie sie für die Lösung komplexer Aufgaben essenziell sind. Kooperatives Lernen fördert zudem die kollektive Problemlösung (Johnson & Johnson [240]). Kreativität und Innovation für unkonventionelle Problemlösungen werden durch bildungsfördernde Umgebungen unterstützt. Insgesamt schafft Bildung die Basis für effektive Problemlösungsstrategien durch Wissen, kognitive Flexibilität sowie soziale und kreative Kompetenzen.

### 5.3.1 Bildung für nachhaltige Entwicklung

Die Hauptaufgabe der Bildung im 21. Jahrhundert liegt wahrscheinlich darin, Menschen auf eine global vernetzte, technologisch fortgeschrittene und ökologisch herausfordernde Welt vorzubereiten. Neben digitalen und technischen Kompetenzen ist die Fähigkeit, bestehende Lösungen weiterzubetreiben, in einer Welt entscheidend, die durch soziale und wirtschaftliche Unsicherheiten geprägt ist (World Economic Forum [474]). Bildung muss in dem Zusammenhang sowohl kritisches Denken, Teamarbeit und Kommunikationsfähigkeiten als auch digitale Kompetenz („21st Century Skills" (Anderson [17])) vermitteln. Kritisches Denken ist zentral, um fundierte Entscheidungen in einer von Informationen und Desinformationen geprägten Welt zu treffen.

Mit der fortschreitenden Digitalisierung werden digitale Fähigkeiten einschließlich eines Verständnisses für ethische und gesellschaftliche Implikationen immer wichtiger. Die vierte industrielle Revolution und künstliche Intelligenz verändern den Arbeitsmarkt grundlegend, was eine Vorbereitung auf neue Anforderungen erforderlich macht (Schwab [373]). Auch manuelle Fähigkeiten und die Nutzung einfacher Technologien werden in Zukunft relevant bleiben, besonders angesichts begrenzter Ressourcen und schadhafter werdender Infrastruktur.

Bildung für nachhaltige Entwicklung (auch als BNE abgekürzt) schärft das Bewusstsein für Umwelt- und Gesellschaftsfragen und befähigt Lernende, verantwortungsvolle Entscheidungen zu treffen (UNESCO [424]). Lehrkräfte spielen dabei eine Schlüsselrolle, müssen jedoch selbst kontinuierlich weitergebildet werden, um zeitgemäße Kompetenzen zu vermitteln. Unterschiedliche Zugänge zu Bildung bleiben ein Problem, da wohlhabende Familien deutlich mehr Ressourcen für hochwertige Bildung bereitstellen können (OECD [316]).

## 5.3.2 Utopie, Vision und Planung

Die oben (Kapitel 3.2 und 3.3) und im Anhang skizzierten Szenarien zeigen, dass neue Visionen und Ziele erforderlich sind, um künftige Herausforderungen anzugehen. Bildung spielt hierbei eine ausschlaggebende Rolle, da sie die Entwicklung von Kreativität und divergentem Denken fördert – wesentliche Fähigkeiten für die Schaffung von Visionen. Verschiedene Bildungskonzepte adressieren diese Verbindung wie beispielsweise die sogenannte Futures Literacy, Transformative Bildung, Bildung als sozialer Katalysator oder auch Systemisches Denken. Siehe auch Abbildung 5.1 unten.

### Unterschied zwischen Utopien und Visionen

Utopien, wie in Thomas Morus' *Utopia* (1516) beschrieben, stellen ideale, fiktive Gesellschaften dar, die als Spiegelbild gesellschaftlicher Probleme dienen. Visionen hingegen sind realistische, langfristige Zielvorstellungen, die konkrete Veränderungen anregen können (Kotter [251]). Dystopien als negative Gegenentwürfe verdeutlichen mögliche unerwünschte Entwicklungen und motivieren zum Handeln. Utopien, Visionen und Dystopien unterscheiden sich somit in ihrer Erreichbarkeit und praktischen Anwendbarkeit.

Die Entwicklung von Visionen ist für die gesamte Gesellschaft von Bedeutung: Eine Studie aus dem Jahr 2021 zeigt, dass zwei Drittel der Deutschen mit Ängsten in die Zukunft blicken. Diese resignative Haltung, oft als „No Future"-Modus bezeichnet, hat weitreichende Konsequenzen. Sie führt zu einem Zustand, in dem es Einzelnen und der Gesellschaft schwerfällt, sich eine positive und gemeinsame Zukunft vorzustellen.

### Beispiele für Visionen

Es gibt neben religiösen, sozialen und technischen Visionen noch viele weitere Arten von Visionen. Tabelle 5.1 zeigt eine Übersicht verschiedener Visionen (und Begriffsauslegungen) mit Beispielen.

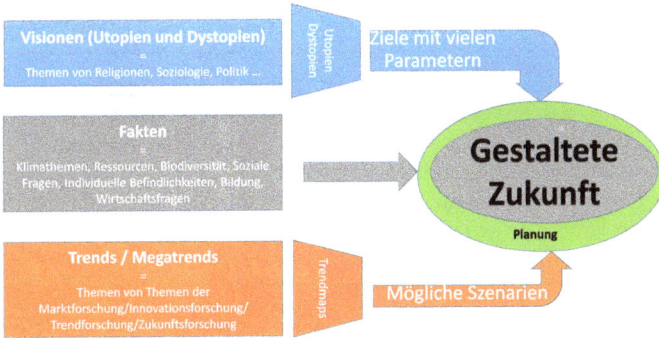

**Abb. 5.1:** Fakten, Utopien, Dystopien und Visionen sowie Trends. Visionen fußen auf Utopien und Dysto-pien. Sie werden zu Zielen, die zur genaueren Beschreibung mit Parametern versehen werden. Utopien und Dystopien ihrerseits haben ihren Ursprung in gesellschaftlichen Idealen oder religiösen Werten: Ziele müssen in Einklang sein mit Fakten – es ist klar, dass, – wenn keine Energie vorhanden ist, eine energie-konsumierende Zukunftsvision nicht realisiert werden kann, und dass, wenn kein Geld und kein Vertrauen da sind, nicht investiert wird. Die heutige Realität mit der Erfahrung aus der Vergangenheit und den Fak-ten der Gegenwart führt zu Trends, die, in Szenarien geordnet, in der Lage sind, mögliche Zukünfte zu beschreiben. Visionen dienen auch hier als Richtschnur, um diese Zukünfte zu bewerten und Präferenzen zu bilden und auch anhand von Wünschen und Ablehnungen Prämissen für Zukünftiges und Planungen zu entwickeln. Der gemeinsame Nenner allen Handelns ist dabei die Vorstellung einer möglichen oder idealen Zukunft.

**Beispiele für Dystopien**

Dystopien sind Visionen einer zukünftigen Gesellschaft, die stark negativ geprägt sind und auf einer pessimistischen Perspektive beruhen. Dystopien lassen sich als Warnun-gen vor möglichen negativen Entwicklungen verstehen. Sie setzen sich heute vielfach mit sozialen, technologischen und ökologischen Themen auseinander. Sie reflektieren Ängste und Herausforderungen, die in der Gegenwart häufig bereits sichtbar sind, und stellen mögliche Extremformen dieser Probleme dar. Dystopische Visionen, die in Litera-tur oder Film dargestellt werden, wollen häufig auf gegenwärtige Missstände aufmerk-sam machen. Als technologische Visionen betreffen sie die Auswirkungen von techno-logischem Fortschritt auf die Zukunft der Gesellschaft und reichen von Utopien der vollständigen Automatisierung bis hin zu Szenarien, in denen Technologie die Kontrol-le über menschliches Leben übernimmt (Kurzweil [254]). Das geschieht in einer Vision einer technologischen Singularität, bei der künstliche Intelligenz die menschliche Intel-ligenz übertrifft.

Einige bekannte Beispiele für Dystopien aus Literatur und Film sind in Tabelle 5.2 zusammengefasst.

Die Auseinandersetzung mit Utopien und Dystopien ermöglicht es, soziale und po-litische Strukturen kritisch zu hinterfragen und alternative Zukunftsperspektiven zu entwickeln, die dann wiederum mit Bildung zu einer Realität werden können. Visionen

**Tab. 5.1:** Übersicht verschiedener Visionen (und Begriffsauslegungen) mit Beispielen.

| Visionen | Beschreibung | Beispiele |
|---|---|---|
| Politische Visionen | Politische Visionen umfassen Ideen für gesellschaftliche und staatliche Strukturen, die z. B. eine gerechtere, friedlichere oder effizientere Welt anstreben. Sie reichen von Visionen einer idealen Demokratie bis hin zu revolutionären politischen Bewegungen. | Der „Kommunismus" als eine klassenlose Gesellschaft. Die Vision der Europäischen Union |
| Wirtschaftliche Visionen | Diese Visionen befassen sich mit der Zukunft von Märkten, Ressourcen und Verteilung. Sie umfassen Konzepte wie nachhaltiges Wirtschaften, die Sharing Economy oder eine Postwachstumsökonomie. | John Maynard Keynes' Vision einer Zukunft, in der technischer Fortschritt dazu führt, dass Menschen weniger arbeiten und mehr Freizeit haben. |
| Kulturelle Visionen | Diese Visionen beziehen sich auf die Entwicklung von Kunst, Kultur und Identität innerhalb von Gesellschaften. Sie werden durch Bewegungen wie die Renaissance, die Aufklärung oder moderne Kunstströmungen wie den Surrealismus angestoßen. | Die „Kultur der Achtsamkeit", die eine bewusste, achtsame und nachhaltige Lebensweise fördert. |
| Bildungsvisionen | Visionen im Bereich Bildung umfassen Ideen zur Verbesserung von Lernmethoden, zur Bildungsgerechtigkeit und zum lebenslangen Lernen. Sie richten sich oft auf die Anpassung von Bildungssystemen an technologische und gesellschaftliche Veränderungen. | Die Vision einer Bildung fokussiert auf Kreativität und individuelle Talente statt starrer Lehrpläne und Prüfungen. |
| Umweltvisionen | Diese Visionen zielen darauf ab, nachhaltige und ökologische Lebensweisen zu fördern und den Klimawandel zu bekämpfen. Sie umfassen oft Konzepte wie nachhaltige Landwirtschaft, erneuerbare Energien und Artenschutz. | „100 % erneuerbare Energie" |
| Visionen in der Gesundheitsversorgung | Diese Visionen betreffen die Zukunft der medizinischen Versorgung, Gesundheitsgerechtigkeit und Technologien wie die personalisierte Medizin oder Telemedizin. | „Globaler Zugang zu Gesundheit" |
| Philosophische Visionen | Philosophische Visionen beschäftigen sich mit existenziellen und ethischen Fragen des menschlichen Lebens und der Gesellschaft. Sie umfassen Ideen wie Utopien oder dystopische Zukunftsszenarien. | Morus' „Utopia" – eine Gesellschaft, geprägt durch Gemeineigentum und Rationalität |
| Philosophische Visionen | In der *Philosophie* kann eine Vision als idealistische oder utopische Vorstellung dessen verstanden werden, was eine Gesellschaft erreichen sollte. Solche Visionen reflektieren oft normative Werte und zielen darauf ab, soziale Strukturen oder politische Systeme zu verbessern (Bloch [46]). | Platons „Politeia" (Der Staat) als Vision einer idealen Gesellschaft |

**Tab. 5.1** (Fortsetzung)

| Visionen | Beschreibung | Beispiele |
|---|---|---|
| Vision in der Unternehmens-führung | Im *Management* ist eine Vision ein strategisches Leitbild, das den langfristigen Erfolg eines Unternehmens definieren soll. Es bietet Orientierung und Inspiration für Führungskräfte und Mitarbeiter und legt die zukünftige Ausrichtung der Organisation fest. Visionsarbeit ist ein Bestandteil der strategischen Unternehmensplanung (Kotter [251]). | Vision von Tesla und dessen Vorstellung einer Beschleunigung des Übergangs zu nachhaltiger Energie |
| Religiöse Visionen | In der *Religion* sind Visionen unter anderem bezogen auf mystische oder spirituelle Offenbarungen und werden als göttliche Eingebungen interpretiert, die eine bestimmte Vorstellung von der Zukunft vermitteln oder eine Anweisung für das Handeln im Jetzt geben. Visionen dienen in vielen Religionen der Interpretation der göttlichen Vorsehung. | Die Visionen der biblischen Propheten oder denen anderer Religionen als Vermittler göttlicher Botschaften, die nicht zwangsläufig Zukunftsprognosen enthalten müssen aber offenbaren, mahnen, kritisieren, Führen und eben die Zukunft weissagen |

sind für die strategische Planung unerlässlich, da sie Entwicklungen lenken, sei es in Unternehmen oder politischen Programmen (Porter & van der Linde [336]).

**Historische Visionen und ihre Realisierung**

Visionen der 1950er Jahre wie die Dominanz der Atomenergie oder die Kolonisierung des Weltraums wurden durch technologische und gesellschaftliche Realitäten in ihrer Umsetzung begrenzt. Die Atomkraft trägt heute nur etwa 10 % zur globalen Energieversorgung bei (World Nuclear Association [476]) und, obwohl Raumfahrtmissionen fortschreiten, bleiben Mars-Siedlungen ein fernes Ziel. Technologische Fortschritte wie das Internet, die damals noch nicht am Horizont waren, prägen hingegen maßgeblich die heutige Gesellschaft.

**Von Vision zur Umsetzung**

Um Visionen in die Realität umzusetzen, ist ein systematischer Prozess erforderlich – Schritte dieses Prozesses können sein

1. Visionsentwicklung,
2. Analyse und Forschung,
3. Strategieentwicklung,
4. Planung und Ressourcenallokation,
5. Implementierung,
6. Überwachung und Anpassung.

**Tab. 5.2:** Beispiele für Dystopien aus der Literatur und Filmen.

| Autor/Titel (Quellenangabe) | Inhalt | Thema |
|---|---|---|
| George Orwell – „1984" (G. Orwell 1949) | Orwells Roman ist eine der bekanntesten dystopischen Darstellungen, in der ein totalitärer Überwachungsstaat die Gedanken und Handlungen der Bürger kontrolliert. Der „Große Bruder" beobachtet alles, und die Regierung manipuliert die Wahrheit durch „Neusprech" und „Gedankenverbrechen". | Totalitarismus, Überwachung, Propaganda |
| Aldous Huxley – „Schöne neue Welt" (A. Huxley 1932) | Huxleys Vision beschreibt eine Gesellschaft, in der Menschen durch Technologie und genetische Manipulation kontrolliert werden. Konsum und das Medikament „Soma" sorgen für Zufriedenheit, während individuelle Freiheit und echte Emotionen unterdrückt werden. | Konsumgesellschaft, Manipulation, Technokratie |
| Margaret Atwood – „Der Report der Magd" (The Handmaid's Tale) (M. Atwood 1985) | Diese dystopische Vision beschreibt eine Gesellschaft, in der Frauen als Gebärmaschinen versklavt werden. Das patriarchalische Regime von Gilead unterdrückt Frauenrechte und nutzt religiöse Dogmen, um die Gesellschaft zu kontrollieren. | Patriarchat, religiöser Fanatismus, Unterdrückung von Frauen |
| Ray Bradbury – „Fahrenheit 451" (R. Bradbury 1953) | In dieser Dystopie sind Bücher verboten, und „Feuerwehrleute" verbrennen sie, um die Bevölkerung vor gefährlichen Ideen zu schützen. Es ist eine Zukunft, in der die Gesellschaft durch flache Unterhaltung und Gleichgültigkeit gegenüber Wissen manipuliert wird. | Zensur, Anti-Intellektualismus, Massenmedien |
| Suzanne Collins – „Die Tribute von Panem" (S. Collins 2008) | Diese Romanreihe beschreibt eine Zukunft, in der die Gesellschaft in reiche und arme Distrikte aufgeteilt ist. Jährlich finden brutale Spiele statt, bei denen Kinder gegeneinander kämpfen müssen, während die Elite sich daran ergötzt. | soziale Ungleichheit, Gewalt, Kontrolle durch Unterhaltung |
| Philip K. Dick – „Träumen Androiden von elektrischen Schafen?" (Blade Runner) (P. K. Dick 1968) | Diese dystopische Erzählung, die als Vorlage für den Film „Blade Runner" diente, spielt in einer post-apokalyptischen Welt, in der künstliche Menschen (Replikanten) von der Gesellschaft verfolgt werden. Die Grenze zwischen Mensch und Maschine wird zunehmend verschwommen. | Identität, künstliche Intelligenz, Entfremdung |
| Kazuo Ishiguro – „Alles, was wir geben mussten" (Never Let Me Go) (K. Ishiguro 2005) | Dieser Roman schildert eine Zukunft, in der Klone gezüchtet werden, um als Organspender für echte Menschen zu dienen. Die Klone haben nur eine begrenzte Lebensspanne und sind sich ihrer Bestimmung bewusst, ohne die Chance auf ein alternatives Leben. | Ethik der Biotechnologie, Verlust der Individualität |

**Tab. 5.2** (Fortsetzung)

| Autor/Titel (Quellenangabe) | Inhalt | Thema |
|---|---|---|
| Terry Gilliam – „Brazil" (T. Gilliam 1985) | Dieser Film beschreibt eine dystopische Zukunft, in der Bürokratie und Technologie das Leben der Menschen vollständig dominieren. Menschen leben in einem kafkaesken System der Überwachung und Kontrolle, in dem individuelle Freiheit nicht existiert. | Bürokratie, Überwachungsstaat, Verlust der Freiheit |
| Cormac McCarthy – „Die Straße" (The Road) (C. McCarthy 2006) | In dieser post-apokalyptischen Dystopie überleben ein Vater und sein Sohn in einer durch eine nicht näher spezifizierte Katastrophe zerstörten Welt. Es gibt kaum Nahrung, und der Überlebenskampf wird durch Gewalt und die ständige Bedrohung durch andere Menschen geprägt. | Überleben, post-apokalyptische Welt, Verfall der Zivilisation |
| Octavia Butler – „Parable of the Sower" (O. E. Butler 1993) | In einer nahen Zukunft, in der die Gesellschaft zusammengebrochen ist und Umweltkatastrophen die USA zerstört haben, gründet die junge Protagonistin eine neue religiöse Bewegung, um eine bessere Zukunft zu schaffen. | Ökologische Zerstörung, soziale Ungleichheit, Religion |

Praxisbeispiele wie die „Europa 2020"-Strategie der EU oder die Mars-Missions-Planung der NASA verdeutlichen, wie Visionen durch fundierte Planung und kontinuierliche Anpassung in greifbare Ergebnisse überführt werden können.

### 5.3.3 Lernen als Auftrag der Bildung

Die Verlangsamung des wirtschaftlichen Wachstums und technologische Innovationen werden erhebliche Anpassungsschwierigkeiten für viele Gemeinschaften darstellen. Während technologische Fortschritte einerseits neue Möglichkeiten schaffen, können sie andererseits Lebensgrundlagen beeinträchtigen und Unsicherheit verstärken (World Bank [468]; Brynjolfsson & McAfee [63]). Bildung wird als Schlüssel betrachtet, um Innovationspotenziale zu fördern, soziale Kohäsion zu stärken und kulturelle Resilienz aufzubauen (Schwab [373]; Huntington [205]).

**Inhalte**

Bildung muss Lernende auf neue komplexe globale Schwierigkeiten wie Klimawandel, Ressourcenknappheit und technologische Veränderungen und deren lokale Implikationen vorbereiten. Sie muss praxisorientierte Fähigkeiten fördern und darauf vorbereiten, kreative, nachhaltige und gesellschaftlich verantwortliche Lösungen zu entwickeln (IPCC [236]; World Bank [468]). Dazu sind z. B. Lerninhalte aus den Bereichen der Klimawissenschaften, Technologie und Handwerk, kritisches Denken, soziale und emotionale Kompetenz notwendig.

Hinzu kommt die Vermittlung von praktischen Teamerfahrungen wie Gruppensport oder auch kulturelle Aktivitäten, die Werte vermitteln sollen und die persönliche Entwicklung unterstützen. Dieses Anforderungsprofil setzt sich in den Hochschulen fort – auch die Hochschulbildung muss interdisziplinärer und praxisorientierter werden, um auf komplexe Problemstellungen zu reagieren. Studiengänge konzentrieren sich auf nachhaltige Technologien, Klimaforschung, Gesundheitswissenschaften und Datenanalyse. Zudem gewinnen hybride Lernformate und lebenslanges Lernen an Bedeutung, um den sich wandelnden Arbeitsmarktanforderungen gerecht zu werden (Schilling [368]).

Diese Entwicklung ist begleitet von absehbar ausgeprägten finanziellen Engpässen der Hochschulen und steigenden Lebenshaltungskosten der Studierenden, die zu sinkenden Studierendenzahlen führen (Lee [261]). Die Option, durch öffentlich-private Partnerschaften Hochschulen zu finanzieren, existiert natürlich, birgt aber das Risiko inhaltlicher Einflussnahme.

## Mechanismen des Lernens

Lernen basiert auf grundlegenden Mechanismen, die beschreiben, wie Individuen und Systeme Informationen aufnehmen, verarbeiten und in Verhalten oder Wissen umwandeln. Im Folgenden sollen zuerst die Mechanismen beschrieben werden, die sich wahrscheinlich nicht für das Lernen von gesellschaftlich neuen, komplexen Inhalten wie nachhaltigem Leben oder dem Umgang mit Versorgungsengpässen eignen. Anschließend sollen die Mechanismen gezeigt werden, die dafür geeigneter erscheinen.

Nicht alle Mechanismen, die zu Veränderungen im Verhalten führen, eignen sich für das Erlernen komplexer und neuer Inhalte wie nachhaltiges Leben oder den Umgang mit Ressourcenknappheit. Für das Lernen neuer Inhalte, insbesondere von nachhaltigem Leben und dem Umgang mit Versorgungsengpässen, sind Mechanismen erforderlich, die langfristiges, flexibles und umfassendes Wissen fördern. Hier spielt das kognitive Lernen eine zentrale Rolle. Dieser Mechanismus ermöglicht es, Wissen aktiv aufzunehmen, zu verarbeiten und in bestehende Denkmuster zu integrieren. Nachhaltiges Leben erfordert ein tiefes Verständnis komplexer Zusammenhänge wie etwa die Auswirkungen des eigenen Konsumverhaltens auf die Umwelt oder die Bedeutung von Kreislaufwirtschaft. Kognitives Lernen bietet hier die Grundlage, da es nicht nur Wissen vermittelt, sondern auch die Fähigkeit fördert, dieses Wissen in verschiedenen Kontexten anzuwenden.

Ein weiterer Mechanismus ist das soziale Lernen. Durch Beobachtung und Nachahmung von Vorbildern – sei es durch nachhaltige Communities, öffentliche Kampagnen oder Bildungseinrichtungen – können Menschen motiviert werden, neue Denk- und Handlungsmuster zu übernehmen. Soziale Lernprozesse fördern nicht nur das Verständnis, sondern schaffen auch eine soziale Grundlage für die Akzeptanz und Verbreitung nachhaltigen Verhaltens.

Schließlich ist das Modelllernen, eine spezifische Form des sozialen Lernens, besonders nützlich, um nachhaltiges Handeln zu fördern. Indem Menschen Vorbilder beobachten, die erfolgreich nachhaltige Praktiken umsetzen, wird die Wahrscheinlichkeit erhöht, dass diese Verhaltensweisen übernommen werden. Zum Beispiel können durch die Darstellung von Best-Practice-Beispielen in den Medien oder durch die Nachahmung von Verhaltensweisen in nachhaltigen Unternehmen oder Nachbarschaften effektive Lerneffekte erzielt werden.

Zusammenfassend sind es Mechanismen wie kognitives Lernen, soziales Lernen und Modelllernen, die besonders geeignet sind, um neue, komplexe Inhalte wie nachhaltiges Leben und den Umgang mit Versorgungsengpässen zu vermitteln.

**Beispiele**
**Modelllernen durch historische Reflexion: Beispiel Byzantinisches Reich**
Das Lernen aus historischen Rückblicken dient als anschauliches Beispiel für *Modelllernen*, bei dem vergangene Ereignisse und Verhaltensweisen als Modelle für zukünftige Handlungen genutzt werden können. Historische Beispiele wie der Vergleich des länger bestehenden Byzantinischen Reichs mit dem untergegangenen Weströmischen Reich bieten wertvolle Lektionen für die heutige Gesellschaft.

Durch die Analyse dieser historischen Fälle kann beobachtet werden, wie das Byzantinische Reich durch bestimmte Strategien über Jahrhunderte hinweg erfolgreich blieb, während das Weströmische Reich im gleichen Zeitraum scheiterte. Diese Strategien umfassen die folgenden Komponenten (Tainter [408]):

- *effiziente Verwaltung und Flexibilität*: Die hochentwickelte, aber nach der Reichstrennung verschlankte Bürokratie des Byzantinischen Reiches erlaubte eine effektive Ressourcennutzung und Anpassung an Bedrohungen. Flexibilität in Verwaltung und Entscheidungsfindung förderte die Stabilität;
- *wirtschaftliche Stabilität*: Kontrolle über Handelsrouten und ein starkes urbanes Zentrum wie Konstantinopel sicherten langfristige Resilienz. Diese wirtschaftliche Stärke ermöglichte Investitionen in Infrastruktur und Verteidigung;
- *militärische und diplomatische Stärke*: Strategien wie ein System, das ländliche Gebiete militärisch einband, oder auch diplomatische und militärische Allianzen schützten das Reich vor externen Bedrohungen;
- *kulturelle Einheit*: Eine gemeinsame religiöse Identität, vermittelt durch die Orthodoxe Kirche, stärkte den Zusammenhalt und die Stabilität;
- *geografische Vorteile*: Konstantinopels Lage bot natürliche Verteidigungsvorteile und Zugang zu Ressourcen. Dies verschaffte dem Byzantinischen Reich einen Vorteil gegenüber dem Weströmischen Reich, dessen weitläufige Grenzen schwer zu verteidigen waren.

Heutige Gesellschaften könnten sich das Modelllernen zunutze machen und so durch die Nachahmung von Anpassungs- und Resilienzstrategien in diesem Fall des Oströmischen Reiches erfolgreicher mit Herausforderungen wie Ressourcenknappheit und Klimawandel umgehen. Flexibilität, effiziente Ressourcennutzung und der Fokus auf kulturellen Zusammenhalt sind Prinzipien, die sich nicht nur historisch bewährt haben, sondern auch für moderne nachhaltige Strategien zentral sind.

### Kognitives Lernen

Kognitives Lernen erfordert sowohl Wissen als auch Vertrauen in die entsprechend vermittelten Inhalte und Methoden. Die Umsetzung und Verifikation nachvollziehbarer Nachhaltigkeitsziele erfordern kognitives Lernen, das fundiertes Wissen, kritisches Denken und Methodenkompetenz vereint. Eine zentrale Voraussetzung ist das Vertrauen in wissenschaftliche Institutionen sowie in wissenschaftliche Methoden und Prozesse. Studien zeigen, dass dieses Vertrauen häufig davon abhängt, wie weit die Unabhängigkeit der Wissenschaft von wirtschaftlichen Interessen wahrgenommenen wird (Sturgis & Allum [404]; Bauer et al. [33]). Umfragen der Europäischen Kommission (2021) und des Pew Research Centers (Funk et al. [152]) belegen, dass das Vertrauen in die Wissenschaft durch gezielte Transparenz- und Dialogstrategien zwischen Wissenschaft und Öffentlichkeit gestärkt werden kann (Scheufele & Krause [367]). Oreskes [320, 321] unterstreicht in ihren Arbeiten, dass systematische und transparente Verfahren wie Peer-Review und Replikation essenziell sind, um wissenschaftliche Integrität zu sichern und Vertrauen zu schaffen. Diese Verfahren ermöglichen es, wissenschaftliche Erkenntnisse als belastbare Grundlage für gesellschaftliche und politische Entscheidungen zu nutzen, insbesondere bei globalen Themen wie dem Klimawandel.

Doch wird dieses Vertrauen gezielt untergraben. Naomi Oreskes beschreibt in *Merchants of Doubt* (2010), wie Akteure insbesondere aus der fossilen Brennstoffindustrie über Jahrzehnte Desinformationskampagnen betrieben haben, um politische und wirtschaftliche Interessen zu schützen. Diese Strategien, die Zweifel am wissenschaftlichen Konsens etwa zum Klimawandel schüren, unterminieren die Glaubwürdigkeit wissenschaftlicher Prozesse und erschweren es, nachhaltige Ziele umzusetzen. Bildung spielt eine Schlüsselrolle im Kampf gegen Desinformation. Sie muss dazu befähigen, wissenschaftliche Argumente zu bewerten, Fakten von Manipulationen zu unterscheiden und sich in einer komplexen, sich verändernden Welt zurechtzufinden. Hannah Arendt [20, 21] betonte die Gefahr, die von einer Gesellschaft ausgeht, die Wahrheit und Lüge nicht mehr unterscheidet: Solche Gesellschaften werden manipulierbar. Bildung stärkt diese Widerstandsfähigkeit, indem sie kritisches Denken und die Fähigkeit fördert, zwischen richtig und falsch zu differenzieren.

Kognitives Lernen ist daher entscheidend, um gesellschaftliches Vertrauen in Wissenschaft und die Fähigkeit zur Bewältigung globaler Schwierigkeiten wie Ressourcenknappheit oder Klimawandel zu stärken. Es schafft die Grundlage für rationale und nachhaltige Entscheidungen in einer zunehmend komplexen Welt.

**Soziales Lernen**

Das Verständnis von universellen Menschenrechten ist ein entscheidender Schritt für die Entwicklung sozialer industrieller Gemeinschaften. Diese verbrieften Rechten stehen jedoch keiner Liste von verbrieften Pflichten gegenüber. Ebenso fehlt das verbreitete Konzept einer höheren transzendenten Instanz, die einen realen Einfluss auf die Welt ausübt und mit diesem Verständnis auch moralische Zwänge auferlegt. Historisch gesehen ging die zunehmende Industrialisierung eng mit einem Anstieg des gesellschaftlichen Atheismus einher. In dieser Zeit konnte Bildung den emotionalen Druck, bestimmte Werte in Form von Pflichten zu tradieren, nur begrenzt ersetzen.

Die historische Entwicklung zeigt, dass der Missbrauch des Glaubens durch Institutionen die Skepsis gegenüber religiösen Konzepten verstärkte und zu einer verstärkten Trennung von Kirche und Staat führte. Dennoch bleibt eine Gesellschaft ohne Werte in gewisser Weise orientierungslos. Sie ist besonders anfällig für populistische Tendenzen, wenn Bildung und die Vermittlung gemeinsamer Werte fehlen. Der Versuch, die moralischen und gesellschaftlichen Zwänge einer traditionellen, gläubigen Gesellschaft durch rein säkulare Bildung zu ersetzen, war daher nur bedingt erfolgreich.

Die soziale Dimension des Lernens zeigt sich hier in der Notwendigkeit, Werte nicht nur als abstrakte Konzepte zu verstehen, sondern als integralen Bestandteil einer funktionierenden Gesellschaft, die durch Bildung, soziale Normen und gemeinschaftliche Verständigung gestützt wird. Werte wie Solidarität, Gerechtigkeit und Verantwortungsbewusstsein müssen im kollektiven Lernprozess verankert werden, um gesellschaftliche Resilienz und Integration zu fördern. In einer Zeit wachsender sozialer Diversität und zunehmender Komplexität ist es entscheidend, dass soziales Lernen nicht nur durch formale Bildung, sondern auch durch den sozialen Austausch und den Dialog zwischen verschiedenen gesellschaftlichen Gruppen gefördert wird. Dies stärkt das Vertrauen in gemeinsame Normen und Werte und verhindert die Fragmentierung der Gesellschaft, die durch Populismus und Spaltung gefährdet ist.

Bildung kann bewirken, nach neuen und erlernten Modellen auf Klimawandel und abnehmende Ressourcen (d. h. Rohstoffe und Energie) zu reagieren und entsprechend damit umzugehen in der Hoffnung, dass sich die Umwelt langsamer ändert als dies die ökologischen Nischen der Spezies vermögen. Es geht hierbei auch um moralische Grundlagen, die in gewisser Weise als Basis für die Politik verstanden werden sollten.

Der Zwang zum individuellen und auch staatlichen Handeln, aber auch die Unfähigkeit des Staates, diese Reaktion zu erzwingen, ist kein neues Phänomen. Der Rechtsphilosoph Ernst-Wolfgang Böckenförde schrieb in dem Aufsatz „Die Entstehung des Staates als Vorgang der Säkularisation" [53], dass der Staat von Voraussetzungen lebt, die er selbst nicht garantieren kann. Er fährt fort:

> „Das ist das große Wagnis, das er, um der Freiheit willen, eingegangen ist. Als freiheitlicher Staat besteht er einerseits nur, wenn sich die Freiheit, die er seinen Bürgern gewährt, von innen her, aus der moralischen Substanz des einzelnen und der Homogenität der Gesellschaft, reguliert. Anderseits kann er diese inneren Regulierungskräfte nicht von sich aus, d. h. mit den Mitteln des Rechtszwan-

ges und autoritativen Gebots zu garantieren suchen, ohne seine Freiheitlichkeit aufzugeben und – auf säkularisierter Ebene – in jenen Totalitätsanspruch zurückzufallen, aus dem er in den konfessionellen Bürgerkriegen herausgeführt hat" (Böckenförde [52]).

Bildung hat auch hier eine Aufgabe – diese Aufgabe wird größer und schwieriger. Wer Glauben als gesellschaftliche Bezugsgröße ersatzlos streicht, muss größten Wert auf die Vermittlung von klaren Werten legen. Dies gilt auch in einer Gesellschaft, in der „woke" zu sein ein Wert ist, die Vermittlung von Werten aber nicht „woke" ist. Es ist zukünftigen Gesellschaften nicht geholfen, wenn weniger gefordert wird.

### Beispiel für soziales Lernen: Lernen von kleinen Kulturen und nachhaltige Entwicklung

Industrielle Gesellschaften sind häufig von wirtschaftlichen und politischen Interessen geprägt, die auf kurzfristige Gewinne und Wachstum abzielen. Diese Interessen stehen oft im Widerspruch zu langfristigen, nachhaltigen Wirtschaftsansätzen. Große Industrien und Unternehmen haben wenig Anreiz, ihre Praktiken zu ändern, da eine Veränderung ihre Gewinne und Marktposition gefährden könnte (Martínez-Alier [275]). Gleichzeitig spielt die Notwendigkeit der Versorgung mit Rohstoffen, Energie und Lebensmitteln eine entscheidende Rolle im Zusammenspiel mit der Kultur, die als die Art und Weise verstanden wird, wie Gesellschaften ihre Probleme angehen, d. h. Überleben und ihre Entwicklung in einer übermächtigen Natur sichern (Böhme [54]).

Die Umstellung auf veränderte Versorgungs- und Klimabedingungen erfordert einen neuen Lebenswandel – doch Kulturentwicklung benötigt typischerweise sehr lange Zeit. Die rasche Veränderung der Bedingungen durch den Klimawandel und die Ressourcenknappheit erzeugt eine Problemstellung, da es keinen breiten gesellschaftlichen Konsens darüber gibt, in welche Richtung sich die Gesellschaften entwickeln sollten. Der einfache Hinweis, dass Gesellschaften „nachhaltiger werden sollten", reicht nicht aus. Häufig wird von den „einfachen" und „ursprünglichen" Kulturen indigener Völker gesprochen, die den Industrienationen als Vorbild für ein nachhaltigeres Leben dienen. Dabei werden ihre tiefe Verbindung zur Natur und ihre nachhaltigen Praktiken hervorgehoben (Shiva [383]). Einige indigenen Völker in Südostasien leben bewusst außerhalb staatlicher Kontrolle, um ihre autarken und nachhaltigen Lebensweisen zu bewahren (Scott [376]).

Trotz dieser romantisierenden Sichtweise wird die Idee, wonach indigene Kulturen als nachahmenswertes Modell für nachhaltiges Leben dienen, ernsthaft diskutiert (Simpson [386]). Ein solcher Ansatz unterstreicht die Bedeutung traditionellen ökologischen Wissens und bietet eine wertvolle Perspektive im Streben nach globaler Nachhaltigkeit (J. Mander [273]). Dennoch bleibt die Frage, ob menschliche Kulturen die Umstellung auf neue Lebensweisen in der erforderlichen Geschwindigkeit ohne äußeren Zwang und in begrenzter Zeit erfolgreich vollziehen können. Die Schwierigkeiten liegen nicht nur in den Unterschieden zwischen Kulturen, sondern in der Fähigkeit der Gesellschaften, auf globale Probleme wie den Klimawandel und Ressourcenknappheit zu reagieren, ohne dass diese Veränderungen von einer Katastrophe ausgelöst werden, sondern sich zunächst kaum wahrnehmbar vollziehen.

Ein kulturgeschichtlicher Blickwinkel zeigt, dass Kulturen trotz äußerer Unterschiede viele Gemeinsamkeiten aufweisen. Als die „Entdecker" auf die ersten Einwohner der „neuen" Kontinente stießen, fanden sie viele Strukturen vor, die sie kannten – Straßen, Häuser, Kanäle, Ackerbau, Musik und religiöse Praktiken. Diese Ähnlichkeiten sind überraschend, da menschliche Kulturen ursprünglich aus der afrikanischen Savanne stammten und sich über Jahrtausende in unterschiedlichen natürlichen Umfeldern entwickelten (Cronk [83]). Interessanterweise haben viele Kulturen ähnliche Lösungen für grundlegende gesellschaftliche Fragen entwickelt, was auf konvergente Entwicklungen hinweist.

Die industrielle Gesellschaft, die auf Massenproduktion und Konsum basiert, stellt eine Monokultur dar, die lokale Gegebenheiten und Unterschiede im Charakter ignoriert. Um gewinnträchtig zu sein, müssen industrielle Systeme universelle Lösungen anwenden und die lokalen Besonderheiten minimieren. Dies steht im Gegensatz zu den Praktiken kleinerer Kulturen, die sich eng an die lokalen Gegebenheiten anpassen (Shiva [382]). Die Anpassung und das Lernen von kleinen Kulturen sind für nachhaltige Lebensweisen von großer Bedeutung, da sie innovative, lokale und ressourcenschonende Lösungen anbieten können.

Indigene Kulturen, deren Wissen auch in traditionellen, ökologisch relevanten Praktiken verankert ist, tragen viel zum Verständnis und der Erhaltung der Biodiversität bei (Moller et al. [291]). Traditionelle ökologische Kenntnisse fördern den Erhalt von Ökosystemen und unterstützen Anpassungsstrategien an den Klimawandel (Berkes [41]). Die Bedeutung von Gemeinschaftsstrukturen und sozialen Netzwerken für das Wohlbefinden und die Resilienz in indigenen Gemeinschaften ist ebenfalls gut dokumentiert (Pretty et al. [338]). In Bezug auf den Klimawandel bieten indigene Wassermanagementsysteme und Anpassungsstrategien wertvolle Modelle für die nachhaltige Nutzung von Ressourcen (Nair et al. [297]).

Offensichtliche Unterschiede bestehen zwischen indigenen Kulturen und industrialisierten, namentlich urbanen Gesellschaften wie z. B. die geringere Abhängigkeit von externen Ressourcen und einer tieferen Verbindung zur Natur (Gadgil et al. [155]). Indigene Praktiken bieten wertvolle Perspektiven für eine nachhaltige Entwicklung. Diese Kulturen zeichnen sich durch ihre starke Gemeinschaftsorientierung aus und betonen die langfristige Nutzung von Ressourcen (Berkes [40]). Sie bieten somit ein Modell für ein nachhaltigeres Leben, das die lokalen Gegebenheiten berücksichtigt und gleichzeitig weniger ressourcenintensiv ist als die industrialisierten Gesellschaften (Diamond [95]). Vor diesem Hintergrund werden Unterschiede gelegentlich mit dem gleichen Unterton wie die Unterschiede zwischen Selbstversorgern und urbaner Gesellschaft beschrieben. Das nicht idealisierte und soziale Lernen von kleinen Kulturen kann helfen, nachhaltige Lösungen zu entwickeln, die sowohl ökologisch als auch sozial sinnvoll sind. Durch die Anerkennung und Integration des Wissens und der Praktiken kleinerer Kulturen können wir neue Ansätze für das Management von Ressourcen und die Anpassung an den Klimawandel finden.

## 5.4 Innovation

Oft und insbesondere im politischen Raum wird die Erwartung geäußert, wonach Innovationen Anforderungen, wie sie durch nachhaltiges Wirtschaften und technologische Probleme entstehen, umfassend erfüllen werden. Typischerweise werden zwei Arten von Innovationen unterschieden:

- inkrementelle Innovationen, die auf unmittelbaren Vorläufern basieren und diese in kleinen, stetigen Schritten weiterentwickeln;
- disruptive Innovationen, die vollkommen neue Ideen nutzen und nicht auf Vorläufertechnologien basieren.

Während die ersteren die Regel darstellen, kommen disruptive Innovationen ausgesprochen selten vor. Ideen, die auf Vorläuferideen basieren, unterliegen einer eigenen Dynamik.

De Solla-Price [87] konnte bereits 1963 zeigen, dass neue Lösungen für komplexe Probleme selbst häufig komplexer sind als die Probleme, die sie zu lösen beabsichtigen. Zudem erfordern solche Lösungen in der Regel erhebliche Investitionen und zusätzliche Ressourcen, um ihre Funktionsfähigkeit zu gewährleisten. Dies bedeutet, dass die Technologie zur Lösung eines Problems, insbesondere bei nicht disruptiven Erfindungen, oft nicht weniger komplex ist als die Technologie des Problems selbst.

Eine konservative Innovationsstrategie, die auf etablierte Technologien setzt, diese verbessert und Synergien nutzt, behindert den Fortschritt nicht notwendigerweise. Es sind auch gesellschaftliche Vorgaben für Innovationsstrategien vorstellbar. Das Jevons-Paradox (Alcott [8]), auch als *Rebound-Effekt* bekannt, illustriert die Notwendigkeit solcher Vorgaben (Blake [45]): Obwohl Energieeinsparungen und reduzierte Ressourcennutzung erstrebenswerte Ziele sind, führt technischer Fortschritt, der eine effizientere Ressourcennutzung ermöglicht, zu einer erhöhten Ressourcennutzung. Dies bedeutet, dass das beabsichtigte Ziel nicht nur verfehlt wird, sondern der Bedarf an Ressourcen wächst. Der Rebound-Effekt verdeutlicht, dass Innovationen ohne adäquate Rahmenbedingungen das Gegenteil des gewünschten Effekts hervorrufen.

Insofern muss die Hoffnung auf Innovationen mit deutlicher Skepsis gesehen werden, wenn es darum geht, die Folgen von Klimawandel und Versorgungsengpässe zu bewältigen. Selbst wenn das gelänge, wären ohne weitere Regeln kontraproduktive Rebound-Effekte zu befürchten.

Es ist wichtig zu verstehen, dass *Innovation* keinesfalls bedeutet, dass alles neu oder revolutioniert sein muss. So wurde z. B. im Rückblick die Apollomission als große Innovation gefeiert, während sich die NASA selbst nicht notwendigerweise als Innovator sah:

Die NASA selbst (NASA [300]) benannte die drei grundlegenden Bestandteile des Erfolgs von Apollo:
- die äußerst zuverlässige Raumfahrzeug-Hardware,
- extrem gut geplante und durchgeführte Flugmissionen und
- hervorragend ausgebildete und geschulte Flugbesatzungen.

Im Zentrum von deren Erfolg stand nicht, innovativ oder neu zu sein, sondern eben die Astronauten erfolgreich zum Mond und zurück zu bringen. Das ist auch im heutigen Sinn eine sehr nachhaltige Definition von Erfolg.

## 5.5 Nachhaltiges Wirtschaften

In Kapitel 5.5.3 wird dargelegt, dass ein gänzlich anderes Bewertungssystem der Wirtschaftsleistung anstatt des BIP sinnvoll wäre. Der Grund liegt im Wesentlichen darin, dass das BIP ein Maß für den Verbrauch darstellt und der subjektiv wahrgenommene Wohlstand nicht ausschließlich abhängig vom Verbrauch ist. Aber das Etablieren eines alternativen Bewertungssystems allein ist ohne abnehmenden Verbrauch nicht zielführend.

### 5.5.1 Sparen im Haushalt – Reduktion der Key Performance Indicators

Um Key Performance Indicators (KPI) effektiv zu reduzieren, ist deren präzise Berechnung oder zumindest eine genaue Abschätzung erforderlich. Haushalte, ähnlich wie kleine Unternehmen, haben jedoch oft weder die Ressourcen noch die Sachkunde, diese detaillierten Berechnungen durchzuführen. Daher werden häufig Fußabdruckrechner verwendet, die auf Datenbanken basieren, um Fußabdrücke zu berechnen. Diese Rechner bieten zwar eine kostengünstige Möglichkeit, den ökologischen Fußabdruck zu schätzen, sind jedoch ebenso wie entsprechende Berechnungen für Unternehmen mit Unsicherheiten häufig im zweistelligen Prozentbereich behaftet.

Wenn z. B. der Energieverbrauch aller Haushalte bekannt oder präziser, der Energieverbrauch der Haushalte kategorisiert ist, und zwar nach bestimmten Merkmalen wie
- der Anzahl der Personen im Haushalt,
- der Art der Wohnung (Wohnung, Doppelhaushälfte, Haus),
- der bewohnten Grundfläche, dem Jahreseinkommen,
- der durchschnittlich zurückgelegten Wege,
- der Anzahl und Nutzung von Fahrzeugen sowie
- der Ernährungsweise (vegan, vegetarisch, omnivor),

kann aus diesen Daten eine Abschätzung des durchschnittlichen Verbrauchs in einem unbekannten Haushalt vorgenommen werden, selbst wenn nur wenige Detaildaten vorliegen. Diese Berechnungen bieten den Vorteil, dass sie auch bei unvollständigen Ausgangsdaten wie etwa der Anzahl der Personen im Haushalt und der Wohnform eine statistische Rückschätzung auf verschiedene Parameter erleichtern. Die Genauigkeit der Abschätzung nimmt natürlich ab, wenn die Ausgangsdaten ungenau sind und viele Unbekannte in die Berechnung einfließen.

In der Literatur werden für diese Art der Analyse weltweit genutzte Datenbanken wie MRIO (Multi-Regional Input Output) und CLUM (Consumption Land-Use Matrix) empfohlen. Die CLUM bietet eine detaillierte Aufschlüsselung des Konsum-Fußabdrucks eines Landes, basierend auf der UN-Klassifikation des individuellen Konsums nach dessen Zweck (COICOP – Classification of Individual Consumption by Purpose) (United Nations Statistics Division [435]). Diese Klassifikation wird von der UN Statistics Division erstellt, um Konsumstatistiken nach Verwendungsart zu erstellen. Die CLUM-Daten basieren auf wirtschaftlichen Daten zu Ressourcenströmen in der globalen Lieferkette, den sogenannten MRIO-Daten. Das Modell impliziert, dass auf Grundlage von Finanzströmen auch Ressourcenströme und Verbrauch abgeschätzt werden. Dieses Modell wird durch Integration von Daten aus National Footprint- und Biokapazitätskonten erweitert. MRIO-Daten ermöglichen es, die Ressourcenflüsse zwischen den Wirtschaftssektoren der Länder detailliert nachzuvollziehen, was erforderlich ist, um nationale Footprint-Daten in spezifischere verbrauchs- und industriebezogene Komponenten zu unterteilen.

Der MRIO-Ansatz zur vereinfachten Berechnung des individuellen $CO_2$-Fußabdrucks wird verwendet, wenn die Anwendung des von der ISO standardisierten Ansatzes zu komplex wäre. Dies gilt sowohl für Unternehmen als auch für Privathaushalte. CLUM-Daten strukturieren den Fußabdruck nach der COICOP-Klassifikation der UN in drei Verbrauchskategorien:
- kurzfristiger Verbrauch 1 (direkt von Haushalten bezahlt),
- kurzfristiger Verbrauch 2 (direkt vom Staat bezahlt) und
- langfristiger Verbrauch (z. B. Bruttoanlageinvestitionen) (United Nations Statistics Division [435]).

## $CO_2$

Die MRIO-Bewertung für 2015 listet die durchschnittlichen $CO_2$-Äquivalente pro Person. Um beispielsweise lokale Daten für $CO_2$-Fußabdrücke zu erhalten, liefert die MRIO-Bewertung für 2015 pro Person und auf weltweiter Ebene (Wiedmann et al. [461]) die in Tabelle 5.3 gelisteten durchschnittlichen Daten.

Das weltweit gemittelte $CO_2$-Äquivalent pro Person und Jahr beträgt etwa 2,7 t $CO_2$. Die Prozentsätze für die Verteilung auf die verschiedenen Posten erleichtern die Berechnung der absoluten Werte für den kurzfristigen Verbrauch 1 und 2 sowie den langfristigen Verbrauch. Die Werte variieren je nach Land und spezifischem Detailbeitrag. Aus

**Tab. 5.3:** MRIO-Bewertung für 2015 im Durchschnitt pro Person und weltweit (Wiedmann et al. [461]).

| Kategorie | Gerundeter Beitrag pro Kategorie | Detailbeitrag | Gerundeter Beitrag pro Detailbeitrag | MRIO-Bewertung p. P. CO$_2$ |
|---|---|---|---|---|
| Kurzfristiger Konsum 1 | 74,6 % (= > 100 % in rechter Spalte) | Mobilität und Transport | 41,0 % | ~ 2,1 t |
| | | Wohnen incl. Energie | 19,2 % | |
| | | Nahrungsmittel | 10,3 % | |
| | | Kleidung | 7,7 % | |
| | | Einrichtung | 4,5 % | |
| | | Freizeit und Kultur | 4,5 % | |
| | | Alkohol, Rauchen | 3,8 % | |
| | | Gesundheit | 2,6 % | |
| Kurzfristiger Verbrauch 2 | 8,6 % | | | ~ 0,2 t |
| Langfristiger Verbrauch | 16,3 % | | | ~ 0,4 t |

den in der Tabelle genannten Daten lässt sich ablesen, dass die größten Einsparpotenziale für CO$_2$-Emissionen in den Bereichen Mobilität und Verkehr, Wohnen (einschließlich Energieversorgung) und Ernährung liegen. Das Beispiel bezog sich allgemein auf CO$_2$ und dessen Konsum.

Ein Haushalt kann schon mit minimalen Maßnahmen die eigene Nachhaltigkeit deutlich verbessern. Der erste Schritt sollte sein, dass die Beiträge zum jeweils betrachteten Fußabdruck abgeschätzt werden sollten (Die wichtigsten Beiträge zu CO$_2$-Fußabdrücken im Haushalt kommen in Österreich gerundet (siehe unten) aus Mobilität und Transport (~40.0 %), Wohnen incl. Energie (~20 %), Nahrungsmittel (~10 %), Kleidung (~8 %), Einrichtung (5 %), Freizeit und Kultur (~5 %), Alkohol, Rauchen (~4 %), Gesundheit (3 %)). Entsprechend der Anteile ist ersichtlich, wo das größte Einsparungspotenzial liegt. Eine Reduktion von Energieverbrauch, Wasserverbrauch und Abfall sowie bewussterem Konsumieren stellt damit einen vielversprechenden Ansatz dar. Diese Ansätze sind nicht nur kostensparend, sondern oft auch einfach umzusetzen und können langfristig eine positive Wirkung auf die Umwelt haben. Hier eine Übersicht grundlegender Nachhaltigkeitsmaßnahmen sowie Ideen, wie diese noch effektiver gestaltet werden können:

1. *Energieeffizienz im Haushalt.* Haushalte können Energie sparen, indem sie energieeffiziente Geräte einsetzen, die Beleuchtung auf LED-Technologie umstellen und einfache Verhaltensänderungen integrieren wie das Ausschalten von Lichtern und Geräten im Standby-Modus – solche Maßnahmen können den Energieverbrauch um 10–30 % senken (IEA [209]). In einer Studie von Sanguinetti et al. [364] wurde gezeigt, dass smarte Thermostate den Heizbedarf um 8–12 % senken können. Solche Geräte können individuell angepasst werden, was den Energieverbrauch in den meistgenutzten Zeiten senkt.

2. *Transport und Mobilität.* Der Umstieg auf öffentliche Verkehrsmittel, Fahrrad oder Fußwege anstelle des Autos verringert den individuellen $CO_2$-Ausstoß erheblich. In einer Erhebung von Creutzig et al. [82] wurde gezeigt, dass sich der $CO_2$-Ausstoß um bis zu 80 % reduzieren lässt, wenn Menschen öfter auf das Auto verzichten. Die Kombination von mehreren Transportalternativen wie Carsharing, Nutzung von E-Bikes und Integration von öffentlichem Nahverkehr kann die Effizienz steigern. Der Trend zu elektrischen Carsharing-Diensten in Großstädten zeigt, dass dies nicht nur den $CO_2$-Ausstoß, sondern auch die Anzahl der Fahrzeuge pro Haushalt reduziert.

3. *Reduktion und Trennung von Abfall.* Mülltrennung und die Vermeidung von Einwegverpackungen gehören zu den einfachsten Möglichkeiten, Abfall zu reduzieren und die Recyclingquote zu erhöhen. Untersuchungen zeigen, dass ein korrekt trennender Haushalt seine Müllmenge um bis zu 40 % verringern kann (United Nations Environment Programme [434]).

4. *Nachhaltiger Konsum und Beschaffung.* Haushalte können nachhaltiger konsumieren, indem sie Produkte aus ökologischer Landwirtschaft und fairem Handel bevorzugen und vermehrt auf regionale und saisonale Lebensmittel setzen. Dies reduziert den $CO_2$-Fußabdruck der Ernährung erheblich und fördert umweltfreundliche Produktionsmethoden (Poore & Nemecek [332]). Eine „flexitarische" oder überwiegend pflanzliche Ernährung kann den ökologischen Fußabdruck erheblich verringern und die Umweltbelastung reduzieren (Garnett [160]).

5. *Wasserverbrauch reduzieren.* Ein durchschnittlicher Haushalt kann Wasser sparen, indem er wassersparende Duschköpfe und Wasserhähne einbaut und bei der Gartenbewässerung auf Regenwassernutzung umstellt. Laut einer Untersuchung von Gleick (2019) kann eine Umstellung auf wassersparende Technik den Wasserverbrauch im Haushalt um bis zu 20 % verringern.

6. *Langlebigkeit und Wartung von Haushaltsgeräten.* Der Verzicht auf Wegwerfprodukte und die Reparatur von Elektrogeräten anstelle des Neukaufs trägt ebenfalls zu einem nachhaltigeren Haushalt bei. Hier bietet der „Right-to-Repair"-Ansatz, der es Haushalten erleichtert, ihre Geräte reparieren zu lassen, eine langfristige Lösung.

Diese vergleichbar minimalen Maßnahmen zur Nachhaltigkeit sind, rechtzeitig implementiert, kosteneffizient und können individuell weiter ausgebaut werden. Jede Maßnahme wird durch technologische Innovationen und veränderte Gewohnheiten im Alltag noch effektiver und nachhaltiger. Die Umstellung auf „Smart Home"-Geräte, alternative Transportmöglichkeiten und nachhaltigen Konsum machen das tägliche Leben nicht nur umweltfreundlicher, sondern schaffen langfristig einen wertvollen Beitrag zum Klimaschutz.

Offenbar besteht Sparen nicht nur aus $CO_2$-Reduktion. Details zum Sparen von Material wurden vielfach in der Literatur diskutiert. Eine Literaturliste zum Thema befindet sich im Anhang.

**Materialflüsse**

Der Materialzufluss ist begrenzt. Zur Beschreibung des Materialverbrauchs pro Person und Jahr liefern mehrere Quellen globale Daten:

Das *International Resource Panel* (*IRP*) *des UNEP* berichtet über Materialflüsse und Ressourcenproduktivität einschließlich des jährlichen Pro-Kopf-Materialverbrauchs. In den *IRP-Veröffentlichungen des UNEP* werden häufig Zahlen zum weltweiten Materialverbrauch nach Art (Metalle, Mineralien usw.) angegeben (IRP [228]).

Das *Global Footprint Network* bewertet den ökologischen Fußabdruck, der auch den Materialverbrauch umfasst. Wissenschaftliche Studien wie die im *Journal of Cleaner Production* oder *Ecological Economics* veröffentlichten enthalten häufig spezifische Materialflussanalysen (MFAs) nach Art der Ressource. Eurostat und die OECD stellen Daten zum Rohstoffverbrauch (RMC) auf nationaler Ebene zur Verfügung, die manchmal in Pro-Kopf-Zahlen umgerechnet werden.

Im *Global Resources Outlook 2019* berichtet das UNEP, dass der weltweite Materialverbrauch im Jahr 2017 92 Milliarden Tonnen erreichte und *der durchschnittliche materielle Fußabdruck weltweit und pro Kopf jährlich 12 Tonnen* betrug (UNEP [422]). Das größte Potenzial zur Einsparung dieser Ressourcen besteht darin, den Verbrauch zu minimieren, indem der Konsum unnötiger Produkte und Dienstleistungen vermieden wird. Dies bedeutet auch, den indirekten Rohstoffverbrauch entlang der gesamten Lieferkette zu berücksichtigen, da die Produktion, der Transport und die Entsorgung von Gütern häufig enorme Mengen an Ressourcen beanspruchen (Allwood et al. [11]). Durch Reduktion des Rohstoffverbrauchs in diesen Prozessen werden Einsparungen erzielt, ohne dass es zu einem Verlust an Lebensqualität kommt.

Neben der Reduktion des Verbrauchs ist die Verlängerung der Lebensdauer von Produkten entscheidend. Produkte so lange wie möglich zu nutzen, minimiert die Notwendigkeit, neue Ressourcen zu verwenden und verringert gleichzeitig die mit der Entsorgung und dem Recycling verbundenen ökologischen Kosten (Cooper [78]) einschließlich des Energieverbrauchs, der wiederum als $CO_2$-Fußabdruck zu Buche schlägt. Langlebigkeit von Produkten ist daher ein Ansatz der sogenannten „Circular Economy", in der Materialien in einem geschlossenen Kreislauf gehalten und wiederverwendet werden (Bocken et al. [50]). Maßnahmen wie Reparatur, Wiederverwendung und Generalüberholung verlängern die Lebensdauer von Produkten und senken so den Ressourcenverbrauch nachhaltig.

### 5.5.2 Nachhaltiges industrielles Wirtschaften

**Hintergrund**

Die Millennium-Entwicklungsziele (Millennium Development Goals, MDGs), die von den Vereinten Nationen im Jahr 2000 ins Leben gerufen wurden, zielten darauf ab, wesentliche globale Themen wie extreme Armut, Hunger und mangelnde Bildungschancen zu bekämpfen. Obwohl die MDGs in einigen Bereichen Fortschritte erzielten, gelten sie insgesamt als gescheitert in der Umsetzung ihrer umfassenden Ziele. Ein wesentlicher Grund für ihr Scheitern war die unzureichende Einbindung und Verpflichtung der Industrie. Viele Unternehmen und private Akteure, die zunächst versprochen hatten, freiwillig zu den Zielen beizutragen, taten dies nicht in ausreichendem Maße, da kein rechtlicher Zwang bestand, diese Versprechen einzuhalten. Dies führte dazu, dass Ziele auch im Bereich der Armutsbekämpfung und Umwelt nicht erreicht wurden (United Nations [428]).

Die Nachfolgeziele, die Sustainable Development Goals (SDGs), die 2015 als Teil der Agenda 2030 verabschiedet wurden, lernen aus den Schwächen der MDGs. Die SDGs gehen weiter, indem sie eine klare rechtliche und institutionelle Grundlage schaffen, die sicherstellen soll, dass Akteure – einschließlich Regierungen und der Privatwirtschaft – ihre Verpflichtungen ernsthaft verfolgen. Diese neuen Ziele implizieren oft gesetzliche Vorschriften oder verbindliche Richtlinien, die es den Staaten ermöglichen, Maßnahmen zur Erreichung der Ziele zu erzwingen. Besonders im Bereich der Umwelt- und Klimapolitik sind gesetzliche Maßnahmen entscheidend, um sicherzustellen, dass Unternehmen und Industrien umweltfreundliche Praktiken einführen und Verantwortung für ihre Auswirkungen auf die globale Nachhaltigkeit übernehmen (Sachs [362]; Le Blanc [260]).

Durch diesen rechtlichen Rahmen und die stärkere Regulierung haben die SDGs den Anspruch, verbindlicher zu sein und durchsetzbare Maßnahmen zu gewährleisten. Es wird dabei zunehmend auf nationale Regierungen gesetzt, die diese Ziele in nationale Gesetzgebung überführen und überwachen müssen. Dies schafft eine neue Dynamik, die fehlte, als die MDGs nur auf freiwilligen Beiträgen basierten.

Unternehmen stehen nun vor der Problemstellung, ihre Lieferketten verpflichtend nachhaltig zu gestalten. Obwohl dies zunächst als eine zusätzliche Belastung erscheinen mag, bietet die systematische Bewertung der gesamten Lieferkette hinsichtlich ihrer Nachhaltigkeit einerseits für Kunden und Staat die Möglichkeit zu prüfen, ob ein Unternehmen nachhaltig agiert, und andererseits für Unternehmen die Möglichkeit, Mehrwert zu schaffen und im Sinne der Nachhaltigkeit zu sparen. Wenn jedoch die Prozesse, die der Förderung ökologischer und sozialer Verantwortung dienen sollen, als bloße administrative Bürde der Gesetzgebung wahrgenommen werden und daher nur halbherzig implementiert werden, stellt dies eine ernsthafte Gefahr für die Wirtschaft dar (Dyllick & Muff [100]).

Viele Unternehmen fühlen sich von den gesetzlichen Anforderungen überrascht, dabei ist der gesellschaftliche Konsens zur Förderung von Nachhaltigkeit seit längerem etabliert. Nachhaltigkeit wird zunehmend als ein Faktor zur Erhaltung oder Steigerung des Unternehmenswerts angesehen. Die Diskussionen über den optimalen Weg dorthin und die Befürchtungen einer wirtschaftlichen Überforderung der Unternehmen heizen jedoch weiterhin die Debatte um die gesetzlichen Vorgaben an. Diese Anforderungen treten gleichzeitig mit anderen Schwierigkeiten wie gestiegene Energiekosten, Fachkräftemangel und dem Druck zur Digitalisierung auf.

Es existieren mittlerweile zahlreiche branchen- und länderspezifische Regulierungen, die Unternehmen zu prüfbaren nachhaltigen Geschäftspraktiken und entsprechender Berichterstattung verpflichten. Diese Entwicklungen gehen zum Teil auf internationale Initiativen wie den Brundtland-Bericht [62] zurück, der erstmals das Konzept der nachhaltigen Entwicklung in den Vordergrund rückte (United Nations [427]). Dennoch wird die internationale Reaktion wie etwa die UN-Konferenz über Umwelt und Entwicklung 1992 in Rio de Janeiro als verspätet kritisiert, da die durch industrielle Produktion verursachten Umweltschäden und Menschenrechtsverletzungen bereits deutlich vorher bekannt waren.

Die Europäische Union begann in den 1990er Jahren, erste Richtlinien zu formulieren, die von den Mitgliedsstaaten, wenn auch verzögert, in nationale Gesetze überführt wurden (European Commission [123]). Auch andere internationale Organisationen wie die OECD haben bedeutende Leitlinien verabschiedet, die eine nachhaltige Unternehmensführung fördern, wie etwa die „OECD Guidelines for Multinational Enterprises" aus dem Jahr 2011 (OECD [312]).

Der Trend zu mehr Nachhaltigkeit in der Beschaffung zeichnet sich bereits seit über einem Jahrzehnt ab. So zeigte eine Umfrage bereits 2009, dass fast 70 % der Einkaufsverantwortlichen im produzierenden Gewerbe die zunehmende Bedeutung ökologischer und sozialer Standards im Einkauf anerkannten. Diese Entwicklung wird sich weiter beschleunigen, da Unternehmen zunehmend verpflichtet werden, nachhaltige KPIs zu messen und zu berichten. Ein Aspekt der Nachhaltigkeitsberichterstattung ist die Verpflichtung zur Offenlegung nicht-finanzieller Informationen, die in der Vergangenheit vernachlässigt wurden, aber zunehmend in den Fokus von Stakeholdern und Kapitalgebern rücken. Der European Sustainability Reporting Standard (ESRS) wird eine EU-weite Harmonisierung der Berichterstattung gewährleisten und somit die Vergleichbarkeit zwischen Unternehmen verbessern (European Commission [124]).

Zusammenfassend lässt sich sagen, dass Unternehmen durch die korrekte und umfassende Implementierung von Nachhaltigkeitsstrategien Beiträge leisten, um Verbrauch zu reduzieren und nachhaltiger werden. Die Digitalisierung der Berichtsprozesse bietet zusätzliche Möglichkeiten, Effizienzgewinne zu realisieren und den wirtschaftlichen Erfolg mit den Anforderungen der Nachhaltigkeit in Einklang zu bringen.

**Minimale Aktivitäten im Industriebereich**

Um als ökologisch nachhaltig zu gelten, sollten Industrieunternehmen mindestens folgende Kernbereiche adressieren: *Reduktion von Umweltbelastungen und Materialdurchsatz, Energieeffizienz, Ressourcenschonung* und *Kreislaufwirtschaft, Reduktion des Wasserverbrauchs* und *Verantwortung in der Lieferkette*. Diese minimalen Ansätze sollen durch bewussten Technologieeinsatz und Managementmaßnahmen vertieft werden, um wirkungsvoller zu sein. Natürlich kommen, um nachhaltig zu sein, die internen und externen Sozialstandards (in der Lieferkette) hinzu – doch diese sollten eigentlich ohnehin selbstverständlich sein.

1. Reduktion von Umweltbelastungen

   *Minimale Maßnahme*: Einhaltung gesetzlicher Umweltvorschriften und Reduktion von Schadstoffemissionen. Industrieunternehmen sollten sicherstellen, dass ihre Emissionen unter den gesetzlich festgelegten Grenzen liegen und Abfälle entsprechend den Umweltrichtlinien entsorgt werden (García-Granero et al. [157]).

   *Effektiver Ansatz*: Einführung eines integrierten Umweltmanagementsystems nach ISO 14001, das ein proaktives Umweltmanagement fördert und kontinuierliche Verbesserungen einfordert. Durch den Einsatz der Kreislaufwirtschaft kann das Abfallaufkommen weiter reduziert werden (Geissdoerfer et al. [163]). Eine zusätzliche Maßnahme ist die Installation von Abgasfiltern und Wasserreinigungssystemen, um die Belastung der Luft und des Wassers weiter zu minimieren.

2. Energieeffizienz

   *Minimale Maßnahme*: Optimierung von Produktionsprozessen, um Energie zu sparen, und Verwendung energiesparender Technologien, beispielsweise durch die Erneuerung veralteter Maschinen oder Anlagen (IEA [206]).

   *Effektiver Ansatz*: Der Wechsel zu erneuerbaren Energiequellen kann erheblich zur Nachhaltigkeit beitragen. Solar-, Wind- oder Geothermie-Anlagen können sowohl vor Ort als auch über Netzlieferungen implementiert werden, um den $CO_2$-Fußabdruck des Unternehmens deutlich zu senken. Darüber hinaus kann der Einsatz intelligenter Messsysteme, die Echtzeitdaten zu Energieverbrauch und -einsparung liefern, die Effizienz weiter steigern und Energieverluste aufdecken (Gupta & Dutta [183]).

3. Ressourcenschonung

   *Minimale Maßnahme*: Reduzierung von Ressourcenverbrauch und Minimierung von Abfall vor allem durch Kreislaufwirtschaft und Recycling. Hierzu gehört ein effizienter Umgang mit Wasser, Rohstoffen und Materialien sowie die Reduzierung der Materialverschwendung.

   *Effektiver Ansatz*: Implementierung der Kreislaufwirtschaft, in der Rohstoffe recycelt und wiederverwendet werden. Dadurch können Unternehmen Materialabfälle erheblich reduzieren und wertvolle Rohstoffe im Produktionsprozess halten. Eine zusätzliche Maßnahme ist der Umstieg auf nachhaltige Materialien wie recycelten Stahl oder biologisch abbaubare Materialien, die weniger umweltschädlich sind (Geissdoerfer et al. [163]).

4. Verantwortung in der Lieferkette

   *Minimale Maßnahme*: Durchführung von Lieferantenprüfungen, um sicherzustellen, dass grundlegende Umwelt- und Sozialstandards entlang der Lieferkette eingehalten werden.

   *Effektiver Ansatz*: Der Aufbau einer transparenten Lieferkette mit regelmäßigen Audits und langfristigen Partnerschaften mit Lieferanten, die ebenfalls nachhaltig wirtschaften. Technologien wie Blockchain können hier unterstützend wirken, um die Rückverfolgbarkeit und Transparenz zu verbessern, was den Konsumenten Vertrauen in die Nachhaltigkeit der Produkte gibt (Saberi et al. [361]).

5. Förderung einer nachhaltigen Unternehmenskultur

   *Minimale Maßnahme*: Schulung der Mitarbeiter in nachhaltigen Praktiken und Sensibilisierung für Umweltfragen.

   *Effektiver Ansatz*: Implementierung eines umfassenden Nachhaltigkeitsprogramms, das Anreize für nachhaltiges Verhalten bietet und die Mitarbeitermotivation für ökologische Initiativen stärkt. Die Förderung von nachhaltigkeitsorientierter Innovation durch bereichsübergreifende Teams und die Erarbeitung eines strukturierten Feedback-Systems können zur kontinuierlichen Verbesserung der Nachhaltigkeitsstrategie beitragen (Eccles et al. [101]).

**Literatur zu Best Practices**

Es gibt eine wachsende Anzahl an Veröffentlichungen zu Best Practices im Bereich der Nachhaltigkeit für Industrieunternehmen. Diese Literatur konzentriert sich auf praktische und bewährte Ansätze, die Unternehmen helfen, nachhaltige Maßnahmen zu implementieren und auszubauen. Einige der führenden Arbeiten und Ressourcen in diesem Bereich sind der Tabelle 5.4 zu entnehmen.

**Recycling und Kreislaufwirtschaft**

Die Förderung von Recyclingtechnologien und -methoden ist neben der Energieeffizienz und der Vermeidung von Umweltbeeinflussungen entscheidend, um die Abhängigkeit von Rohstoffimporten zu verringern – diese Techniken haben aber Grenzen, insofern Rohstoffe begrenzt sind. Es ist daher geboten Methoden zu fördern mit dem Ziel, die Lebensdauer aller Produkte zu verlängern und die Energie- und Ressourceneffizienz zu steigern. Dazu gehört die *Förderung von Substitution und Kreislaufwirtschaftssysteme* auch, um die Abhängigkeit von spezifischen Rohstoffen zu reduzieren (Buchert et al. [64]).

Flankierend erfordert die Absicherung der Rohstoffversorgung auch strategische Maßnahmen entlang der Wertschöpfungskette:

- *Rückwärtsintegration*: Unternehmen erhöhen ihre Versorgungssicherheit, indem sie in vorgelagerte Wertschöpfungsstufen investieren, z. B. durch den Kauf von Minen oder Aufbereitungsunternehmen. Langfristige Verträge oder direkte Beteiligungen an Rohstoffunternehmen helfen, eine stabile Versorgung sicherzustellen (Gereffi et al. [167]).
- *Diversifikation der Lieferketten*: Eine geografische Diversifikation der Lieferquellen minimiert das Risiko von Versorgungsengpässen aufgrund politischer Instabilitäten oder Naturkatastrophen in bestimmten Regionen (OECD [317]).
- *Strategische Einlagerungen*: Das Anlegen von Rohstoffreserven hilft, kurzfristige Versorgungsengpässe zu überbrücken und gibt Unternehmen Zeit, sich an veränderte Marktbedingungen anzupassen (IEA [209]).
- *Rückführung nicht genutzter Maschinen*: Im Maschinen- und Anlagenbau sind Verträge mit Kunden sinnvoll, die die Rückführung nicht mehr genutzter Maschinen sicherstellen. Diese Praxis ermöglicht es, wertvolle Rohstoffe zurückzugewinnen und direkt wieder in den Produktionskreislauf einzubringen (Circular Economy Action Plan, European Commission [121]). Siehe auch Abbildung 5.2 unten.

**Tab. 5.4:** Best Practices in verschiedenen Bereichen der Nachhaltigkeit für den Einsatz in der Industrie.

| Maßnahme | Zusammenfassung | Quelle |
|---|---|---|
| Nachhaltiges Lieferkettenmanagement | Dieses Buch bietet umfassende Best Practices für nachhaltiges Management entlang der Lieferkette einschließlich umweltfreundlicher Beschaffung und Optimierung von Logistikprozessen. Es enthält Fallstudien und theoretische Ansätze zur nachhaltigen Wertschöpfung. | Y. Bouchery et al. (Hrsg.) [57] |
| Kreislaufwirtschaft und Materialeinsatz | Dieses Werk stellt die Prinzipien der Kreislaufwirtschaft vor und bietet Beispiele für deren Umsetzung in großen Unternehmen wie Philips und Unilever. Es zeigt Best Practices für Ressourcenschonung und Recycling-Strategien auf, die sich wirtschaftlich und ökologisch positiv auswirken. | P. Lacy et al. [256] |
| Energieeffizienz und Emissionsminderung | Das Buch beschreibt verschiedene erfolgreiche Ansätze, um den Energieverbrauch in industriellen Prozessen zu reduzieren und umweltfreundliche Energienutzung zu fördern. Das Buch betont außerdem die Bedeutung von Investitionen in innovative Technologien zur langfristigen Sicherstellung der Energieeffizienz. | E. U. von Weizsäcker und A. Wijkman [449] |
| Nachhaltiges Innovationsmanagement | Dieser Artikel diskutiert, wie Unternehmen Innovationen nutzen können, um nachhaltig zu wirtschaften. Er hebt hervor, dass Unternehmen, die Nachhaltigkeit als Innovationstreiber nutzen, Wettbewerbsvorteile erlangen. | R. Nidumolu et al. [306] |
| Messung und Berichterstattung | Leitfaden zur Implementierung und Messung von Nachhaltigkeitsstrategien. Es umfasst konkrete Best Practices für das Monitoring und die Berichterstattung von Umwelt- und Sozialleistung in Unternehmen und bietet Werkzeuge, wie Unternehmen ihre Fortschritte kommunizieren können. | M. J. Epstein und A. R. Buhovac [113]; M. Has [189] |
| Industrie 4.0 und Nachhaltigkeit | Die Autoren beschreiben Best Practices für die Nutzung von Industrie 4.0-Technologien (z. B. IoT, KI) zur Steigerung der Nachhaltigkeit. Beispielsweise wird dargelegt, wie durch Datentransparenz und -analyse Energieverbrauch und Materialeinsatz optimiert werden können. | T. Stock und G. Seliger [401] |
| Nachhaltige Geschäftsmodelle | Diese Studie kategorisiert nachhaltige Geschäftsmodelle und beschreibt Ansätze, die Unternehmen für langfristige ökologische und soziale Nachhaltigkeit adaptieren können. Sie analysiert Erfolgsfaktoren und bietet Fallbeispiele für deren Implementierung. | N. M. P. Bocken et al. [51] |

**Tab. 5.4** (Fortsetzung)

| Maßnahme | Zusammenfassung | Quelle |
|---|---|---|
| Integration von Nachhaltigkeitsmaßnahmen in strategische Abläufe | Diese Studie beschreibt, wie Unternehmen durch die Integration von Nachhaltigkeitsmaßnahmen in ihre strategischen Abläufe einen Wettbewerbsvorteil erlangen können. Sie stellt Best Practices für das Einbinden von CSR (Corporate Social Responsibility) vor. | M. E. Porter und M. R. Kramer [334] |
| Einführung und strategische Maßnahmen | Elkingtons Buch führt das Konzept der „Triple Bottom Line" ein, das ökologische, ökonomische und soziale Faktoren als integrale Bestandteile unternehmerischer Verantwortung beschreibt. Es enthält Best Practices für nachhaltiges Wirtschaften. | J. Elkington [106] |
| Einführung und strategische Maßnahmen | Hart beschreibt Strategien für Unternehmen, die über das einfache „Grüner-Werden" hinausgehen. Er schlägt Best Practices vor, mit denen Unternehmen Nachhaltigkeit in ihre Kernstrategie integrieren können. | S. L. Hart [187] |
| Einführung und strategische Maßnahmen | Diese Arbeit beleuchtet, wie Unternehmen ihre Geschäftsmodelle auf Nachhaltigkeit ausrichten können, und zeigt erfolgreiche Best Practices und Innovationsmodelle für nachhaltiges Wirtschaften. | S. Schaltegger, F. Lüdeke-Freund und E. G. Hansen [366] |
| Einführung und strategische Maßnahmen | Dieser Bericht bietet Best Practices und Fallstudien für Unternehmen aus verschiedenen Branchen, die ihre Umweltbilanz verbessern und ihre soziale Verantwortung wahrnehmen wollen. | World Business Council for Sustainable Development (WBCSD) [455] |
| Nachhaltiges Verhalten in Haushalten und Unternehmen | Dieses Buch fasst Best Practices für nachhaltiges Management zusammen und zeigt, wie Unternehmen durch Umweltverantwortung und soziale Maßnahmen wirtschaftliche Vorteile erzielen können. | B. Willard [462] |

Insgesamt erlaubt die Kombination von Recycling, Substitution, Kreislaufwirtschaft und strategischen Maßnahmen entlang der Lieferketten, eine Rohstoffversorgung mittelfristig zu sichern und Abhängigkeiten von globalen Lieferketten zu verringern. Solche Strategien tragen nicht nur zur ökonomischen Stabilität bei, sondern auch zur ökologischen Nachhaltigkeit und zur wirtschaftlichen und gegebenenfalls auch politischen Unabhängigkeit. Grundsätzlich helfen diese Strategien aber nicht, den generellen Effekt begrenzter Ressourcen auszugleichen. Allerdings sind die Themen eng miteinander verwoben, wie die folgende Abbildung zeigt, sodass ein Eingriff in die eine Domäne immer auch Zugriff auf die andere Domäne bedeutet.

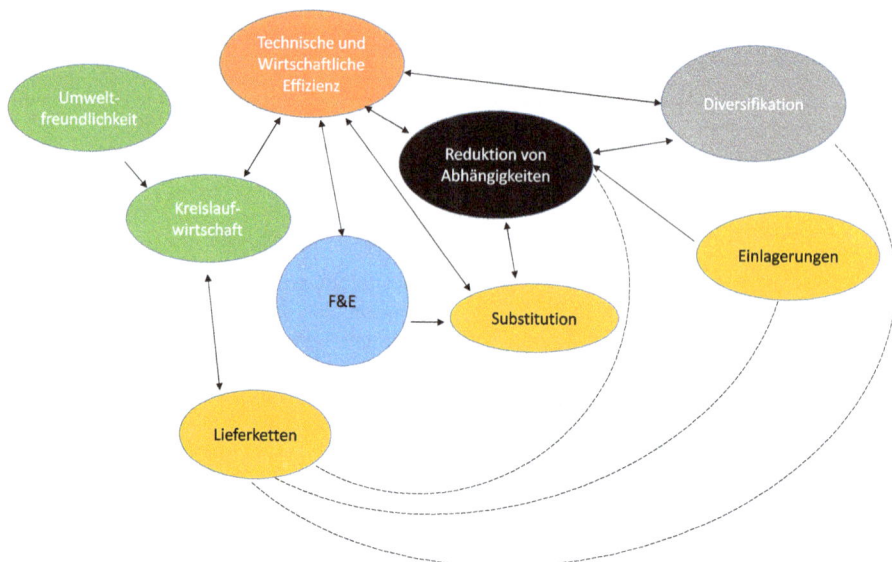

**Abb. 5.2:** Beispielhafte gegenseitige Abhängigkeiten bei der Veränderung der Rohstoffversorgung. Die Abbildung deutet die enge Verzahnung der Themen miteinander an. Es wird klar, dass ein Eingriff in die eine Domäne immer auch Zugriff auf die andere Domäne bedeutet.

### 5.5.3 Nachhaltiges staatliches Wirtschaften und staatliche Investitionen

Die Grenzen zwischen Staaten als politischen Institutionen und unternehmerischen Dienstleistern ihrer Bürger verschwimmen, insbesondere im Kontext der Förderung von Nachhaltigkeit. Staaten agieren wie Dienstleistungsunternehmen, indem sie klare Strategien und Ziele für nachhaltige Entwicklung setzen, etwa im Rahmen der Agenda 2030 der Vereinten Nationen mit ihren 17 Zielen für nachhaltige Entwicklung (Sustainable Development Goals, SDGs). Nationale Initiativen wie die deutsche Nachhaltigkeitsstrategie konzentrieren sich auf $CO_2$-Reduktion, erneuerbare Energien und soziale Gerechtigkeit (Deutsche Bundesregierung [92]). Ein Aspekt nachhaltiger Staatspolitik ist der Ausbau erneuerbarer Energien und nachhaltiger Infrastruktur, wie es Dänemark mit der Förderung der Windkraft zeigt (IEA [207]). Partizipative Ansätze wie in Schweden zur Entwicklung nachhaltiger Städte stärken die Akzeptanz solcher Maßnahmen (European Environment Agency [125]). Auch die öffentliche Beschaffung kann über ökologische Standards den Markt für nachhaltige Produkte beeinflussen, wie Finnland beweist (OECD [316]). Zudem fördern Länder die Kreislaufwirtschaft: So beabsichtigen die Niederlande bis 2050 eine vollständig zirkuläre Wirtschaft zu realisieren (Ellen MacArthur Foundation [108]).

Der wirtschaftliche Aspekt der Nachhaltigkeit wird durch verschiedene Konzepte beschrieben:

– Die *Grüne Ökonomie* verbindet Wirtschaftswachstum mit Umweltschutz durch grüne Technologien (UNEP [422]).
– Die *Kreislaufwirtschaft* fördert die Wiederverwendung und Ressourceneffizienz (Kirchherr et al. [249]).
– Die *Doughnut-Ökonomie* balanciert menschliche Bedürfnisse und planetare Grenzen (Raworth [344]).
– Nachhaltige Entwicklung und ökologischer Modernismus setzen auf technologische Innovation und Regulierung zur Entkopplung von Wachstum und Umweltzerstörung (Huber [202]; Brundtland-Kommission [62]).

Investitionen in erneuerbare Energien, $CO_2$-Abscheidung, Energieeffizienz und Kohlenstoffpreise sind weitere entscheidende Maßnahmen. Aufforstung und der Schutz von Ökosystemen ergänzen technologische Ansätze durch Verringerung der Belastung der Natur (Griscom et al. [178]). Gleichzeitig müssen Rebound-Effekte minimiert werden, wie der Trend zu großen Elektro-SUVs zeigt, die trotz Elektrifizierung hohe Ressourcenansprüche haben.

Gesellschaftlicher Konsens ist unverzichtbar, um nachhaltige Transformationen voranzutreiben. Eine integrative Politik stärkt das Vertrauen und vermeidet soziale Spaltung (Acemoglu & Robinson [5]). Bildung spielt dabei eine Schlüsselrolle, um eine informierte und engagierte Gesellschaft zu fördern (Meadows et al. [282]). Auch die kulturelle Vielfalt und eine Fehlerkultur sind essenziell, um innovative Lösungen zu entwickeln (Senge [378]). Der *Human Development Index* und ähnliche Indikatoren ersetzen zunehmend das BIP als Maßstab für nachhaltige Fortschritte (Stiglitz et al. [400]).

Die Anpassung an neue Technologien, die Förderung lokaler Experimente und internationale Zusammenarbeit sind entscheidend, um die wirtschaftliche Aktivität langfristig ökologisch und sozial verträglich zu gestalten. Trotz großer Herausforderungen sind politische Maßnahmen und gesellschaftliches Engagement der Schlüssel zu einer nachhaltigen Zukunft.

Die Finanzierung von Klimaschutzmaßnahmen stellt Staaten vor enorme Schwierigkeiten, insbesondere in Bezug auf die Vermeidung der Klimakrise und Anpassung an sie sowie den Umbau der Industrie, um Netto-Null-Emissionen zu erreichen. Laut dem Bericht der United Nations Framework Convention on Climate Change (UNFCCC) wird bis 2030 ein jährlicher Investitionsbedarf von etwa 1,8 Billionen US-Dollar allein für die Anpassung an die Klimakrise in Ländern des globalen Südens erwartet (UNFCCC [425]). Zusätzlich sind für die Eindämmung von Emissionen Investitionen von etwa 4,13 Billionen US-Dollar jährlich notwendig (McKinsey [281]). Um die globalen Netto-Null-Emissionsziele bis 2050 zu erreichen, wird einer weiteren Analyse von McKinsey zufolge ein jährlicher Investitionsbedarf von 9,2 Billionen US-Dollar erforderlich sein, um die Energiewirtschaft umzustellen, erneuerbare Energien, Wasserstofftechnologien und $CO_2$-Abscheidetechniken zu entwickeln sowie die Energieeffizienz zu steigern

(McKinsey [280]). Insgesamt summieren sich die notwendigen Investitionen auf 13,33 Billionen US-Dollar pro Jahr.

Gleichzeitig mit den hohen Investitionskosten in den Klimaschutzmaßnahmen fließen weltweit immense Summen in die Subventionierung fossiler Brennstoffe. Im Jahr 2022 beliefen sich direkte Subventionen auf etwa 1 Billion US-Dollar, wozu auch explizite Subventionen wie Steuervergünstigungen und Preisstützungen für fossile Brennstoffe gehören. Zusätzlich existieren implizite Subventionen, die durch die externen Kosten für Umwelt- und Gesundheitsschäden entstehen und weltweit mehr als 6 Billionen US-Dollar jährlich betragen (IMF [226]). Die Internationale Energieagentur (IEA) stellte fest, dass aufgrund der hohen Energiepreise 2022 in vielen Ländern die Subventionen weiter anstiegen, da Regierungen in den Energiemarkt eingriffen, um die Preise für Verbraucher zu stabilisieren (IEA [213]). Diese Subventionen verstärken die Nutzung fossiler Brennstoffe und erhöhen damit die $CO_2$-Emissionen, was die Kosten für Klimaschutzmaßnahmen in die Höhe treibt.

Im globalen Kontext macht das Bruttoinlandsprodukt (BIP) 2023 etwa 105,4 Billionen US-Dollar aus, mit einer Prognose von rund 110 Billionen US-Dollar für 2024 (World Bank [473]). Das weltweite Steueraufkommen für 2022 betrug etwa 25 Billionen US-Dollar, was alle von nationalen Regierungen erhobenen Steuern umfasst, einschließlich Einkommen-, Vermögen-, Konsum- und Unternehmenssteuern (OECD [319]). Es ist jedoch zu beachten, dass die im Kapitel betrachteten Maßnahmen vor allem $CO_2$-Emissionen adressieren. Weitere Umweltfaktoren, wie sie in den „planetaren Grenzen" beschrieben werden, müssen ebenfalls berücksichtigt werden, was zusätzliche Kosten verursacht.

Trotz dieser finanziellen Themen stehen den Maßnahmen zur Bekämpfung des Klimawandels Bestrebungen zur Förderung des Wirtschaftswachstums gegenüber. Es ist jedoch entscheidend, dass diese Maßnahmen frühzeitig erkannt und eingeleitet werden, um eine proaktive Handlungsweise zu gewährleisten. Im nächsten Kapitel wird auf die Notwendigkeit eingegangen, Entwicklungen rechtzeitig zu identifizieren und dann entsprechende Maßnahmen zu ergreifen.

### Staaten als Institution politischen Willens und Steuerung
**Steuerungsmaßnahmen**

Etablierte Fiskalpolitik bezieht sich auf die Verwendung von Steuern und Staatsausgaben, um das Wirtschaftswachstum zu beeinflussen. Im Zuge der Klimaänderung und der abnehmenden Ressourcenverfügbarkeit wird vermutlich die Wirtschaftskraft leiden. Im Folgenden wird daher auf diese Art Maßnahme Bezug genommen – dies aber mit ausgeprägter Vorsicht, da die wachsende Schuldenlast bei gleichzeitig abnehmendem Steuereinkommen den staatspolitischen Handlungsrahmen absehbar eingrenzen wird.

1. Fiskalpolitische Maßnahmen
   Regierungen kurbeln die Nachfrage an, indem sie etwa ihre Ausgaben erhöhen oder die Steuern senken. In Zeiten wirtschaftlicher Rezession nutzen Staaten oft expansive Fiskalpolitik, um die Wirtschaftstätigkeit zu stimulieren (Alesina & Ardagna [9]). Infrastrukturinvestitionen, öffentliche Dienstleistungen und Transferleistungen sind Beispiele für fiskalpolitische Maßnahmen, die das Wachstum fördern (Barro [32]). Durch gezielte Steueranreize wie Investitionszuschüsse oder Steuererleichterungen für bestimmte Sektoren stimulieren Regierungen private Investitionen, um das langfristige Wachstumspotenzial der Wirtschaft zu erhöhen (Romer [358]).

2. Geldpolitische Maßnahmen
   Von Banken gesteuerte Geldpolitik ist ein Instrument zur Steuerung des Wirtschaftswachstums. Durch die Anpassung der Zinssätze und die Kontrolle der Geldmenge kann die Bank die wirtschaftliche Aktivität beeinflussen. Niedrige Zinssätze senken die Kosten für Kredite und fördern Investitionen und Konsum, was zu einem Anstieg der gesamtwirtschaftlichen Nachfrage führt (Bernanke & Blinder [43]).

3. Strukturelle Reformen
   Strukturelle Reformen (wie die Regulierung von Unternehmen und den Handel betreffend. Deregulierungsmaßnahmen und die Förderung von Wettbewerb steigern die Effizienz und Produktivität) zielen darauf ab, die langfristigen Wachstumsbedingungen einer Volkswirtschaft zu verbessern (Aghion & Howitt [7]). Klassische Arbeitsmarktreformen, die beispielsweise die Flexibilität erhöhen oder die Beschäftigungsanreize verbessern, zielen ebenfalls auf das Wachstum des BIP ab. Auch Bildungs- und Innovationspolitiken, die in die Humankapitalbildung und Forschung investieren, sind Elemente zur Förderung langfristigen Wachstums (Acemoglu [3]).

4. Handelspolitik
   Auch ein offener Handel vermag das Wirtschaftswachstum zu fördern, indem er den Zugang zu größeren Märkten ermöglicht und den Wettbewerb erhöht. Freihandelsabkommen und die Reduzierung von Handelsschranken tragen dazu bei, die Exporte zu steigern und ausländische Investitionen anzuziehen (Frankel & Romer [148]). Gleichzeitig hat eine protektionistische Handelspolitik das Potenzial, das Wachstum zu hemmen, indem sie die Effizienz verringert und zu höheren Preisen führt.

5. Innovations- und Industriepolitik
   Die Förderung von Innovation und Technologietransfer ist ein weiterer wichtiger Hebel für Wirtschaftswachstum. Staaten stärken durch Subventionen, Forschung und Entwicklung (F&E) sowie durch den Schutz geistigen Eigentums die Innovationskraft der Wirtschaft (Mazzucato [279]). Industriepolitiken, die strategisch wichtige Sektoren unterstützen, fördern ebenfalls das Wachstum, indem sie die Wettbewerbsfähigkeit der heimischen Industrie stärken und technologische Fortschritte beschleunigen (Rodrik [352]).

Die Ungleichverteilung bei der Nutzung von Vorteilen neuer Technologien sowohl innerhalb als auch zwischen den Staaten und die Implementierung dieser Technologien und die Anpassung der Prozesse an diese Technologien wird wahrscheinlich bestehende Ungleichheiten weiter ausprägen (Acemoglu & Restrepo [4]). Die effektivsten Staaten werden in Zukunft wahrscheinlich diejenigen sein, die einen gesellschaftlichen Konsens und Vertrauen für kollektive Anpassungsmaßnahmen aufbauen und sich das Fachwissen, die Fähigkeiten und die Beziehungen ihrer Bürger zunutze machen (Ostrom [324]).

Heute überwiegt die Ansicht, dass Staaten durch die Kombination der oben genannten Herangehensweisen und Maßnahmen sowie der Überwachung relevanter KPIs gezielt auf wirtschaftliche Themen reagieren und das langfristige Wachstum sicherstellen. Die Handlungsoptionen setzen aber Staatseinnahmen voraus, die mit wachsender Schuldenlast und schwindender Wirtschaftskraft eher kleiner werden.

**Key Performance Indicators (KPIs) zur Wachstumssteuerung**
Die Steuerung des Wachstums erfolgt heute auf Basis verschiedener Key Performance Indicators (KPIs), die den Erfolg der wirtschaftspolitischen Maßnahmen messen. Dies sind unter anderem
- *die Arbeitslosenquote* (ILO [222]),
- *das Bruttoinlandsprodukt* (*BIP*) (OECD [322]),
- *die Inflation* (ECB [118]),
- *die Staatsverschuldung* (IMF [225]),
- *das Handelsbilanzsaldo* (WTO [477]).

Weitere KPIs umfassen Investitionsquoten, die Produktivität und Innovationsindizes. Diese Indikatoren bieten eine quantitative Grundlage für politische Entscheidungen und erleichtern es den Staaten, die Wirkung ihrer Maßnahmen zu überwachen und anzupassen (OECD [322]). Zukunftsszenarien deuten darauf hin, dass alle diese KPIs und Steuerungsmechanismen von Versorgungsengpässen durch die Klimaveränderung sowie von unzureichender Nahrungsmittelversorgung betroffen sein werden.

Im Folgenden werden *Staatsverschuldung* und das *BIP* als Steuerungsparameter kurz andiskutiert.

**Staatsverschuldung**
Hohe Staatsverschuldung beeinflusst den Wohlstand eines Staates, da sie zu höheren Zinszahlungen führt, die die Staatsausgaben für wichtige öffentliche Güter und Dienstleistungen (z. B. Gesundheit, Bildung, soziale Sicherheit) einschränken. Dies beeinflusst gegebenfalls die langfristige Entwicklung negativ. Außerdem schwächt wachsende Verschuldung das Vertrauen in die Wirtschaft eines Landes, was tendenziell zu einer Erhöhung der Zinssätze und zu geringeren Investitionen führt. Länder mit hohen Schulden sind oft gezwungen, Sparmaßnahmen zu ergreifen, die das Wachstum weiter dämpfen und die soziale Ungleichheit ausprägen (IMF [223]).

Staaten nutzen gelegentlich Inflation als Instrument, um ihre Schulden zu reduzieren. Der Hintergrund ist, dass Inflation den realen Wert von Schulden mindert, sodass Regierungen ihre Schulden mit entwertetem Geld zurückzuzahlen. Das ist keinesfalls eine exotische oder seltene Maßnahme seitens der Regierungen, was mit einigen Beispielen verdeutlicht werden soll:

> In den 1920er Jahren während der Weimarer Republik wurde die dann herrschende Hyperinflation von der deutschen Regierung bekämpft, indem Geld gedruckt wurde. Dies geschah mit dem Ziel, die Reparationszahlungen nach dem Ersten Weltkrieg zu finanzieren. Die Folge war ein deutlicher Wertverlust der Währung. Obwohl dies die Schuldenlast entwertete, hatte es verheerende wirtschaftliche und soziale Folgen (Borchardt [56]).
>
> Auch die Vereinigten Staaten griffen nach dem Zweiten Weltkrieg auf Inflation zurück, um ihre Staatsschulden zu bewältigen. Besonders in den 1970er Jahren wurde die Inflationspolitik genutzt, um den realen Wert der Schulden zu senken und die Kriegsverschuldung abzubauen.
>
> Ein weiteres Beispiel bietet Argentinien, das in den 1980er und 1990er Jahren wiederholt hohe Inflationsraten nutzte, um seine Staatsschulden zu reduzieren. Dies führte als akzeptierte Nebenwirkung zu schweren wirtschaftlichen Problemen und mehreren Währungskrisen (Dornbusch & De Pablo [99]).

Die Beispiele zeigen, dass Staaten Inflation als Mittel nutzen, um ihre Verschuldung zu mindern, jedoch oft mit weitreichenden wirtschaftlichen Konsequenzen. Inflation hat gravierende Auswirkungen auf die Bevölkerung, da sie das wirtschaftliche und soziale Leben stark destabilisiert. Zu den wichtigsten Folgen zählen

1. *Verlust der Kaufkraft*: Die Bevölkerung verliert in Zeiten von Hyperinflation rapide an Kaufkraft. Während der Weimarer Republik (siehe das aufgeführte Beispiel) wuchsen die Preise täglich, sodass die Menschen ihr Geld so schnell wie möglich ausgeben mussten, bevor es noch weiter an Wert verlor. Grundnahrungsmittel wie Brot wurden unerschwinglich, was zu Hunger und sozialer Unruhe führte (Borchardt [56]).

2. *Wertverlust der Ersparnisse*: Menschen, die ihr Geld auf Sparkonten angelegt haben, sehen, wie ihre Ersparnisse durch die Inflation praktisch ausgelöscht werden. Ein ähnliches Szenario spielte sich in Simbabwe ab, wo die Bevölkerung in den 2000er Jahren aufgrund der Hyperinflation von über 79 Milliarden Prozent ihre Ersparnisse verlor. Dies führte zu weitreichender Armut und einer Abhängigkeit von informellen Wirtschaftsstrukturen.

3. *Flucht in Sachwerte*: In hyperinflationären Phasen versuchen Menschen, ihre Währung durch den Kauf von Sachwerten wie Immobilien, Gold oder Fremdwährungen zu schützen. Während der Hyperinflation in Argentinien in den 1980er Jahren flüchteten viele Argentinier in den US-Dollar, um ihre Ersparnisse zu sichern, da der argentinische Peso dramatisch an Wert verlor (Dornbusch & De Pablo [99]).

4. *Soziale und politische Instabilität*: Hyperinflation führt zu schwerwiegenden sozialen und politischen Verwerfungen. Bevölkerungen verlieren das Vertrauen in die Regierung und deren wirtschaftliche Steuerung. So trug in Deutschland die Hyper-

inflation von 1923 zur Radikalisierung der Gesellschaft bei und ebnete den Weg für politische Extremisten wie die Nationalsozialisten (Ferguson [136]).

5. *Hunger und Armut*: Armutsraten steigen dramatisch, weil viele Haushalte nicht mehr in der Lage sind, sich Grundnahrungsmittel zu leisten.

Hyperinflation kann von Staaten als Maßnahme zur Entwertung vorher gemachter Schulden genutzt werden. Diese Maßnahme hat jedoch tiefgreifende und negative Folgen für die Bevölkerung, die weit über wirtschaftliche Schwierigkeiten hinausgehen und gesellschaftliche Verwerfungen sowie langfristige Armut und Instabilität nach sich ziehen. In einer Situation, in der sich Staaten mit den Folgen von Rohstoffknappheit, Klimawandel und schwacher Versorgung mit Nahrung zu beschäftigen haben, ist diese zusätzliche Quelle sozialer Probleme keinesfalls wünschenswert – was sich durch Vermeidung von Staatsschulden im Vorfeld vermeiden lässt.

### Das Bruttosozialprodukt als KPI

Das Bruttosozialprodukt (BIP) ist ein traditionelles Maß für die wirtschaftliche Leistung eines Landes. Es umfasst den Gesamtwert aller von den Bürgern eines Landes in einem bestimmten Zeitraum erzeugten Güter und Dienstleistungen. Trotz seiner weiten Verbreitung und Bedeutung als wirtschaftlicher Indikator wird das BIP zunehmend aufgrund seiner Einschränkungen und Mängel im Hinblick auf Nachhaltigkeitsfragen kritisiert (z. B. Stiglitz, Sen und Fitoussi [400]).

### Kritik am BIP aus Nachhaltigkeitsperspektive

Das BIP misst vor allem Produktivität und Output als wirtschaftliche Aktivitäten, unabhängig davon, ob sie zum Wohlstand und zur nachhaltigen Entwicklung beitragen oder nicht. Weltweit ist die Entwicklung des Bruttosozialprodukts fast proportional zum Ausstoß an $CO_2$. Das BIP berücksichtigt keine Effekte wie Umweltzerstörung und Ressourcenverbrauch (Daly & Cobb [86]), Soziale Ungleichheit (Piketty [330]) oder nicht-marktliche Aktivitäten (Stiglitz, Sen und Fitoussi [400]). Die Berücksichtigung von Nachhaltigkeitsfragen in der Wirtschaftspolitik erfordert die Integration alternativer Indikatoren neben dem BIP. Diese Indikatoren helfen, politische Maßnahmen zu steuern, die auf langfristigen Wohlstand und ökologische Nachhaltigkeit abzielen. Beispielsweise tragen Umweltsteuern, Subventionen für erneuerbare Energien und Investitionen in Bildung und Gesundheit dazu bei, nachhaltiges Wirtschaften zu fördern (Arrow et al. [22]).

Die Nutzung eines umfassenderen veränderten Indikatorensystems trägt auch dazu bei, die öffentliche und politische Aufmerksamkeit auf die Bedeutung von Umwelt- und Sozialaspekten zu lenken und eine nachhaltige Entwicklung zu fördern. Eine solche ganzheitliche Sichtweise ermöglicht es, wirtschaftliche, soziale und ökologische Ziele besser in Einklang zu bringen und die Lebensqualität für gegenwärtige und zukünftige Generationen zu sichern (Costanza et al. [81]). Um den Problemen, die mit nachhaltigen Wirtschaftsweisen einhergehen, besser zu begegnen als mit dem Bruttosozialprodukt, werden verschiedene alternative Indikatoren vorgeschlagen – so beispielsweise der *Human Development Index* (HDI): Der HDI kombiniert Indikatoren für Einkommen, Bildung und Lebenserwartung und bietet somit ein umfassenderes Bild des menschlichen Wohlstands als das BIP allein (UNDP [421]);

der *Genuine Progress Indicator* (GPI): Der GPI berücksichtigt sowohl wirtschaftliche als auch ökologische und soziale Faktoren. Er zieht von den wirtschaftlichen Aktivitäten die Kosten für Umweltzerstörung und soziale Probleme ab und addiert den Wert nicht-marktlicher Aktivitäten (Talberth et al. [409]);

der *ökologische Fußabdruck*: Dieser Indikator misst den Ressourcenverbrauch und die Umweltbelastung einer Gesellschaft im Vergleich zur ökologischen Kapazität der Erde. Er hilft, die Nachhaltigkeit des wirtschaftlichen Handelns besser zu bewerten (Wackernagel & Rees [452]).

In den letzten Jahren wurde auch die Bewertung des Glücks als Indikator für die Entwicklung eines Wirtschaftsraums vorgeschlagen. Dieser Ansatz geht zurück auf das buthanesische System der Gross Natural Happyness (GNH), das in abgeänderter Form auch in Europa und Amerika in Anklang findet (Varma [447]):

So beauftragte der damalige französische Präsident Nicolas Sarkozy im Jahr 2008 eine Kommission mit der Aufgabe, die Messung wirtschaftlicher Leistung und sozialen Fortschritts zu überarbeiten. Diese als „Kommission zur Messung der wirtschaftlichen Leistung und des sozialen Fortschritts" (CMEPSP) bekannte Gruppe hatte das Ziel, die Grenzen des Bruttoinlandsprodukts (BIP) als Wohlstandsindikator aufzuzeigen, alternative Messinstrumente zu evaluieren und Möglichkeiten zur verbesserten Präsentation statistischer Informationen zu erörtern.

Der Bericht der Kommission kommt zu dem Schluss, dass herkömmliche wirtschaftliche Statistiken viele Aspekte des Wohlergehens der Bevölkerung nicht ausreichend erfassen. Ähnlich wie der von Bhutan eingeführte Ansatz des „Bruttonationalglücks" schlägt die häufig nach ihrem Vorsitzenden benannte Stiglitz-Kommission vor, den Fokus von der reinen Produktion auf das Einkommen und den Konsum zu verlagern. Durch die Kommission vorgeschlagene Messgrößen sind unter anderem

- *Materieller Wohlstand*: Einkommen und Konsum sollten stärker als Indikatoren genutzt werden, statt sich allein auf die Produktion zu konzentrieren;
- *Haushaltsperspektive*: Die wirtschaftliche Analyse sollte die Sichtweise der Haushalte stärker betonen;
- *Vermögen berücksichtigen*: Neben Einkommen und Konsum sollte auch Vermögen in die Analysen einfließen;
- *Verteilungsgerechtigkeit*: Die Verteilung von Einkommen, Konsum und Vermögen sollte mehr Beachtung finden;
- *Nicht-marktbasierte Tätigkeiten*: Einkommen aus nicht-marktwirtschaftlichen Aktivitäten sollte ebenfalls berücksichtigt werden;
- *Lebensqualität und Fähigkeiten*: Die Lebensqualität wird durch objektive Bedingungen wie Gesundheit, Bildung und Umwelt bestimmt. Robuste Indikatoren sollten für soziale Beziehungen, politische Mitsprache und Unsicherheit entwickelt werden;
- *Ungleichheitsindikatoren*: Alle Dimensionen der Lebensqualität sollten umfassend auf Ungleichheiten hin untersucht werden;
- *Wechselwirkungen der Lebensqualitätsdimensionen*: Erhebungen sollten die Zusammenhänge zwischen den Lebensqualitätsbereichen für jede Person erfassen;

- *Aggregation der Lebensqualität*: Statistische Ämter sollten Daten zur Aggregation der Lebensqualitätsdimensionen bereitstellen;
- *Subjektives und objektives Wohlbefinden*: Beide Perspektiven sollten in Umfragen erfasst werden, um die Lebensqualität umfassend zu bewerten;
- *Nachhaltigkeitsindikatoren*: Klar definierte Indikatoren zur Bewertung der Nachhaltigkeit sind erforderlich, vor allem ein monetärer Nachhaltigkeitsindex für ökonomische Aspekte;
- *Umweltaspekte der Nachhaltigkeit*: Physische Indikatoren, etwa für Umweltschäden, sollten gesondert betrachtet werden.

Diese Empfehlungen zielen darauf ab, das BIP um Kriterien wie Nachhaltigkeit und Lebensqualität zu erweitern und damit einen umfassenderen und realistischeren Indikator für das Wohlergehen einer Nation zu schaffen. Vergleichbare Kriterien wurden auch für Großbritannien entwickelt in Tabelle 5.5.

In einem Entschließungsantrag erkannte das britische Parlament an, dass das Wachstum des BIP kein wahrheitsgetreues Bild des Fortschritts vermittelt. Begrüßt wurde das Ziel, ganzheitliche Ansätze zum Verständnis und zur Messung des Fortschritts zu entwickeln, die das soziale, ökologische, wirtschaftliche und demokratische Wohlergehen in die Bemessung mit einbeziehen. In diesem Zusammenhang stellte das Parlament fest, dass der Bruttoinlandsindex des Wohlergehens im Vereinigten Königreich bereits vor der COVID-19-Pandemie zurückging, während das BIP dennoch anstieg (Hein [191]).

### Obergrenze des Wachstums

Das Wachstum des BIP ist mit dem Verbrauch von Ressourcen und Energie verbunden (siehe N. Georgescu-Roegen [165]; Daly [85]; Ayres & Warr [27]; Steinberger et al. [398]). Dieser Zusammenhang soll im Folgenden etwas abstrakter anhand einer grafischen Darstellung illustriert und in einen Kontext gestellt werden.

In der folgenden Abbildung (siehe auch Abbildung 5.3 unten) sind auf der Abszisse die verbrauchten Ressourcen (mineralische und biologische Ressourcen sowie Energie) dargestellt, auf der Ordinate das Bruttosozialprodukt. Derzeit gilt die Daumenregel, dass ein höherer Ressourcenverbrauch mit einem höheren BIP einhergeht. Der Ressourcenverbrauch ist eine zeitabhängige Größe. Sie setzt sich aus dem zusammen, was pro Zeiteinheit von der Sonne „geliefert" (A1) und dem, was an mineralische Ressourcen abgebaut wird. Die Summe aus beiden ist in der folgenden Abbildung A2. Offenbar ist das, was wiederkehrend von Sonne und Erde geliefert wird, eine Größe, die von den lebenden Spezies verbraucht werden kann. Diese Größe hat lokalen Charakter. Der absolut verfügbare Vorrat $O$ ist damit eine zeitabhängige Größe $O(t)$. Mit dem Verbrauch von Rohstoffen kommt $O(t)$ immer näher an A2.

$O(t)$ ist ebenfalls eine lokale Größe, die letztlich die Versorgung an einem Ort beschreibt. Eine bestimmte Wirtschaftsweise ist keine weltweite Konstante, sondern, ebenso wie die Versorgung mit Ressourcen, durch lokale Charakteristika wie Industrialisierung, Infrastruktur, Durchschnittstemperatur, Bodenfruchtbarkeit usw. beschrieben.

**Tab. 5.5:** Britischer Indikator für das Bruttoinlandswohlbefinden (Varma [447]).

| Bereich | Indikator | Unterkriterium |
|---|---|---|
| 1 | Persönliches Wohlbefinden | Lebenszufriedenheit |
| | | Selbstwertgefühl |
| | | Glücklich sein |
| | | Ängste |
| | | Geistiges Wohlbefinden |
| 2 | Unsere Beziehungen | Beziehungen |
| | | Einsamkeit |
| | | Netzwerk |
| 3 | Gesundheit | Lebenserwartung |
| | | Behinderungen |
| | | Gesundheitszufriedenheit |
| 4 | Was wir tun | Arbeitslosigkeit |
| | | Zufriedenheit mit dem Arbeitsplatz |
| | | Zufriedenheit in der Freizeit |
| | | Freiwilliges Engagement |
| | | Künstlerisches Engagement |
| | | Körperliche Aktivität |
| 5 | Wo wir leben | Kriminalitätsrate |
| | | Sich sicher fühlen |
| | | Zugang zur Natur |
| | | Nachbarschaft |
| | | Fahrtzeit |
| | | Zufriedenheit mit der Unterkunft |
| 6 | Persönliche Finanzen | Schwellenwerte des Einkommens |
| | | Reichtum der Haushalte |
| | | Haushaltseinkommen |
| | | Einkommenszufriedenheit |
| | | Aufwand für finanzielle Verwaltung |
| 7 | Wirtschaft | Verfügbares Einkommen |
| | | Staatsverschuldung |
| | | Inflation |
| 8 | Bildung und Qualifikationen | Humankapital |
| | | Anteil der jungen Menschen (16–24 Jahre), die sich nicht in Ausbildung, Beschäftigung oder Training befinden |
| | | Qualifikationen |
| 9 | Regierungsführung | Wahlbeteiligung |
| | | Vertrauen |
| 10 | Umwelt | Treibhausgase |
| | | Geschützte Gebiete |
| | | Erneuerbare Energien |
| | | Recycling |

Die lokale Wirtschaftsweise ist auch charakterisiert durch den lokalen Ressourcenbedarf, der mit Modellen wie dem Liebigschen Gesetz ausgedrückt werden kann. Selbst wenn weltweit bestimmte Rohstoffe durchaus vorhanden sind, ist deren lokale Verfügbarkeit für die Funktionsfähigkeit des lokalen SES entscheidend.

A1 ist fix, d. h. ein Ersatz von mineralischen oder energetischen Ressourcen aus dem Portfolio von A1 mag technisch möglich sein, diese Ressourcen fehlen aber lokal an einer anderen Stelle, wenn A1 bereits genutzt wird.

Mit dem Verbrauch von Ressourcen rückt $O(t)$ näher an A2, wobei der Abstand zwischen A2 und $O(t)$ eine lokale Größe ist. Ab dem Zeitpunkt, an dem $O(t)$ gleich A2 ist, schrumpft die Wirtschaftsleistung in der Region. Für einzelne Rohstoffe und im weltweiten Maßstab ist diese Zeitabhängigkeit für mineralische Rohstoffe und Energieträger bekannt und wurde vielfach simuliert (siehe z. B. Sverdrup & Koca [406]). So liegt die Verfügbarkeit von Rohöl oder Erdgas bei 50–60 Jahren, die von Kobalt oder Lithium bei deutlich kürzeren Zeiten. Zudem muss auf in diesem Zusammenhang auf verschiedene Effekte Bezug genommen werden.

Es kann also ein Zustand eintreten, in dem die Geschwindigkeit, mit der sich $O(t)$ dem Punkt A1 annähert, mit schwindenden Rohstoffreserven erhöht und A1 sich durch wachsendes Abfallaufkommen erniedrigt, was den wirtschaftlichen Spielraum weiter verkleinert. Die Ressourcennutzung sollte so gestaltet werden, dass der Abstand zwischen den Ressourcen A1 (fixiert) und A2 (variabel) minimiert wird, was auf eine Reduktion von A2 hinausläuft, die durch Umwidmung von Ressourcen aus dem Portfolio von A1 regional abgemildert werden kann.

Dabei sind mehrere Faktoren zu berücksichtigen:

- *Substitution von Rohstoffen*: Die Ersetzung bestimmter Rohstoffe verzögert Engpässe zeitlich, allerdings nicht gleichzeitig für alle Rohstoffe;
- *Rohstoffabhängigkeit und Energiebedarf*: Rohstoffgewinnung erfordert Energie und andere Rohstoffe. Beispielsweise ist Kohleabbau ohne Eisen kaum möglich, und die Herstellung von stickstoffhaltigem Dünger benötigt große Energiemengen;
- *Entfernung der Rohstoffvorkommen*: Mit sinkender Verfügbarkeit liegen Rohstoffquellen oft weiter von Verarbeitungsorten entfernt, was den Energiebedarf für Transport und Infrastruktur erhöht;
- *Technische Nutzung geringer Konzentrationen*: Einige Rohstoffe werden in geringen Konzentrationen verwendet, was das Recycling erschwert;
- *Erztrennung und Abfallaufkommen*: Die Gewinnung von Rohstoffen erfordert oft die Trennung von Erz, was mit zunehmendem Materialaufwand und Abfallaufkommen einhergeht.

Der politische Handlungsrahmen liegt zwischen $O(t)$ und A1. Eine ungleiche Verteilung von A1 und $O(t)$ auf regionaler Ebene birgt das Potenzial für Verteilungskonflikte. Politische Maßnahmen können sein

- *Verringerung des Bruttoinlandsprodukts* (Option 2): Ziel ist es, den Rohstoff- und Energieverbrauch zu senken;

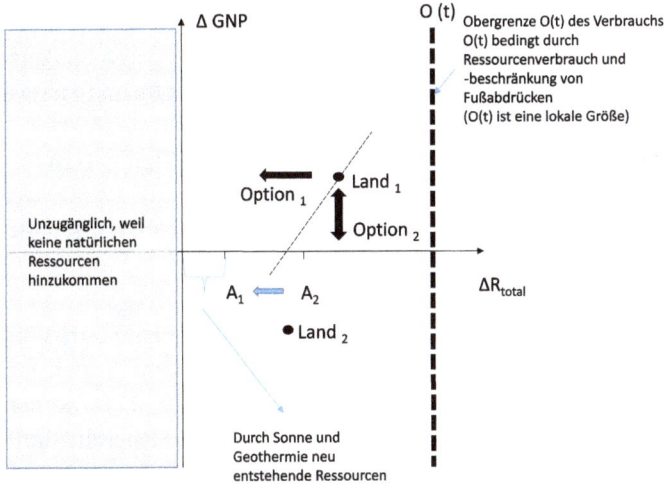

**Abb. 5.3:** Abwägung zwischen Wirtschaftswachstum und Ressourcenverbrauch. Wirtschaftliches Agieren ist, was Rohstoffverbrauch betrifft, nur im ersten Quadranten „in der Nähe" des Punktes $A_1$ möglich. Liegt in dieser vereinfachten Darstellung der Rohstoffverbrauch bei weniger als dem mit $A_1$ indizierten Wert, werden nur erneuerbare Rohstoffe verbraucht. Liegt der Verbrauch „oberhalb" des von $A_1$ indizierten Wertes, wird das Wachstum von nicht erneuerbaren Rohstoffen befeuert, die entweder aus Neuabbau oder Recycling stammen. Die Line $O(t)$ wandert dann stetig auf $A_1$ zu, denn die Rohstoffreserven fallen mit Verbrauch der nicht erneuerbaren Rohstoffe zwangsläufig. „Rechts von $O(t)$" existieren keine wirtschaftlichen Spielräume. Die aus Recycling gewonnenen Rohstoffe verzögern eventuell einen Kollaps des Systems nur. Sowohl für Ressourcenabbau und -aufbereitung als auch für Recycling ist allerdings Energie nötig. Es zeichnet sich jedoch ab, dass die weltweiten Gas- und Ölressourcen in der Lage sind, eine Versorgung von lediglich 50–60 Jahren sicherzustellen. Bemerkenswert an diesem Zeitrahmen dabei auch, dass die Versorgung mit Kunstdüngern zum Teil unmittelbar an der Versorgung mit Öl hängt – ein Ende der Versorgung mit Rohöl also auch ein Ende der heute etablierten Versorgung mit Nahrungsmitteln bedeutet.

– *Verbot bestimmter Technologien (Option 1)*: Dies würde den Ressourcenverbrauch reduzieren;
– *Erhöhung der Zugänglichkeit und Erntefaktoren von Energie und Rohstoffen*: Dies ist die derzeit bevorzugte Wirtschaftsweise.

Die derzeitige Wirtschaftsweise geht von einer Beziehung zwischen Wirtschaftswachstum und Gesamtressourcenverbrauch ($R_{total}$) aus, die die Wirtschaftssituation einer Region in einem Quadranten Q1 oder Q4 darstellt. Ein langfristiger Rückgang des BIP verringert die Steuereinnahmen und die Finanzierung des Gemeinwesens, was die Stabilität des Gemeinwesens gefährdet. Dies deutet darauf hin, dass „Degrowth" mindestens ein langfristiges Nullwachstum erfordert und damit ein Spezialfall des „Postgrowth" darstellt.

Politische Maßnahmen zielen gegebenenfalls darauf ab (Sverdrup & Koca [406]):

- das Bruttosozialprodukt oder den entsprechenden Parameter in anderen Indikatorengrößen zu erniedrigen (Option 2) mit dem Ziel, weniger Rohstoffe und Energie zu konsumieren, oder auch,
- etwa durch Verbot bestimmter Technologien weniger Ressourcen (Option 1) zu verbrauchen;
- Energie und Rohstoffe zugänglicher zu machen (die derzeit bevorzugte Wirtschaftsweise).

Beim derzeitigen Wirtschaften wird eine Beziehung zwischen Wirtschaftswachstum und $R_{total}$ vorausgesetzt, die die Wirtschaftssituation für eine gegebene Region mit einem Punkt im Quadranten Q1 oder Q4 charakterisiert. Wenn $\Delta BIP < 0$, werden aufgrund der angesprochenen Zusammenhänge sehr langfristig die Steuereinkünfte reduziert und das Gemeinwesen sehr verringert finanziert und ein langfristig stabiles Gemeinwesen damit unwahrscheinlicher.

Ein vorsichtiges Wachstum ist unter dem Aspekt der Nachhaltigkeit nicht zu verurteilen. Technologiesprünge führen eventuell zu sprunghaften Entwicklungen. Dem steht aber gegenüber, dass Wachstum für viele, wenn auch nicht für alle mit einer Verbesserung der Lebensqualität einhergeht (höhere Lebenserwartung für alle Altersgruppen durch bessere Gesundheitsversorgung, Versorgung mit Infrastruktur und Energie, Möglichkeit des Schulbesuchs usw.). Ein anderer Wachstumseffekt besteht darin, dass ungleiches Wachstum auch genutzt werden kann, um Verteilungskonflikte abzuschwächen.

Obwohl die Figur dies suggeriert, ist der Zusammenhang zwischen der Veränderung von BIP und nicht notwendigerweise stetig – z. B. Technologiesprünge, auch wenn diese selten vorkommen, führen gelegentlich zu sprunghafter Entwicklung. Chaotische Entwicklungen nach Kipppunkten können zu unerwarteten Entwicklungen der Maßzahlen führen. Je steiler steigend die gestrichelte Linie verläuft, d. h. je weniger die getroffene Maßnahme mit dem Verbrauch bei gleichzeitigem Wachstum des BIP verknüpft ist, desto besser – eine Prämisse, die, je näher A1 ist, desto seltener nutzbar wird.

Es ist angesichts schwindender Ressourcen, abnehmender Energievorräte und begrenzter landwirtschaftlicher Kapazitäten zwingend notwendig, Verbrauch mineralischer und energetischer Ressourcen zu reduzieren und aus dem Portfolio von A1 umzuwidmen. Wenn dies zutrifft, muss das Wirtschaftswachstum auf ein Niveau reduziert werden, das den erneuerbaren Ressourcen entspricht, die durch Sonneneinstrahlung verfügbar sind oder erzeugt werden.

### 5.5.4 Degrowth, Postgrowth und Green Growth

Der Klimawandel, die Versorgungsengpässe und die Notwendigkeit, Ressourcen effizient zu nutzen, erfordern ein radikales Umdenken in Bezug auf wirtschaftliches Wachstum. Verschiedene Modelle wie *Degrowth*, *Postgrowth* und *Green Growth* bieten alternative Ansätze zur aktuellen wachstumsorientierten Wirtschaftsweise.

### Degrowth

Der Ansatz fußt auf der Beobachtung, wonach Wirtschaftswachstum und Umweltbelastung miteinander einhergehen. Degrowth setzt auf die bewusste Verlangsamung von Produktion und Konsum bzw. der Reduktion von ökonomischem Wachstum, um die Umweltbelastung zu minimieren und soziale und ökologische Gerechtigkeit zu fördern. Es stellt das wachstumsorientierte kapitalistische Modell in Frage und betont einen reduzierten ökologischen Fußabdruck, soziale Gerechtigkeit und Wohlbefinden gegenüber dem BIP-Wachstum. Degrowth bedeutet keine bloße Reduktion des Bruttoinlandsprodukts, sondern eine grundlegende Transformation der Wirtschaft hin zu weniger Konsum und mehr ökologischer und sozialer Nachhaltigkeit. Latouche [259] argumentiert, dass Wachstumsbegrenzung nicht nur für den Umweltschutz, sondern auch für das menschliche Wohlbefinden essenziell ist. Degrowth fordert somit eine Abkehr von der Wachstumslogik hin zu einer ressourcenschonenden Lebensweise.

### Postgrowth

Die Postwachstums-Theorie erkennt die Grenzen des Wirtschaftswachstums an, strebt aber keine absichtliche Reduzierung der Wirtschaft an. Stattdessen konzentriert sie sich auf qualitatives Wachstum, das das gesellschaftliche Wohlergehen steigert, ohne den Verbrauch zu erhöhen. Dieser Ansatz betont die nachhaltige Produktion und den ethischen Konsum innerhalb ökologischer Grenzen (Jackson [239]). Im Gegensatz zu Degrowth strebt das Postgrowth-Modell eine wirtschaftliche Stabilität an, die nicht von konstantem Wachstum abhängig ist. Postgrowth betont alternative Wohlstandsindikatoren wie Lebensqualität und ökologische Gesundheit statt des Fokus auf quantitatives Wirtschaftswachstum.

### Green Growth

Im Gegensatz dazu strebt Green Growth nach nachhaltigem Wachstum durch technologische Innovationen und umweltfreundliche Reformen. Die OECD [312] beschreibt Green Growth als einen Ansatz, der wirtschaftliches Wachstum mit dem Schutz der natürlichen Umwelt verknüpft. Green Growth setzt auf Innovationen in Bereichen wie erneuerbare Energien und Ressourceneffizienz, um die Umweltbelastung zu reduzieren, ohne auf wirtschaftliches Wachstum zu verzichten. Grünes Wachstum zielt darauf ab, das Wirtschaftswachstum von der Umweltzerstörung abzukoppeln, indem erneuerbare Energien, umweltfreundliche Technologien und nachhaltige Praktiken gefördert werden, ohne das BIP-Wachstum zu beeinträchtigen. Green Growth wird von internationalen Organisationen wie der OECD und den Vereinten Nationen unterstützt (OECD [312]).

Alle drei Modelle sind als Vision relevant, wenn es darum geht, den Ressourcenverbrauch in Einklang mit den regenerativen Kapazitäten des Planeten zu bringen. Während Degrowth und Postgrowth das Wirtschaftswachstum selbst hinterfragen, setzt Green Growth auf technologische Lösungen und Effizienzsteigerungen, um die wirtschaftliche Entwicklung innerhalb ökologischer Grenzen zu halten. Jedes Modell hat seine Vorteile und schwächere Seiten: Degrowth konzentriert sich auf die Verkleinerung, Postgrowth zielt auf Nachhaltigkeit ohne absichtliche Schrumpfung, und Green Growth versucht, Wirtschaftswachstum mit ökologischer Nachhaltigkeit in Einklang zu bringen. Wie praktikabel und effektiv jede Strategie ist, um sowohl wirtschaftliche Stabilität als auch Umweltschutz zu erreichen, ist vermutlich nur regional richtig zu bewerten.

# 6 Zusammenfassung

Die Bedrohung der Versorgung mit Rohstoffen, Energieträgern und Nahrungsmitteln sowie der Klimawandel wurde in den Mittelpunkt des ersten Teils dieses Buches gestellt. Ohne neue Rohstoff- und Energiequellen wird die Versorgung der Wirtschaften der Erde nach von nun an etwa 40–70 Jahre aufhören. Auf dem Weg dahin bedeutet das ansteigende Preise, schrittweises Verschwinden von Produkten, Aussterben von Industrien, schneller werdende Frequenz von Infrastrukturzusammenbrüchen – die Folge sind reduzierte Steuereinnahmen und wachsende Staatsverschuldung ohne die Möglichkeit, auf dem heutigen Niveau staatliche Gemeinwesen weiter zu betreiben. Um diese Effekte zu vermeiden und gleichzeitig um ihre Handlungsfähigkeit innenpolitisch unter Beweis zu stellen, könnte es Staaten naheliegend erscheinen, mit Gewalt an Ressourcen zu kommen oder zumindest damit zu drohen.

Selbst wenn eine Hoffnung auf neue Rohstoffe und fossile Energiequellen gerechtfertigt wäre, würde das Problem nicht für lange gelöst – eher nur verschoben werden: Auch bei der unwahrscheinlichen Entdeckung einer in Menge, Erreichbarkeit und Vielfalt der heute bekannten Ressourcen vergleichbaren Quellen wäre, bei gleicher Bedarfsentwicklung, lediglich noch maximal weitere etwa 30 Jahre sichergestellt (so die Literatur). Diese Zeitangabe bezieht sich auf einen Durchschnitt von kritischen Materialien, einzelne werden deutlich früher knapp werden. Unter diesen Umständen die Hoffnung auf Recycling zu legen ist nicht gerechtfertigt, denn einerseits erfordert Recycling seinerseits Energie und Rohstoffe, andererseits sind Recyclingquoten zum Teil sehr niedrig, keinesfalls immer so hoch wie bei Glas, Stahl oder Aluminium. Viel eher ist anzunehmen, dass Lieferstaaten bereits deutlich früher mögliche Notlagen antizipieren – dass das Phänomen einer „Bugwelle" auftritt. Ebenso wie ein Schiff die Wasseroberfläche vor Erreichen der entsprechenden Stelle anhebt, werfen Probleme weit vor ihrem Eintreten ihren Schatten voraus. Realistischerweise sollten Versorgungsengpässe damit spätestens bereits in 25–30 Jahren alltäglich allenthalben spürbar sein – eher früher. Aktuelle Meldungen legen nahe, dass Lieferstaaten wie China bereits jetzt die Bereitstellung beschränkt verfügbarer oder strategisch relevanter Rohstoffe zielgerichtet einschränken.

Es gibt noch die Vorstellung, wonach Rohstoffe und fossile Energiequellen durch landwirtschaftlich gewonnene Materialien ersetzt werden könnten (wie z. B. Biodiesel). Angesichts der Tatsache, dass die landwirtschaftliche Industrie bereits mit der Versorgung der wachsenden Bevölkerung mit Lebensmitteln absehbar überfordert ist (wegen Bodenerosion, Klimawandel, Mangel an Kunstdünger, Verlust der Artenvielfalt usw.), ist diese Hoffnung nicht gerechtfertigt.

Auch damit stellt sich natürlich die Frage, wie eine Zukunft konkret aussehen kann. Diese Art der Betrachtung ist üblicherweise Gegenstand der Zukunftsforschung. Da diese Forschungsrichtung zwar gern zitiert wird, aber in Detail nicht sehr bekannt ist, wurde sie etwas detaillierter abgegrenzt und auch methodisch knapp vorgestellt. Trend-

https://doi.org/10.1515/9783111610887-006

und Zukunftsforschung konzentrieren sich auf verschiedene Zeitfenster – Trendforschung beginnend in der Gegenwart bis zu maximal 5–10 Jahren ab heute. Zukunftsforschung beginnt dort, wo die Trendforschung aufhört und reicht bis zu Zeiträumen von 25 Jahren oder auch deutlich mehr. Die Zukunftsforschung hat damit einen Arbeitshorizont, der gerade in den Bereich ragt, in dem die Folgen von Versorgungsengpässen und Klimawandel absehbar das Potenzial dazu haben, den Alltag zu dominieren. Die Zukunftsforschung erstellt als Arbeitsmethode verschiedene Szenarien unter wechselnden Prämissen und analysiert diese dann auch auf Gemeinsamkeiten und Unterschiede. Hier wurden Szenarien für das Jahr 2050 beschrieben oder aus der Literatur herangezogen – und einer Beschreibung der unmittelbaren Nachkriegszeit gegenübergestellt. Diese Gegenüberstellung ist gerechtfertigt, da sich, bei aller Unterschiedlichkeit, diese Zeiten durch vielschichtige Gemeinsamkeiten auszeichnen. Zudem sind Beschreibungen der Nachkriegszeit im deutschen Sprachraum Teil des kollektiven Gedächtnisses und eignen sich damit gut zur Illustration.

Bereits ohne die Annahme von Klimawandel und Rohstoffknappheit wird ein Versorgungsengpass bei landwirtschaftlichen Gütern absehbar zu ausgeprägten Schwierigkeiten in der Ernährung der Bevölkerung führen. Dieser Versorgungsengpass ist bedingt durch fortschreitende Bodenerosion und die absehbaren Lieferengpässe bei Kunstdüngern, Umweltverschmutzung, Artensterben und weiteren Einflussgrößen: Die Erosion hat ihre Ursache in der übermäßigen und unsachgemäßen Nutzung der Flächen. Urbanisierung und die damit einhergehende weitere Verkleinerung der landwirtschaftlichen Fläche sowie die immer weiter fortschreitende Industrialisierung der Landwirtschaft sind weitere Einflußgrößen. Hinzu kommt, dass die Bevölkerungsdichten und damit die Erwartungen an die landwirtschaftliche Produktivität steigen. Dem steht gegenüber, dass der Anspruch an den Ackerbau, mehr als nur Nahrung für Menschen zu produzieren, mit Tierfutter, Benzinersatz und Materialien für die Biogaserzeugung bereits heute grenzwertig ist. Es zeigte sich, dass keines der ins Auge gefassten Szenarien von diesem Versorgungsaspekt unberührt blieb und die absehbare Not sich in vielen, auch unerwarteten Aspekten zeigt.

Die zusätzlichen eher konservativen Annahmen über Ressourcenknappheit und Umweltveränderungen durch den Klimawandel verschärfen das Bild – sie führen zur Notwendigkeit von Anpassungsstrategien in allen Bereichen sehr vergleichbar mit dem, was die Bevölkerungen in der unmittelbaren Nachkriegszeit erlebten. Dem steht gegenüber, dass diese Anpassungen kostenintensiv sind und die heute angehäufte Überschuldung die staatliche Handlungsfähigkeit in Zukunft deutlich weiter einschränkt. Staaten kommen mit verminderter Leistungsfähigkeit unter Druck, ihre eigene Existenz zu rechtfertigen – in der Vergangenheit dienten erfundene auswärtige Bedrohungen als einendes Moment und Erklärung für Engpässe – ein Muster, das bis in die Gegenwart funktioniert und auch zur Rechtfertigung von Kriegen dient.

Die Aussicht auf eine kontinuierliche Steigerung der Produktion mit Hilfe von von fossilen Rohstoffen stellt eine ernsthafte Bedrohung für die globale Umwelt dar und wird zu irreversiblen ökologischen Schäden führen – bis diese Rohstoffe zu knapp werden, um verbrannt zu werden. Danach stehen diese Ressourcen nicht mehr als Rohstoffe zur Verfügung – auch nicht für die Produktion von beispielsweise Medikamenten oder Werkstoffen. Gleichzeitig werden technologische Fortschritte durch den Mangel an Rohstoffen und Energie auch in anderen Bereichen eingeschränkt oder bis zur Unmöglichkeit beeinträchtigt. Viele Szenarien verweisen auf die regionalen Unterschiede, die sowohl als Bedrohung durch Beschaffungskriege als auch als Chance wahrgenommen wurden.

Insgesamt zeigt sich, dass unter den Bedingungen einer globalen Ressourcenkrise die Notwendigkeit von lokalen Lösungen, technologischen Anpassungen und einer tiefgreifenden Umstrukturierung der globalen und regionalen Wirtschaftsweisen nur noch dringlicher wird. Die Wechselwirkungen zwischen Ressourcenverknappung, technologischen Fortschritten und gesundheitlichen Schwierigkeiten werden ausgeprägter sichtbar. Die Fähigkeit der Gesellschaften, Lösungen zu finden und sich an diese neuen Bedingungen anzupassen, wird entscheidend für die Bewältigung der Probleme und die Sicherstellung einer stabilen Zukunft sein.

An dieser Stelle kommen zwei Ansprüche an die Politik ins Spiel: Zum einen müssen unbequeme, aber notwendige Wahrheiten klar ausgesprochen und die Kraft investiert werden, die Konsequenzen dieser Wahrheiten auch auf demokratisch legitimierte Weise durchzusetzen. Zum anderen muss der Staat als Dienstleister für seine Bürger die staatlichen Aufgaben tatsächlich erfüllen. Beides wird schwieriger. Das einfachste Handlungsmuster für Regierende ist es, andere verantwortlich zu machen – hat sich dieses Handlungsmuster etabliert, ist der Schritt zu Krieg und Verfolgung nicht groß.

In den vorgestellten Szenarien wurde kein Krieg angenommen. Drohende Verteilungskämpfe sind jedoch nicht abstrakt, sondern konkret und stellen ein nicht zu unterschätzendes Risiko dar. Es ist von Bedeutung, den Kurs weg von einer Ausweitung der militärischen Systeme hin zu einer Reduzierung und Abrüstung zu ändern. Versuche kriegerischer Konfliktlösungen führen zu unvorhersehbaren Entwicklungen. Für eine Welt, die ihre globalen Grenzen bereits überschritten hat, wäre das wahrscheinlich fatal.

Der zufällig gewählte Zeitraum um 2050 wird, so deuten die Szenarien an, geprägt sein von einer Welt im Wandel, in der Machtverschiebungen, gesellschaftliche Trends und technologische Entwicklungen tiefgreifende Auswirkungen auf die globale Ordnung, die Wirtschaft und das gesellschaftliche Leben hatten und haben. Der Vergleich mit dem Leben in der unmittelbaren Nachkriegszeit erhärtet diese Analyse.

Die Herausforderungen sind vielfältig, von der geopolitischen Instabilität bis hin zur Notwendigkeit, das Vertrauen in demokratische Institutionen wiederherzustellen. Gleichzeitig bieten sich, so die Szenarien, vereinzelte Chancen – durch gesellschaftliche Offenheit, Bildung, soziale Kohäsion, die Motivation der Bevölkerung und, zu einem kleineren Maße auch durch die Nutzung von Technologie und Innovation –, soziale und wirtschaftliche Probleme anzugehen. Die Fähigkeit von Staaten, Unternehmen und Individuen, sich in dieser komplexen und dynamischen Welt zu orientieren und proaktiv zu handeln, wird entscheidend dafür sein, wie die Gesellschaften der Zukunft aussehen. Die beschriebenen Szenarien zeigen gegenseitige Abhängigkeiten und die allgemein auffällige enge Vernetzung der einzelnen Einflussfaktoren. Die Trends bzw. Megatrends und auch die Szenarienanalysen gehen von einer mehr oder weniger kontinuierlichen, d. h. stetigen Entwicklung der betrachteten Phänomene aus (eine Voraussetzung, die bei Krieg offenbar nicht mehr gegeben ist). Die Vernetzung der Trends und Szenarien ist offensichtlich.

In der jüngeren Geschichte hat die Menschheit keine Erfahrung mit dem Überschreiten von sogenannten Kipppunkten in komplexen eigenen Systemen gemacht. Wenn solche Kipppunkte überschritten werden, ändern sich die Dynamiken aller Parameter innerhalb des Systems drastisch: Anstelle einer kontinuierlichen und vorhersehbaren Entwicklung treten chaotische und unvorhersehbare Veränderungen auf. Das bedeutet, dass eine plötzliche Veränderung in einem Teil des Systems, sei es in der Wirtschaft, der Natur oder der Gesellschaft, schnell zu ebenso unerwarteten Reaktionen in anderen Bereichen führen kann. Wenn diese Veränderungen chaotisch sind, bedeutet das insbesondere, dass Ursache und Wirkung nicht mehr wie in der Vergangenheit zusammenhängen – das bedeutet auch, dass das Gesamtsystem nach dem Ende der Störung oft nicht mehr in seinen ursprünglichen Zustand zurückkehrt.

Dies zeigt, dass das Zusammenspiel von Wirtschaft, Natur und Gesellschaft in solchen Fällen nicht mehr mit den bekannten Regeln der Vergangenheit steuerbar wäre. Das macht ein Umdenken hinsichtlich der Art, wie wir mit Risiken und Störungen umgehen, umso dringlicher.

Das Wirtschaftssystem ist kein System, in dem eine Reaktion *nach* oder gleichzeitig mit einer äußeren Anregung erfolgen muss. Es kann, wie in Kapitel 2 skizziert, sehr wohl sein, dass das System bereits *vor* dem eigentlichen Eintreten eines Effektes dieses Eintreten antizipiert und reagiert. Zudem antizipieren und reagieren Staaten und Märkte vergleichbar einer Bugwelle bereits vor der eigentlichen Knappheit mit Maßnahmen und Preiserhöhungen.

Ressourcenknappheit und die Abhängigkeit von versiegenden Energiequellen behindern die Wirtschaftsentwicklung erheblich, wobei wo möglich eine stärkere Konzentration auf lokale Ressourcen die Auswirkungen abschwächen wird. Unternehmen und Privathaushalte stehen vor einem zunehmenden Kostendruck aufgrund steigender Rohstoff- und Energiekosten. Dies zwingt sie, Produktionsprozesse anzupassen oder auf weniger angepasste Technologien zurückzugreifen, was eventuell die Betriebskosten erhöht und die wirtschaftliche Expansion behindert. Betroffen sind alle Produktionen, was wiederum zu höheren Preisen für Endnutzer führt. Steigende Kosten werden die Nutzung und Expansion auch virtueller Dienste und Infrastrukturen einschränken, wobei kleinere Unternehmen und Verbraucher besonders betroffen sind. Gleichzeitig wird die Fragmentierung der globalen Wirtschaftsordnung den internationalen Handel stören, was zu einer Regionalisierung der Lieferketten und gegebenenfalls zu weiterer Kostenerhöhungen führt, vor allem für Länder des globalen Südens.

Chancen für friedliche Problemlösungen liegen vor allem im Lernen aus der Geschichte und in der Analyse erfolgreicher Herangehensweisen anderer Kulturen. Dieses Lernen muss zuerst zur Mobilisierung des Willens zur Veränderung und dann zu frühzeitigen nationalen und internationalen politischen Maßnahmen führen.

Dass das möglich ist, zeigen historische Beispiele: Die Erfolge der Frauenbewegung oder der Bürgerrechtsbewegung zeigen, dass eine organisierte und aktive Beteiligung entscheidend dafür ist, transformative Veränderungen herbeizuführen. Der Aufruf zum Handeln ist sowohl individuell als auch kollektiv zu verstehen: Einzelpersonen sind aufgefordert, durch direkte Gespräche, die Organisation von Gemeinschaften und die Teilnahme an Aktivistengruppen aktiv zu werden. Auch der politische Druck auf Institutionen ist erforderlich, um notwendige Änderungen zu fördern.

Es wurden Handlungsoptionen dargestellt – im Wesentlichen im Sinne von Zutaten, die je nach Lage der Ressourcen- und Energieknappheit und der Versorgungslage verschieden kombiniert verschiedene lokale Lösungen hervorbringen können. Diesen Ansätzen ist gemein, dass Bildung (vor allem Wissen, Offenheit und Teamfähigkeit), Sparen (d. h. leben auf einem niedrigeren Konsumniveau), Abkehr vom Bruttosozialprodukt als dominierendem Maßstab von Entwicklung, sowie die Reduktion der Staatsverschuldung als entscheidend angesehen werden.

Viele der hier vorgestellten Fakten sind, vielleicht mit Ausnahme der konkreten Zeiträume, zumindest weithin bekannt. Eben das erstaunt, und vielleicht ist es paradox zu schließen, dass Menschen als Individuen und Gesellschaften nicht daran glauben, was sie intuitiv erfassen. Die Kompliziertheit der Umstellung aus den eigenen momentanen und lokalen Lebensumständen und Bequemlichkeit wiegt mehr als das sich anbahnende Unglück. Die Antwort auf die Frage, ob unsere Gesellschaft ihrer eigenen Zukunft zustimmt sowie Offenheit und den Willen zur Veränderung aufbringen kann, ist entscheidend für die Zukunft unserer Welt. Die Verantwortung für die erforderlichen Maßnahmen zur Gestaltung der Zukunft liegt sowohl bei den Einzelnen als auch bei den kollektiven gesellschaftlichen Akteuren, die erforderlichen Maßnahmen zu ergreifen, um eine Zukunft zu gestalten. Im Einzelnen sind die nötigen Maßnahmen bekannt, aber die kulturellen Muster sind fix. Eine der zitierten Literaturquellen kommt zu dem Schluss, dass menschliche Gesellschaften nur etwas über 1000 Ausprägungen haben. Im Bild eines Puzzles legt jede Gesellschaft also ihr Bild aus den gleichen etwa 1000 Steinchen. Manche Kombinationen sind unmöglich oder nicht sinnvoll: es gibt in der Realität, so die gleiche Quelle, nicht unendlich viele reale Kombinationen aus diesen Eigenschaften, sondern nur etwa 1200 Kulturen – mit fallender Tendenz. Besonders viele Möglichkeiten, eine menschliche Kultur zu organisieren, gibt es für Menschen nicht, und die Suche nach lokalen Kombinationen, die ein nachhaltiges Überleben realistisch erlaubt, hat, wie es scheint, trotz der Zeitnot noch nicht begonnen – ebenso wie das gegenseitige respektvolle Erlernen von Überlebensmechanismen offenbar kein Thema ist.

Die Natur verläuft nach Regeln jenseits der Politik. Politik kann auf den Klimawandel und abnehmende Versorgungssicherheit (mit Rohstoffen, Nahrung und Energie) reagieren und daraus folgende, notwendige Veränderungen managen – sie kann die Effekte auch abstreiten.

Das obige hört sich fatalistisch an und wirkt, als ob kein Anlass zur Hoffnung gegeben wäre. Die Handlungsoption der Politik besteht darin, die Reaktion auf den Klimawandel und kritischer werdende Versorgung so zu organisieren, dass sich die Umwelt langsamer ändert, als dies die ökologischen Nischen der Spezies vermögen, und die Gesellschaften vorzubereiten. Der Wandel birgt ausgeprägte Risiken, ein Nicht-Agieren angesichts der Bedrohungen auch. Die Risiken des Wandels liegen darin begründet, dass es keine Präzedenzfälle gibt. Dem Kapitalismus ist, ebenso wie der Demokratie und vielen Religionen, das Versprechen an eine bessere Zukunft eigen. Geld definiert seinen eigenen Wert über das, was in einer kommenden Zukunft mit ihm erreichbar ist. Dieses Versprechen, wonach die Zukunft eine bessere Version der Gegenwart sein wird, wird absehbar von keinem Szenario eingelöst. Die skizzierten Handlungsoptionen bieten keine Lösungen für einen sicheren Weg – eher deuten sie an, dass es Chancen gibt für ein angenehmes Miteinander mit reduzierten Mitteln, aber eben keine Sicherheit.

# Anhang

## A.1 Konkrete Lebens- und Versorgungsbedingungen im Jahr 1948

### A.1.1 Wohnen und Mobilität

Nach dem Ende des zweiten Weltkrieges herrschte weltweit vor allem in Städten[*] aufgrund der Zerstörungen durch Bombardierungen ein erheblicher Mangel an Wohnraum. Viele Familien mussten in provisorischen Unterkünften leben, oft zusammen mit mehreren Generationen oder anderen Familien in einer Wohnung oder nur einem Raum. Die Wohnungen waren häufig beschädigt, und der Wiederaufbau verlief nur schleppend. Der Alltag war von Improvisation geprägt, wobei Reparaturen mit den verfügbaren und unzulänglichen Mitteln durchgeführt wurden. Die Wohnverhältnisse waren beengt, und es mangelte an grundlegenden Einrichtungen wie funktionierenden Heizungen oder sanitären Anlagen. Auch Möbel und Haushaltsgeräte waren knapp oder gar nicht vorhanden. Viele Menschen griffen auf einfache Konstruktionen zurück oder nutzten Möbel, die aus zerstörten Häusern geborgen wurden. Haushaltsgeräte wie Öfen oder Herde funktionierten oft nicht, und auch die Elektrizität war nur unregelmäßig verfügbar.

Zahlreiche Elektrizitätswerke waren zerstört und das Stromnetz war an vielen Stellen unterbrochen. Daher war auch die Versorgung mit Elektrizität und Gas stark beeinträchtigt. Auch die Gasversorgung, die für das Kochen und teilweise auch zum Heizen nötig wurde, war häufig gestört, da Gaswerke entweder zerstört waren oder nicht genügend Gas zur Verfügung hatten. In einigen Städten versuchten die Behörden durch Rationierung, die Energieversorgung durch improvisierte Maßnahmen aufrechtzuerhalten. Das bedeutete oft, dass bestimmte Stadtteile nur stunden- oder tagelang und unplanbar mit Energie versorgt wurden.

Die Heizmittelknappheit stellte ein weiteres gravierendes Problem dar, da Kohle, die wichtigste Energiequelle für Heizung und industrielle Produktion, nach einem Rationierungsschema vergeben wurde. Nach dem Krieg waren in den betroffenen Regionen die Kohlebergwerke und das Schienennetz, das für den Transport der Kohle notwendig war, schwer beschädigt. Infolgedessen sank die Kohleproduktion drastisch, was zu einer weitreichenden Energiekrise führte. Besonders in Deutschland waren viele Bergwerke in den von den Alliierten besetzten Gebieten stillgelegt oder beschädigt, wodurch die Kohleversorgung eingeschränkt war. Kohle wurde stark rationiert, und viele Familien hatten nicht genügend Brennstoff, um ihre Wohnungen ausreichend zu beheizen.

---

[*] Am Rande muss erwähnt werden, dass die Kriegszerstörungen keinesfalls nur in Deutschland gravierend waren und dass die Erfahrung der Zerstörung damit weltweit ist. Um nur einige der größeren Städte zu nennen: Belgrad, Berlin, Caen, Coventry, Dresden, Dnipropetrowsk, Gdańsk, Hamburg, Hiroshima, London, Manila, Minsk, Nagasaki, Nagaoka, Rotterdam, Smolensk, Stalingrad, Warschau.

https://doi.org/10.1515/9783111610887-007

Um dennoch Wärme zu erzeugen, griffen die Menschen auf Brennholz oder andere verfügbare Materialien zurück. Viele sammelten Holz in den umliegenden Wäldern oder suchten in den Städten nach Trümmerholz von zerstörten Gebäuden. Diese Notlösungen machten das Heizen besonders in den kalten Wintermonaten zu einer täglichen Herausforderung (Ziegler [482]). Die Kohleknappheit zwang viele Menschen, auf improvisierte Heizmethoden zurückzugreifen. Öfen, die normalerweise mit Kohle betrieben wurden, wurden oft mit alternativen Brennstoffen wie Abfallholz, Briketts aus Sägemehl oder alten Möbeln beheizt. Menschen bauten improvisierte Öfen aus Metallteilen oder Trümmern, um zumindest ein Zimmer ihrer Wohnung zu beheizen. Diese improvisierten Heizlösungen waren jedoch ineffizient und gefährlich, da sie oft keine angemessenen Abzüge hatten, was das Risiko einer Kohlenmonoxidvergiftung erhöhte. In den zerbombten Städten diente auch der Schutt als Brennmaterial, und die Menschen sammelten alles, was brennbar war, um der Kälte zu entkommen (Ziegler [482]).

## Mobilität

Auch der öffentliche Nahverkehr war in vielen Städten nach Kriegsende stark beeinträchtigt, denn Straßenbahnen, Busse und Züge, die vor dem Krieg die Haupttransportmittel darstellten, waren durch Bombardierungen zerstört oder schwer beschädigt. In Deutschland beispielsweise waren bis zu 75 % der städtischen Verkehrsmittel nicht funktionsfähig. Sowohl die Fahrzeuge als auch die nötige Infrastruktur wie Schienen und Stromleitungen waren vielfach beschädigt. Trotz erheblicher Schäden wurde der Wiederaufbau des öffentlichen Nahverkehrs priorisiert, da er für die Fortbewegung der Menschen in den Städten unverzichtbar war. Straßenbahnen und Busse wurden schon kurz nach Kriegsende wieder in Betrieb genommen, jedoch oft unter schwierigsten Bedingungen. Die Kapazitäten waren stark reduziert, und die wenigen funktionierenden Fahrzeuge waren oft überfüllt und unzuverlässig.

Wegen der eingeschränkten Verfügbarkeit von öffentlichen Verkehrsmitteln und der Seltenheit von privaten Autos wurde das Fahrrad nach dem Krieg zu einem der wichtigsten Fortbewegungsmittel. Fahrräder waren im Vergleich zu motorisierten Fahrzeugen einfacher zu warten und benötigten keinen Treibstoff, der zu dieser Zeit extrem knapp war (Ziegler [482]). Räder wurden nicht nur für den Arbeitsweg, sondern auch für den Transport von Lebensmitteln und anderen Gütern genutzt. Fahrräder wurden so wertvoll, dass sie häufig als Zahlungsmittel im Tauschhandel verwendet wurden.

Viele Menschen mussten weite Strecken zu Fuß zurücklegen, sei es zur Arbeit, zur Schule oder um Lebensmittel zu besorgen. Besonders in stark zerstörten Großstädten wie Berlin, die in verschiedene Sektoren aufgeteilt waren, war dies eine alltägliche Notwendigkeit. Eine weitere verbreitete Praxis war das „Schwarzfahren", bei dem Menschen ohne gültiges Ticket in Straßenbahnen oder Zügen mitfuhren. Inmitten des allgemeinen Chaos und der ineffektiven Kontrolle konnte diese Praxis lange Zeit ungehindert stattfinden. Für viele, die weder Zugang zu Tickets noch zu Fahrrädern oder anderen

Transportmitteln hatten, war das Schwarzfahren die einzige Möglichkeit, mobil zu bleiben.

Der Wiederaufbau der Verkehrsinfrastruktur begann unmittelbar nach dem Krieg, war jedoch aufgrund der Zerstörungen ein langwieriger Prozess. Brücken mussten neu errichtet werden. Besonders in Deutschland war der Marshallplan-Hilfe bedeutend für den Wiederaufbau, was auch die Wiederbelebung der Verkehrsmittel, d. h. Fahrzeuge und Infrastruktur förderte (Ellis [109]).

Viele privaten Fahrzeuge waren während des Krieges beschlagnahmt oder zerstört worden. Der Mangel an Benzin und Ersatzteilen machte den Besitz eines Autos für die meisten Menschen unerschwinglich. Häufig wurden verbliebene funktionstüchtige Autos von den Besatzungsmächten oder von hochrangigen Regierungsbeamten beschlagnahmt. Für den Großteil der Bevölkerung war der Besitz eines Autos schlichtweg undenkbar (Ziegler [482]).

Auch die Bahn, die vor dem Krieg eine Schlüsselrolle im Transportwesen gespielt hatte, war schwer in Mitleidenschaft gezogen worden. Die Infrastruktur, d. h. Bahnhöfe, Schienen und Züge waren stark zerstört, und es dauerte einige Jahre, bis der Schienenverkehr wieder vollständig funktionierte. In den besetzten Zonen Europas nutzten die Besatzungsmächte die Eisenbahn oft zur Versorgung ihrer Truppen und zur Wiederherstellung der wirtschaftlichen Aktivitäten. Die Züge, die für den zivilen Verkehr zur Verfügung standen, waren überfüllt und Fahrkarten schwer zu bekommen. Menschen reisten oft unter extrem prekären Bedingungen, manchmal in Güterwagen oder auf den Dächern der Züge, da die Kapazitäten den großen Bedarf bei weitem nicht decken konnten (Ellis [109]).

## A.1.2 Versorgung mit Wasser und die Abwasserentsorgung

Nach dem Krieg lagen viele der größeren urbanen und industriellen Zentren in Trümmern. Vielfach funktionierte die Wasserversorgung nur noch eingeschränkt.

### Zustand der Wasserversorgung

Wasserversorgung und Abwasserentsorgung standen nach dem Ende des Zweiten Weltkrieges nur noch bedingt zur Verfügung, weil essenzielle Teile der Infrastruktur (Wasserleitungen, Reservoirs und Pumpstationen sowie die Abwasserentsorgung) in weiten Teilen zerstört oder lediglich stark eingeschränkt nutzbar waren. Die Bevölkerung war so vielfach auf improvisierte Lösungen angewiesen: Man behalf sich durch Schöpfen von Wasser aus Flüssen, Brunnen oder gar aus Bombenkratern. Diese Wasservorräte waren häufig verunreinigt, was zu einem erhöhten Risiko von Krankheitsausbrüchen führte. Vielfach wurde die Wasserversorgung rationiert.

**Wiederaufbau und langfristige Entwicklungen**

Ab den späten 1940er Jahren begannen die deutschen Behörden, unterstützt durch internationale Hilfsprogramme wie den Marshallplan, systematisch die Wasser- und Abwassersysteme wiederaufzubauen. In den westlichen Besatzungszonen konnten bis Ende der 1950er Jahre die meisten städtischen Wasserversorgungssysteme wieder auf das vor dem Krieg übliche Niveau gebracht werden. Auch die Abwasserentsorgung wurde modernisiert, wobei in vielen Städten erstmals Kläranlagen gebaut wurden, die auf zeitgemäße, mechanische und biologische Reinigungstechniken setzten. In der sowjetischen Besatzungszone verlief der Wiederaufbau langsamer, da hier andere Prioritäten gesetzt wurden und der Zugang zu internationalen Hilfsmitteln begrenzter war als im Westen. Dennoch wurden auch hier schrittweise Fortschritte in der Wasserversorgung und Abwasserentsorgung gemacht, wenn auch auf einem niedrigeren Niveau als im Westen.

## A.1.3 Versorgung mit Nachrichten

Bei Kriegsende hatten die Zerstörungen durch die Bombardierungen und die Kämpfe die Kommunikationsinfrastruktur, einschließlich die von Presse, Rundfunk und der Postdienste, schwer beeinträchtigt. Das Fernsehen existierte praktisch nicht. Es galten vielfach strenge Regulierungen zur Kontrolle der Medien und der Verbreitung von Informationen. In diesem Kontext erlebte das deutsche Mediensystem einen tiefgreifenden Wandel, der von Zensur durch die Alliierten, Neugründungen von Medien und der Etablierung demokratischer Prinzipien in der Nachrichtenberichterstattung geprägt war. Trotz der schwierigen Ausgangslage begannen die Besatzungsmächte bald nach Ende des Krieges mit dem Aufbau einer unabhängigen Presselandschaft. Die lizenzierten Zeitungen waren ein erster Schritt hin zu einer unabhängigen Presse in Deutschland – sie standen aber unter strenger Aufsicht der alliierten Behörden (Berg [39]). Der Rundfunk war für den Wiederaufbau der Nachrichtenversorgung ebenfalls von besonderer Bedeutung, da Rundfunkempfänger den Krieg vielfach unbeschadet überstanden hatten und damit eine Empfangsinfrastruktur vorhanden war – wenn die Stromversorgung funktionierte.

Die Presse war unter den Nationalsozialisten stark reglementiert und kontrolliert worden, während der Rundfunk primär als Propagandainstrument diente. Mit der Kapitulation Deutschlands im Mai 1945 brach das gleichgeschaltete Mediennetzwerk des Deutschen Reichs zusammen. Radioanstalten und Druckereien waren entweder zerstört oder funktionierten aufgrund von Materialmangel nicht mehr. Viele Städte standen ohne funktionsfähige Kommunikationskanäle da.

Die Alliierten sahen in der Etablierung eines demokratischen Mediensystems eine Schlüsselvoraussetzung für den Aufbau einer demokratischen Gesellschaft in Deutschland. In den ersten Nachkriegsmonaten konzentrierten sich die Besatzungsmächte auf den Wiederaufbau der Infrastruktur für den Nachrichtenfluss sowie die Etablierung einer unabhängigen und freien Presse.

In der amerikanischen und britischen Besatzungszone wurden zusätzlich zu den Zeitungen Rundfunksender eingerichtet, die unter direkter Kontrolle der Besatzungsmächte standen. Diese Medien dienten sowohl dazu, die Bevölkerung zu informieren, aber auch die neuen demokratischen Werte zu vermitteln. Zeitungen durften nur mit der Genehmigung der Besatzungsmächte gedruckt werden, und die Auflagen waren durch den Mangel an Papier und Druckmaschinen begrenzt. Zudem war die Verteilung der Zeitungen durch die Zerstörung der Verkehrsinfrastruktur stark eingeschränkt. In vielen Städten mussten die Menschen lange Wege zurücklegen, um eine Zeitung zu erhalten. Nachrichten wurden vielfach mündlich überliefert oder über improvisierte schwarze Bretter in den Städten verbreitet.

## A.1.4 Gesundheitsversorgung

Kriegsschäden, der Zusammenbruch staatlicher Strukturen sowie der Verlust an medizinischem Personal und Ressourcen hatten das Gesundheitssystem an seine Grenzen gebracht. Die schlechten hygienischen Zustände, besonders in zerstörten Städten und Flüchtlingslagern, führten zu einer Ausbreitung von Infektionskrankheiten wie Typhus, Ruhr und Tuberkulose. Die Einrichtungen waren überlastet, da neben dem normalen Betrieb auch Kriegsverletzte, Flüchtlinge und Vertriebene behandelt werden mussten. Auf dem Land war die Situation etwas besser, da dort während des Krieges weniger Einrichtungen zerstört wurden. Dennoch litten auch diese unter knappen Ressourcen wie Fachkräftemangel, fehlenden Medikamenten und medizinischem Gerät sowie hygienischen Problemen. Gleichzeitig verschlechterte der allgemeine Mangel an Lebensmitteln die Gesundheit der Bevölkerung und machte sie anfälliger für Krankheiten.

Die Produktion von Medikamenten war durch den Krieg zum Erliegen gekommen oder zumindest stark beeinträchtigt. Der internationale Medikamentenhandel kam nahezu zum Stillstand. Dringend benötigte Arzneimittel wie Antibiotika waren nicht verfügbar, sodass das medizinische Personal auf dessen Improvisationsgabe angewiesen war. Die Alliierten versuchten durch Hilfsmaßnahmen zu unterstützen, waren aber zum Teil selber unterversorgt.

Impfkampagnen und Präventionsmaßnahmen, die von den Alliierten organisiert wurden, halfen, die Seuchengefahr einzudämmen. In den westlichen Besatzungszonen legten die Alliierten den Fokus auf den Wiederaufbau einer modernen und dezentralisierten Gesundheitsversorgung. Krankenhäuser wurden erneuert, und Ausbildungsprogramme für medizinisches Personal wurden eingeführt, um den Fachkräftemangel zu beheben. In der sowjetischen Besatzungszone wurde das Gesundheitssystem verstaatlicht und stärker zentralisiert, was eine Anpassung an die sozialistische Ideologie mit sich brachte.

### A.1.5 Überschuldung des Staates

Die Staatsverschuldung Deutschlands nach dem Zweiten Weltkrieg stellte eine immense Schwierigkeit für die staatliche Investitionspolitik beider Deutschlands dar. Die Situation eskalierte, da sie gepaart war mit Rohstoff- und Nahrungsmittelknappheit. Erst mit der allmählichen wirtschaftlichen und gesellschaftlichen Erholung und den langfristigen Investitionen in die Infrastruktur, die einerseits die Wirtschaft stimulierten und andererseits Wirtschaftsleistungen überhaupt erst ermöglichten, konnte Deutschland seine Schulden abbauen und die Grundlage für einen wirtschaftlichen Wiederaufstieg schaffen. Die durch den Krieg und Investitionen in die Rüstungsproduktion aufgebauten Schulden waren so hoch, dass der deutsche Staat dadurch faktisch mit der Kapitulation im Mai 1945 zahlungsunfähig war. Der durch den Krieg ausgelöste Inflationseffekt hatte außerdem den Wert der Reichsmark erheblich geschwächt, was die staatliche Zahlungsfähigkeit weiter einengte (Abelshauser [1]). Es bestand kaum eine Möglichkeit, bestehende Schulden zurückzuzahlen oder gar neue Kredite aufzunehmen. Der Wiederaufbau der Infrastruktur und die wirtschaftliche Stabilisierung waren nur unter großen finanziellen Belastungen und durch internationale Hilfe möglich.

Der Krieg hatte nicht nur zur Zerstörung der physischen Infrastruktur, sondern darüber hinaus auch zu einer ausgeprägten Staatsverschuldung geführt. Kriegskosten hatten Staatshaushalte nicht nur in Deutschland ausgezehrt. Zudem waren in den besetzten oder in Besatzungszonen aufgeteilten Staaten (Deutschland, Österreich, Japan, Korea) verschiedene Strategien zum Einsatz gekommen, was die Situation weiter verkomplizierte – jede Besatzungsmacht verfolgte eigene politische und wirtschaftliche Ziele.

Die Staatsverschuldung und die Notwendigkeit, die Infrastruktur auf- und auszubauen, hatten langfristige Folgen für die staatliche Investitionspolitik. Die industrielle Infrastruktur war in Deutschland nach einer überraschend kurzen Reparaturphase wieder zu großen Teilen einsatzfähig.

In der DDR führte die Planwirtschaft zu einer anderen Form der Investitionspolitik als in den Westsektoren. Während die Staatsverschuldung in der DDR offiziell kein Thema war, litt das Land real unter chronischem Mangel an Ressourcen und ineffizienten Investitionen. Die staatlichen Mittel wurden oft in ideologisch motivierte Großprojekte gelenkt, während der Erhalt und die Modernisierung der Infrastruktur vernachlässigt wurden.

In den 1950er Jahren wurde die Infrastrukturpolitik zu einem der Schlüsselfaktoren für den wirtschaftlichen Aufschwung in der Bundesrepublik. Der Wiederaufbau des Landes und die Modernisierung der Infrastruktur trugen maßgeblich zur wirtschaftlichen Stabilität und zum sozialen Frieden bei. Dennoch blieb die Staatsverschuldung eine ständig präsente Herausforderung, die in den folgenden Jahrzehnten wiederholt Maßnahmen zur Haushaltskonsolidierung erforderlich machte.

**Folgen für die staatliche Investitionspolitik**

Die begrenzte Investitionsfähigkeit des Staates wurde teilweise durch internationale Hilfe kompensiert. Der Marshallplan, 1948 von den Vereinigten Staaten initiiert, stellte Finanzmittel für den Wiederaufbau bereit. Diese Mittel ermöglichten den Wiederaufbau der Infrastruktur und die Stabilisierung der wirtschaftlichen Lage. Dennoch gab es zu wenig Mittel, um die dringend benötigte Infrastruktur wiederaufzubauen, geschweige denn neue Projekte zu finanzieren. Besonders die Verkehrsinfrastruktur – Straßen, Eisenbahnen, Brücken und Häfen – war stark beschädigt oder unbrauchbar. Die staatlichen Investitionen in den Jahren unmittelbar nach dem Krieg konzentrierten sich daher in erster Linie auf die notwendigsten Reparaturen und Wiederherstellungen. Der Zustand der deutschen Infrastruktur nach dem Krieg war desolat: Schätzungen zufolge waren in den großen Städten etwa die Hälfte der Wohngebäude zerstört und das Verkehrsnetz in weiten Teilen des Landes unbrauchbar. Die Westalliierten konzentrierten sich zunächst auf die Versorgung der Bevölkerung mit grundlegenden Gütern und die Wiederherstellung der öffentlichen Ordnung, bevor umfangreiche Infrastrukturprojekte in Angriff genommen werden konnten (Abelshauser [1]). Ein weiteres Hindernis für den Erhalt der Infrastruktur war der ausgeprägte Arbeitskräftemangel. Viele Arbeitskräfte waren entweder im Krieg gefallen oder noch in Kriegsgefangenschaft, und der Wiederaufbau der Infrastruktur erforderte sowohl technisches Fachwissen als auch erhebliche menschliche Ressourcen.

Die sowjetische Besatzungszone setzte verstärkt auf Zwangsarbeit und Planwirtschaftsstrategien, um den Wiederaufbau zu organisieren. In den westlichen Besatzungszonen hingegen wurde versucht, durch marktwirtschaftliche Prinzipien und internationale Investitionen den Wiederaufbau zu fördern.

**A.1.6 Sozialleben**

Die Familienstrukturen nach dem Krieg waren stark von den Kriegsfolgen geprägt. Viele Männer waren gefallen, vermisst oder kehrten erst Jahre nach dem Kriegsende unerwartet aus der Kriegsgefangenschaft zurück. Dies führte dazu, dass Frauen oft die Funktion des Familienoberhaupts übernehmen und ohne Perspektive auf eine vollständige Familie für den Lebensunterhalt sorgen mussten. In der Folge mussten Frauen neben der materiellen Versorgung auch die emotionale Unterstützung ihrer Kinder leisten (Moeller [290]). Hinzu kam, dass viele Ehen durch die traumatischen Erlebnisse aller Familienmitglieder des Krieges belastet waren. Daraus resultierten Spannungen und Konflikte über die Geschlechterrollen innerhalb der Ehe, die eine der Grundlagen für den Wandel der Rollenmodelle in der Nachkriegszeit waren (Grossmann [180]).

Während des Krieges übernahmen Frauen verstärkt Funktionen in der Arbeitswelt, die bis dahin Männern vorbehalten waren. Frauen arbeiteten in der Industrie, im öffentlichen Dienst und in der Landwirtschaft. Diese vorübergehende Emanzipation ermöglichte ihnen mehr Verantwortung in der Erwerbsarbeit und im familiären Bereich (Moeller [290]). Nach Kriegsende und Gefangenschaft herrschte der Wunsch nach Stabilität – auch in den gesellschaftlichen Modellen der Vorkriegszeit. Viele Männer beanspruchten ihre alten Arbeitsplätze, was Frauen unter Druck setzte, wieder in traditionelle häusliche Funktionen zurückzukehren. Die gesellschaftlichen Institutionen und vormaligen Vorbilder hatten ihre Glaubwürdigkeit zumindest zum Teil verloren. Die Veränderung der Geschlechterrollen beeinflusste das Familienleben und änderte die gesellschaftlichen Normen in der Nachkriegszeit erheblich (Schissler [369]). Frauen, die während des Krieges in kriegswichtigen Betrieben gearbeitet hatten, kehrten nicht immer sofort in die traditionelle Rolle der Hausfrau zurück. Oft blieben sie gezwungenermaßen oder freiwillig berufstätig, um die Familie zu finanzieren, aber auch, um sich ihre Selbstständigkeit zu erhalten (Fass [134]).

Dennoch und obwohl Frauen während des Krieges eine bedeutende Rolle spielten, gab es nach Kriegsende eine klare Tendenz zur Re-Traditionalisierung der Geschlechterrollen. Frauen wurden wieder vermehrt reduziert auf den häuslichen Bereich gesehen, während Männer als Familienernährer fungieren sollten. Propaganda und kulturelle Narrative wie das Ideal der „Trümmerfrau", die den Wiederaufbau des Landes vorantrieb und gleichzeitig die familiäre Fürsorge übernahm (Moeller [290]), unterstützten diese Rückkehr zu traditionellen Rollenbildern (Grossmann [180]). Dennoch spielten Frauen auch im Wiederaufbau eine entscheidende Rolle.

Trotz des aufkeimenden Bestrebens, traditionelle Familienstrukturen wiederherzustellen, führten widerstrebende Kräfte wie der Mangel an Ressourcen, die Sehnsucht nach Stabilität nach dem Desaster, der Wunsch nach Wohlstand, der Mangel an modernen und akzeptablen Vorbildern sowie die sozialen Umwälzungen zu einer langfristigen Veränderung der Rollen der Geschlechter im gesellschaftlichen Leben.

### A.1.7 Bildungssystem 1948

Nach dem Ende des Zweiten Weltkriegs war auch das Bildungssystem stark von den Zerstörungen betroffen. Viele Schulgebäude waren durch Bombenangriffe oder Kämpfe beschädigt oder komplett zerstört worden, was dazu führte, dass der Unterricht oft unter schwierigen Bedingungen stattfand. Es fehlte an grundlegenden Dingen wie Schulbänken, Büchern oder Schreibmaterialien. Lehrer und Schüler mussten oft improvisieren, um den Unterricht überhaupt aufrechtzuerhalten. In vielen Städten war der Schulbesuch unregelmäßig, da es nicht genug Lehrer oder funktionierende Schulen gab. Häufig wurden provisorische Räumlichkeiten wie Keller, Militärbaracken oder sogar Freiflächen genutzt. Manchmal mussten sich mehrere Schulen ein Gebäude teilen, weshalb der Unterricht in Schichten organisiert wurde: Die Schülerzahlen in einem Klassenraum waren oft hoch, und der Lehrermangel verschärfte die Situation zusätzlich. Ein Teil der Schüler kam morgens, der andere nachmittags.

Viele Lehrkräfte waren im Krieg gefallen, in Gefangenschaft oder wegen ihrer Verbindungen zum Nationalsozialismus von den Besatzungsmächten entlassen worden.

Auch die Lehrpläne wurden in dieser Zeit stark überarbeitet. Lehrer übernahmen neben ihrer pädagogischen Rolle oft auch soziale Aufgaben und unterstützten die Schüler bei der Verarbeitung der psychischen Belastungen, die durch den Krieg und seine Folgen entstanden waren. Besonders in Deutschland legten die Alliierten großen Wert darauf, die Schüler von nationalsozialistischen Einflüssen zu „entnazifizieren". Der Fokus lag auf der Vermittlung demokratischer Werte und internationaler Zusammenarbeit. Neue, von NS-Ideologien bereinigte Schulbücher wurden eingeführt, während Themen wie der Zweite Weltkrieg nur behutsam behandelt wurden. Politische Bildung erhielt besonders in der amerikanischen und britischen Besatzungszone einen hohen Stellenwert.

Der Alltag der Schüler war ebenfalls herausfordernd. Die Nachkriegszeit war geprägt von Mangelwirtschaft, die sich auch in den Schulen bemerkbar machte. Viele Kinder mussten lange und beschwerliche Schulwege auf sich nehmen, oft zu Fuß, da öffentliche Verkehrsmittel unzuverlässig oder nicht verfügbar waren. Die Unterrichtszeit war kürzer als vor dem Krieg und konzentrierte sich meist auf Kernfächer wie Deutsch, Mathematik und Geschichte. Materialien wie Hefte oder Stifte waren rar, sodass Schüler auf Tafeln schrieben oder improvisierte Lösungen fanden.

Trotz dieser widrigen Umstände bot die Schule vielen Kindern eine gewisse Struktur und Stabilität in einer von Chaos geprägten Zeit. Internationale Organisationen wie UNICEF halfen mit Spenden von Lehrmaterialien, die schlimmste Not zu lindern. Insgesamt wurde die Bildung in der Nachkriegszeit zu einem wichtigen Instrument, um den Wiederaufbau der Gesellschaft und die Integration der nächsten Generation in eine friedlichere Zukunft zu fördern.

In diesem Kapitel wurde der Darstellung der unmittelbaren Nachkriegszeit sehr viel Platz gewidmet – dies, weil die Auffassung vertreten wird, dass die Geschichte eine Quelle von Erfahrungen und Lehren für die Gegenwart und Zukunft darstellt. Obwohl sich Motive und Details unterscheiden, ähneln doch viele Details der zu erwartenden Situation im Zeitraum um das Jahr 2050, wie im Folgenden sichtbar wird.

## A.2 Konkrete Herausforderungen im Alltag 2050

Im ersten Teil dieses Kapitels wurde basierend auf Literaturquellen skizziert, wie sich die unmittelbare Nachkriegszeit gestaltete. Es ging darum, praktische Lebenssituationen zu beschreiben – eine Darstellungsweise, die neben der offensichtlichen Bedrohung wichtig ist, um eine realistische Vorstellung zu gewinnen.

Der folgende Abschnitt dient ebenfalls dieser Illustration und soll konkret Aspekte des sich abzeichnenden Lebens im Jahr 2050 in Europa beschreiben, ohne aber, soweit das möglich ist, schwarzmalerisch zu wirken. Viele Literaturstellen wurden bemüht, um die einzelnen Aspekte zu beleuchten – aber die Analyse muss, obwohl in weiten Teilen wahrscheinlich zutreffend, in manchem unzulänglich sein. Das Ziel ist, konkret zu werden, greifbar, und dazu gehört auch das Risiko, Fehler zu machen. Dieses Risiko wurde bewusst eingegangen. Das ist eine normale Ausgangslage, wenn es das Ziel ist, eine Situation in der Zukunft zu beschreiben, die sich zwar abzeichnet, die aber naturgemäß nicht bekannt sein kann. (Der Umfang dieses Unterkapitels hat etwas Paradoxes: während das gesamte Kapitel und der zugehörige Anhang deutlich zu lang sind, würde jeder Unterpunkt für sich ein eigenes Kompendium rechtfertigen.) Die Herangehensweise war im Wesentlichen der Versuch, die bisher beschriebenen Versorgungsengpässe und Nahrungsmittelknappheit unter den verschiedenen Blickwinkeln weiter zu denken und Literatur zu identifizieren, die die entsprechenden Aspekte ebenfalls beleuchtet.

Die Abfolge der Perspektiven ist zufällig gewählt. Die Aussagen wurden weitestgehend durch Literaturquellen belegt – nicht nur, um so wenig wie möglich subjektiv zu sein, sondern auch, um ein Weiterlesen zu erleichtern.

### A.2.1 Lebensbedingungen für einen Zwei-Personen-Haushalt im städtischen und urbanen Raum

Laut einem Bericht der Vereinten Nationen werden bis zum Jahr 2050 etwa *68 % der Weltbevölkerung in urbanen Gebieten* leben. Diese Urbanisierung wird besonders in Regionen wie Afrika und Asien stark zunehmen. Die Verknappung von Ressourcen, vor allem von Wasser, Energie und Nahrung, stellt eine zunehmende Bedrohung dar, da die Nachfrage steigt und die Versorgung limitiert ist. Der Weltklimarat (IPCC) warnte in seinem Bericht von 2021, dass die Ressourcenknappheit und die Auswirkungen des Klimawandels zu deutlichen Engpässen in der Versorgung führen (IPCC [236]). Laut IEA [208] wird die Nachfrage nach Energie in urbanen Zentren steigen, was den Wettbewerb um Ressourcen stimuliert.

In städtischen Gebieten wird die *Energieversorgung* vermutlich stärker von unzuverlässig arbeitenden Netzwerken abhängen, charakterisiert durch Infrastrukturprobleme, Ressourcenmangel und Lieferengpässen. Um diese Anforderungen zu bewältigen, sind städtische Haushalte mehr als heute auf kleinere, lokale Energieerzeugungseinheiten wie Solarpanels oder Windturbinen angewiesen.

Die Heizsysteme in Städten werden je nach Verfügbarkeit der Energiequellen stark variieren: Im ländlichen Raum hingegen sind Haushalte tendenziell unabhängiger von Energieversorgungsnetzen und werden verstärkt auf erneuerbare Energien wie Holzheizungen oder Solaranlagen setzen, die lokal installiert werden. Heizmethoden werden traditioneller sein wie Holzöfen oder Pelletheizungen, die auf weniger Infrastrukturen angewiesen sind.

Der *Wohnungsmarkt* in städtischen Gebieten wird voraussichtlich noch teurer und knapper als heute, da der Bau neuer Wohnungen durch Materialengpässe, Platzmangel und hohe Kosten weiter eingeschränkt wird. Die Wohnräume werden weiter verdichtet, was zu mehr Menschen in kleineren Wohneinheiten führt (Smith [391]). Die Lebensqualität wird durch überfüllte Wohnungen und eingeschränkte Ressourcen beeinträchtigt, weshalb Gemeinschaftsräume und geteilte Ressourcen zunehmen.

Im Gegensatz dazu bieten ländliche Gebiete großzügigere und günstigere Wohnbedingungen, da sie weniger dicht besiedelt sind (Jones [241]). Die Bewohner ländlicher Gebiete werden von besserem Zugang zu freien Flächen profitieren, was zu mehr persönlichen Freiräumen und besserer Lebensqualität führt.

In Bezug auf die *Mobilität* werden städtische Haushalte stärker auf alternative Verkehrsmittel wie Fahrräder, Elektromobile oder Carsharing-Optionen angewiesen sein, weil öffentliche Verkehrsmittel eingeschränkt verfügbar sind (Wang et al. [453]). Die Verkehrsinfrastruktur wird häufig abgenutzt und weniger gewartet, was zu häufigeren Ausfällen führt. Ländliche Haushalte sind vermehrt auf den Individualverkehr angewiesen, da öffentliche Verkehrsmittel in diesen Gebieten oft begrenzt verfügbar sind. Alternative Verkehrslösungen wie Solar- oder Wasserstofffahrzeuge können hier bedeutend werden.

### A.2.2 Versorgung mit Nahrungsmitteln

Die Versorgung mit Nahrungsmitteln wird 2050 unter den Bedingungen einer stark eingeschränkten Rohstoff- und Energieversorgung schwierig. Die Landwirtschaft und Ernährung werden sich an diese Engpässe anpassen müssen, wobei sowohl technologische Innovationen, als auch traditionelle Methoden eine Schlüsselrolle spielen. Die Nahrungsmittelbeschaffung wird in städtischen Gebieten durch komplexe Lieferketten organisiert sein, die bei Engpässen zu Versorgungsproblemen in Supermärkten führen. In dieser Situation werden Methoden wie Urban Gardening, vertikale Landwirtschaft und lokale Märkte an Bedeutung gewinnen, um Versorgungslücken zu schließen (Gordon [173]). Haushalte werden unter diesen Umständen gezwungen sein, ihre Ernährung auf lokale und saisonale Produkte umzustellen.

In ländlichen Gebieten werden Haushalte hingegen stärker auf Selbstversorgung und lokale Gemeinschaftssysteme wie kleine Landwirtschaftsbetriebe und Tauschsysteme angewiesen sein. Im Folgenden sind einige Detailthemen aus diesem Zusammenhang gelistet.

### Lokale Lebensmittelproduktion

In städtischen Umgebungen bieten Gemeinschaftsgärten und städtische Anbauflächen eine nachhaltige Lösung für die Nahrungsmittelproduktion und tragen gleichzeitig zur Resilienz von Städten bei. Diese Anbaumethoden verwenden oft weniger Ressourcen und erleichtern eine effiziente Nutzung von Regenwasser und Kompost, was die Nachhaltigkeit erhöht. Vertikale Landwirtschaft, bei der Pflanzen in mehreren Schichten übereinander angebaut werden, finden aufgrund der Platzersparnis und des potenziell geringeren Wasserverbrauchs (bis zu 90 % weniger als bei herkömmlicher Landwirtschaft) ihren Einsatz (Benke & Tomkins [38]). Diese Technik lässt sich besonders gut in urbanen Gebieten einsetzen, wo Landflächen oft knapp sind. Zudem trägt die Kombination von Gemüseanbau mit Aquaponik – einer Symbiose von Fischzucht und Pflanzenanbau – zur Produktion von Nahrungsmitteln in städtischen Haushalten bei. Aquaponik ist energieeffizient und kann in kleinen Systemen betrieben werden, was sie ideal für Haushalte und Gemeinschaftsprojekte macht.

### Energieeffiziente Lagerung und Konservierung

Die Lagerung von Lebensmitteln wird in einer Zukunft mit eingeschränkter Energieversorgung ebenfalls problematisch. Traditionelle Konservierungsmethoden wie Einmachen, Trocknen und Fermentation werden vermutlich eine Renaissance erleben, da sie unabhängig von aufwendigen Kühlsystemen funktionieren und in vielen Kulturen bereits tief verankert sind. Diese Methoden bieten zudem den Vorteil, dass sie weniger Energie benötigen als moderne Kühllager (Henze & Biehl [195]). Solarenergie wird genutzt, um kleine, isolierte Kühlräume zu betreiben, in denen verderbliche Lebensmittel für längere Zeit gelagert werden. Solarbetriebene Kühlsysteme wären besonders in Regionen mit hoher Sonneneinstrahlung nützlich, wo erneuerbare Energien effizient zur Kühlung von Lebensmitteln eingesetzt werden können.

### Regionale und lokale Märkte

In einem Szenario, in dem globale Lieferketten stark gestört oder ineffizient sind, gewinnen regionale und lokale Märkte wieder an Bedeutung: Der Direktvertrieb von Lebensmitteln über Wochenmärkte oder von Produzenten direkt an die Konsumenten reduziert Transportkosten und -emissionen und fördert gleichzeitig lokale Wirtschaftskreisläufe. Der Aufbau solcher regionalen Märkte trägt dazu bei, die Ernährungssicherheit in Krisenzeiten zu gewährleisten, da er die Abhängigkeit von globalen Lieferketten verringert. Zusätzlich gewinnen in Regionen, in denen Bargeld knapp ist, Tauschsysteme für Lebensmittel an Bedeutung, bei denen Produkte gegen Dienstleistungen oder andere Waren getauscht werden. Historisch betrachtet haben solche Systeme in Krisenzeiten gut funktioniert, da sie den Austausch lebensnotwendiger Ressourcen auf Gemeinschaftsebene erleichtern.

### Alternative Nahrungsquellen

Die lokale Lebensmittelproduktion wird entscheidend, wahrscheinlich durch Maßnahmen wie Urban Gardening, vertikale Landwirtschaft und Aquaponik (der Kopplung der Aufzucht von Wassertieren wie Fischen, Krebsen, Schnecken oder Garnelen in Becken der Kultivierung von Nutzpflanzen im Wasser). Angesichts der begrenzten Ressourcen nimmt die Nutzung alternativer Proteinquellen zu. Insektenzucht bietet eine nachhaltige Möglichkeit, Proteine mit geringem Ressourcenverbrauch zu produzieren. Auch Algen stellen eine potenzielle Nahrungsquelle dar, da sie schnell wachsen, wenig Land und Süßwasser benötigen und gleichzeitig reich an Proteinen und anderen Nährstoffen sind. Energieeffiziente Lager- und Konservierungsmethoden werden ebenfalls an Bedeutung gewinnen, während lokale Märkte und Tauschsysteme zu einer stärkeren Vernetzung und Ernährungssicherung beitragen.

### A.2.3 Versorgung mit Information/Nutzung einer digitalen Infrastruktur

Für die Versorgung mit Information ist es erforderlich, die Infrastruktur zur Übermittlung von Informationen auszutauschen bestehend aus Computern, Funkverbindungen und Leitungen, Rechenzentren usw. und Software, um diese Infrastruktur zu betreiben. Das alles ist gefährdet, wenn Rohstoffe knapper werden und weniger Energie zu Betrieb, Erstellung und Recycling der Infrastruktur bereitstehen. Dies gilt sowohl für die traditionell genutzten Wege, Informationen zu verteilen und zu empfangen, als auch für die digitalen Methoden.

Methoden zur Verlängerung der Lebensdauer von Geräten und zur Ressourceneffizienz gelten für alle Versorgungen, so auch hier. Es ist aber hervorzuheben, dass die Knappheit von seltenen Metallen die Verfügbarkeit von Microchips langfristig schwieriger machen wird, was diese Bauelemente verteuern wird oder deren Verfügbarkeit generell in Frage stellt. In diesem Zusammenhang wird viel an biologischen Computern geforscht, die von traditionell genutzten Schaltelementen unabhängig sind und biologische Moleküle wie DNA, RNA oder Proteine nutzen, um Berechnungen durchzuführen, anstatt auf elektronische Schaltkreise angewiesen zu sein. Biologische Computer versprechen, die Rechenleistung natürlicher Systeme zu nutzen, um komplexe Probleme auf molekularer Ebene zu lösen, und sind in Zukunft wichtig für die Informationstechnologie (Amos [15]).

> Der erste bedeutende Durchbruch in diesem Bereich wurde 1994 von Leonard Adleman erzielt, der zeigte, dass DNA zur Lösung eines klassischen mathematischen Problems, dem Hamilton'schen Pfadproblem, verwendet werden kann. Adleman demonstrierte, dass DNA-Moleküle, die in einer Lösung interagieren, potenziell parallele Berechnungen durchführen, indem sie verschiedene Pfade gleichzeitig „durchprobieren" (Adleman [6]). DNA-Computer haben das Potenzial, in Bereichen wie der Kryptografie und der biologischen Datenspeicherung eingesetzt zu werden, da sie große Mengen an Daten in extrem kompakten Formen speichern. Allerdings sind sie in ihrer Geschwindigkeit und Skalierbarkeit noch weit hinter traditionellen Silizium-basierten Computern zurück (Rothemund & Winfree [359]).

Neben DNA-Computern gibt es auch bedeutende Fortschritte im Bereich der synthetischen Biologie, wo Forscher biologische Schaltkreise entwickeln, die in lebenden Zellen operieren. Diese genetischen Schaltkreise bestehen aus miteinander interagierenden genetischen Elementen, die wie elektronische Schaltkreise funktionieren. Beispielsweise wurde der „Toggle Switch", ein genetischer Schaltkreis, der zwischen zwei Zuständen wechseln kann, in E.-coli-Zellen entwickelt (Gardner et al. [159]). Ein weiteres bemerkenswertes Beispiel ist der „Repressilator", ein synthetischer Oszillator, der periodische Schwankungen in der Genexpression erzeugt (Elowitz & Leibler [110]).

Zellbasierte Computer, bei denen lebende Zellen als Recheneinheiten dienen, sind ein weiteres aufstrebendes Gebiet. Diese Zellen werden so programmiert, dass sie auf bestimmte Zugaben wie etwa chemische Signale reagieren und eine entsprechende Ausgabe erzeugen. Solche Systeme finden in der Medizin Anwendung, beispielsweise bei der Entwicklung von intelligenten Therapien, die Krankheiten auf molekularer Ebene erkennen und gezielt behandeln.

Trotz vielversprechender Fortschritte stehen biologische Computer vor erheblichen Hürden. Diese umfassen die Kontrolle über biologische Prozesse, die Zuverlässigkeit der Systeme und die Skalierbarkeit der Technologien. Zudem ist die Verarbeitungsgeschwindigkeit biologischer Computer im Vergleich zu herkömmlichen Computern noch sehr niedrig. Allerdings wird erwartet, dass fortschreitende Entwicklungen in der synthetischen Biologie und Molekularbiologie in den kommenden Jahrzehnten zu leistungsfähigeren biologischen Computern führen (Qian & Winfree [341]).

Biologische Computer existieren derzeit vorwiegend in experimentellen Formen, doch sie repräsentieren eine Forschungsrichtung mit hohem Potenzial. Obwohl noch viele technische Probleme zu lösen sind, werden biologische Computer absehbar in Zukunft wichtige Werkzeuge in der Biotechnologie, Medizin und Informatik.

Die Versorgung mit Informationen ist ein ausschlaggebendes Element der Informationsgesellschaft und stellt eine fundamentale Säule demokratischer Gesellschaften dar. Historisch gesehen war die Drucktechnik die entscheidende Technologie für die Verbreitung von Wissen. Die Einführung der Drucktechnik ermöglichte eine kostengünstige Replikation von Texten und Abbildungen, was zu einer breiteren Verteilung von Informationen führte und die Bedeutung der persönlichen Übermittlung von Informationen durch Sprecher verringerte (Eisenstein [104]). Diese Entwicklung ermöglichte einen Fokus auf den Inhalt der Informationen, unabhängig von den Eigenschaften des Übermittelnden oder der Größe des Publikums (Febvre & Martin [135]). Die moderne Kommunikation, die auf Computern und digitalen Kommunikationsmitteln basiert, baut auf diesen Grundlagen auf, erfordert jedoch kontinuierlichen Energie- und Ressourcenverbrauch (Carr [68]).

Die schnelle Verbreitung großer Informationsmengen und die automatisierte Anpassung dieser Informationen an Benutzerprofile haben zu einem erhöhten Bedarf an Rechenleistung geführt, was wiederum Umweltbelastungen durch die Nutzung, Herstellung und Entsorgung von Computern mit sich bringt. Im Rahmen der Entwicklung künstlicher Intelligenz wird erwartet, dass der nicht-menschliche Informationsaustausch – also der Austausch von Informationen zwischen Computern – schneller wächst als der menschliche Austausch.

### Lebenszyklus der Hardware

Die Herstellung von Computern und Smartphones ist ein energieintensiver Prozess, der erhebliche Mengen an Rohstoffen erfordert. Zu den wesentlichen Rohstoffen zählen seltene Erden, Metalle wie Gold, Silber, Kupfer und Aluminium sowie Kunststoffe und Glas, die oft über weite Distanzen transportiert werden müssen (Deng et al. [89]; Belkhir & Elmeligi [36]; Zeng et al. [481]). Die Produktion eines durchschnittlichen Laptops erfordert etwa 200–300 kWh Energie, während für Smartphones etwa 75 kWh benötigt werden. Diese hohen Energieanforderungen resultieren aus komplexen Fertigungsprozessen, die den Einsatz von Hochöfen und chemischen Verfahren erfordern (Andrae & Edler [19]; Jones [241]).

Für die Herstellung eines einzelnen Smartphones werden etwa 70 verschiedene Rohstoffe benötigt. Die Gewinnung dieser Rohstoffe führt zu erheblichen Umweltbelastungen einschließlich der Zerstörung von Lebensräumen und der Verschmutzung von Luft und Wasser. Der Abbau seltener Erden in Ländern wie China und der Demokratischen Republik Kongo ist besonders problematisch und geht oft mit Umwelt- und Gesundheitsrisiken für die lokale Bevölkerung einher (Widmer et al. [460]).

## Nutzung

Die Nutzung von Computern und Smartphones trägt zur Umweltbelastung bei, vor allem durch den Energieverbrauch während des Betriebs und durch die notwendige Infrastruktur. Ein Desktop-Computer verbraucht jährlich etwa 200–500 kWh, während ein Laptop etwa 50–150 kWh benötigt. Smartphones sind energieeffizienter und verbrauchen etwa 2–7 kWh pro Jahr (Andrae & Edler [19]; Malmodin & Lundén [272]).

## Rechenzentren

Der Energieverbrauch von Rechenzentren wächst mit dem zunehmenden Bedarf an digitaler Infrastruktur. Im Jahr 2021 verbrauchten Rechenzentren weltweit etwa 220–320 Terawattstunden (TWh) an Elektrizität, was etwa 1 % des globalen Stromverbrauchs entspricht (IEA [211]). Trotz des Wachstums im digitalen Sektor ist der Energieverbrauch von Rechenzentren stabil geblieben, was auf Fortschritte in der Energieeffizienz zurückzuführen ist. Es wird jedoch erwartet, dass der Energieverbrauch von Rechenzentren bis 2030 auf bis zu 8 % des globalen Stromverbrauchs ansteigen wird, wenn keine weiteren Effizienzmaßnahmen ergriffen werden (Bardi [31]).

> Der Bedarf an Energie durch die großen Betreiber von Rechenzentren wird nachdrücklich illustriert durch einen Vertrag, den Microsoft mit dem Betreiber des aus wirtschaftlichen Gründen stillgelegten Kernreaktors Three Mile Island im September 2024 bekannt gegeben hat (Luscombe [267]). Die Betreiberfirma des Reaktors wird ihn nach der Unterzeichnung eines 20-jährigen Stromabnahmevertrags zur Versorgung der Rechenzentren von Microsoft wieder in Betrieb nehmen. Mit der Wiederinbetriebnahme – dem ersten Mal, dass ein Kernreaktor in den USA nach der Abschaltung wieder in Betrieb genommen wird – werden zusätzliche 835 Megawatt Strom in das Netz von Pennsylvania eingespeist, 3400 Arbeitsplätze geschaffen und mindestens 16 Mrd. USD zur Wirtschaft des Bundesstaates beigetragen, so der Betreiber.
>
> Das Kraftwerk war im März 1979 Schauplatz der schwersten Kernschmelze und des größten Strahlungsaustritts in der Geschichte der USA, als der Verlust von Kühlwasser durch ein defektes Ventil zu einer Überhitzung des Reaktorblocks 2 führte. Mehr als vier Jahrzehnte später befindet sich der Reaktor immer noch in der Stilllegungsphase. Als Teil der Vereinbarung wird, „Three Mile Island" in „Crane Clean Energy Center" umbenannt – die Namensänderung beabsichtigt laut Betreiberfirma, Chris Crane, den ehemaligen Vorstandsvorsitzenden der Muttergesellschaft der Betreiberfirma, zu ehren.

Microsoft ist kein Einzelfall: Google und Amazon kündigten ebenfalls an, in die Entwicklung kleiner Atomreaktoren investieren zu wollen. Nach Schätzungen von Goldman Sachs wird sich, so ebenfalls der Spiegel (*Spiegel* – Netzwelt [393]), der Stromverbrauch von Rechenzentren in den USA zwischen 2023 und 2030 etwa verdreifachen und etwa 47 Gigawatt an neuer Erzeugungskapazität erfordern.

## Entsorgung von Hardware

Die Entsorgung von Computern und Smartphones stellt eine erhebliche Herausforderung dar. Weltweit werden jährlich etwa 50 Millionen Tonnen Elektroschrott produziert, wobei nur etwa 20 % ordnungsgemäß recycelt werden. Viele Materialien in elektronischen Geräten sind giftig, darunter Blei, Quecksilber und Kadmium, und unsachgemäße Entsorgung führt zu Umweltverschmutzung (Baldé et al. [30]). Die Recyclingquote bleibt niedrig, da viele Materialien schwer oder auch nicht zu trennen und wiederzuverwenden sind. Die Informations- und Kommunikationstechnologie-(IKT)-Industrie ist für etwa 3–4 % der globalen $CO_2$-Emissionen verantwortlich.

Angesichts der abnehmenden Verfügbarkeit von Energie und Rohstoffen wird die Nutzung von Computern teurer werden, was potenziell die Daten- und Informationsverarbeitung sowie die Art der digitalen Kommunikation beeinflusst (Bardi [31]). Langfristig führt dies zu höheren Kosten für computerbasierte Kommunikation und die gesellschaftliche Diskussion über die „Demokratisierung des Wissens", um den verantwortungsvollen Umgang mit Informationen fördern.

### A.2.4 Wohnungssituation

Etwa 80 % des heute genutzten Wohnraumes werden auch 2050 noch genutzt werden, und es muss folglich davon ausgegangen werden, dass 2050 Menschen in heute bereits *bestehenden Wohnungen* leben. Da sie aufgrund finanzieller Engpässe wahrscheinlich keine großen Umbaumaßnahmen vornehmen können, werden sie gezwungen sein, *pragmatische Anpassungen* vorzunehmen, um den Anforderungen von Rohstoff-, Energie- und Nahrungsmittelknappheit zu begegnen. Die Anpassungen werden sich unter Berücksichtigung der sozialen Ungleichheit, bei der reiche Menschen oft in gut ausgestatteten und sicheren Gegenden wohnen, während Normalverdiener häufig in weniger attraktiven und weniger sicheren Gebieten leben (Ding & Hwang [97]; Ganong & Shoag [156]), auf verschiedene Bereiche konzentrieren.

Um die *Energieeffizienz* bestehender Wohnungen zu verbessern, werden Bewohner die bekannten Maßnahmen wie das Abdichten von Fenstern und Türen, das Anbringen von Isolierfolien und das Dämmen von Wänden mit verfügbaren Materialien ergreifen. Falls möglich, werden gebrauchte Geräte durch energieeffizientere Modelle ersetzt oder die bestehenden Geräte effizienter genutzt, um den Energieverbrauch zu reduzieren (IPCC [236]). Bei den Energiequellen und *Heizmethoden* kommen zunehmend alternative Heizlösungen wie Infrarotheizungen oder elektrische Heizmatten zum Einsatz, um Energie zu sparen. Auch die Nutzung von Sonnenenergie durch Solarthermie-Anlagen oder Solar-Luftkollektoren wird geprüft werden. In einigen Regionen stellen einfache Biomasseöfen, die mit Holzabfällen oder anderen Biomasse-Ressourcen betrieben werden, eine Option dar (IPCC [236]).

In Bezug auf die *Nahrungsmittelproduktion* werden auch in bestehenden Wohnungen einfache Systeme zur Lebensmittelproduktion integriert. Wenn der Platz es zulässt, werden vermehrt kleine Gewächshäuser auf Balkonen oder in gemeinschaftlichen Bereichen aufgestellt (OECD [313, 314, 315]). Ein ressourcenschonender Lebensstil wird durch *Reduktion* des individuellen *Konsums* gefördert. Dazu gehört die Reparatur und Wiederverwendung von Materialien und Möbeln ebenso wie gemeinschaftliche Ressourcen, d. h. gemeinsame Gärten oder Werkstätten, die in urbanen Gebieten an Bedeutung gewinnen (World Bank [468]). Aufgrund von Energie- und Mobilitätsengpässen werden Menschen näher am Arbeitsplatz wohnen oder *Homeoffice* nutzen. Es wird erwartet, dass Nachbarschaftshilfe bei der Nahrungsmittelversorgung und Reparaturen bedeutend werden wird (OECD [313, 314, 315]).

Die *Energieversorgung* im Jahr 2050 ist stark auf erneuerbare Quellen wie Solarenergie und Windkraft angewiesen. Solarzellen und kleine Windkraftanlagen sind dazu nötig. Technologien wie Wärmepumpen oder Infrarotheizungen werden in Heizsystemen verwendet, um Energie zu sparen (IPCC [236]). Die Wasserversorgung wird durch Regenwassernutzungssysteme ergänzt, das Abfallmanagement setzt vermehrt auf Recycling und Kompostierung (World Bank [468]).

Die Baumaterialien werden wahrscheinlich auf Recyclingmaterialien und nachhaltige Ressourcen basieren. Die Nutzung von wiederverwerteten Materialien und nachhaltigem Holz im Bau wird verbreiteter sein als heute, und die Bauweise wird anpassungsfähig gestaltet werden, um den ökologischen Fußabdruck zu minimieren (IPCC [236]). Ernährung und Lebensmittelkonsum werden von eingeschränktem Zugang zu frischen Lebensmitteln und höheren Preisen beeinflusst werden. Gewächshäuser und vertikale Landwirtschaft haben das Potenzial, wichtig bei der Nahrungsmittelversorgung zu sein, sind aber nicht für alle Haushalte zugänglich (FAO [144]).

Schließlich wird staatliche Unterstützung und Sozialsysteme in Folge der Verschuldung und wirtschaftlichen Belastungen deutlich eingeschränkt werden. Sozialleistungen werden dann wertlos, was die finanzielle Sicherheit der Haushalte gefährdet. Klimabedingungen wie Extremwetterereignisse beeinflussen die Lebensqualität und Anpassungsmaßnahmen, die Wasserrationierung und Umzüge in weniger gefährdete Regionen erforderlich machen (IMF [223]; IPCC [237]).

### A.2.5 Wohnen und Mobilität

Eine Studie des World Economic Forums kam kürzlich zu dem Schluss, dass heute bereits 80 % der Wohnungen existieren, die 2050 genutzt werden. Daraus ergibt sich die Frage, von wie vielen Personen diese Wohnungen genutzt werden und wie Erhaltungszustand und Infrastruktur zu bewerten sind.

### Infrastruktur in Wohnungen

In einem Szenario von 2050, in dem es signifikante Einschränkungen bei Rohstoffen, Energie und auch bei Halbleitern gibt, wird die Auswahl und Nutzung elektrischer Geräte in Wohnungen stark beeinflusst. Die Verfügbarkeit von Geräten wird durch die Verknappung von Halbleitern und anderen Schlüsselkomponenten eingeschränkt sein.

Im Folgenden eine Übersicht über die wahrscheinlich genutzten elektrischen Geräte in solchen Wohnungen und wie diese in einem solchen Kontext organisiert sein können:

Im Jahr 2050 werden elektrische Geräte in Haushalten aufgrund von Ressourcenknappheit und der eingeschränkten Verfügbarkeit von Halbleitern auf einfache, energieeffiziente Technologien umgestellt werden. Natürlich wären Kühlschränke und Kochgeräte weiterhin unverzichtbar, jedoch wird beim Ersatz bestehender Geräte zunehmend Wert auf energieeffizientere Techniken gelegt. Heiz- und, falls finanzierbar, auch Klimageräte werden durch sparsamere, passive Methoden ersetzt werden. Kommunikations- und Unterhaltungselektronik wird auf Basis langlebiger Technologien vereinfacht – das Radio erlebt in neuen Applikationen eine Renaissance. Auch in der Wasser- und Luftaufbereitung sowie der Energieversorgung kämen minimalistische, robuste Systeme wie mechanische Filter und einfache Solaranlagen zum Einsatz, um die Abhängigkeit von komplexen elektronischen Bauteilen zu reduzieren. Insgesamt wird die Anpassung an Energieeffizienz und Ressourcenschonung im Vordergrund stehen, was den Alltag und den Technikeinsatz in Haushalten grundlegend verändern würde.

In einem zukünftigen Szenario von 2050, in dem Halbleiter und andere Ressourcen knapp sind, werden Haushalte pragmatische Anpassungen vornehmen, um ihre elektrischen Geräte optimal zu nutzen. Der Fokus wird auf Energieeffizienz, der Minimierung des Ressourcenverbrauchs und der Nutzung einfacher, robuster Technologien liegen. Diese Anpassungen beeinflussen sowohl den Alltag der Bewohner als auch die Art und Weise, wie Technologien in Haushalten integriert und verwendet werden.

**Mobilität**

Für die zukünftige Mobilitätslandschaft sind der Umgang mit Rohstoffknappheit, der Rückgang traditioneller fossiler Brennstoffe und die Erhaltung einer funktionsfähigen Infrastruktur entscheidend. Diese Faktoren werden erhebliche Auswirkungen auf das Mobilitätsverhalten der Bevölkerung, die Infrastrukturplanung sowie auf die Wirtschaft und Gesellschaft haben:

Eine der größten Herausforderungen für die Mobilität im Jahr 2050 wird die Rohstoffknappheit sein. Der Umstieg auf Elektromobilität und andere alternative Antriebstechnologien erfordert den Einsatz seltener und kritischer Rohstoffe; Lithium, Kobalt und seltene Erden sind für die Produktion von Batterien und anderen High-Tech-Komponenten unerlässlich. Die Verfügbarkeit dieser Rohstoffe ist begrenzt, und ihre Gewinnung und Verarbeitung sind sowohl kostspielig als auch umweltschädlich.

Es gibt Anzeichen dafür, dass die Nachfrage nach diesen Rohstoffen in den kommenden Jahrzehnten exponentiell ansteigen wird, was zu Versorgungsengpässen und Preissteigerungen führt. Dieser Trend führt dazu, dass die Mobilität zunehmend von der Verfügbarkeit dieser Ressourcen abhängt. Diese Abhängigkeit fördert langfristig den Umstieg auf alternative Mobilitätsformen wie die öffentlichen Verkehrsmittel, Fahrradverkehr und neue Mobilitätsdienstleistungen wie Carsharing. Zudem führt die Rohstoffknappheit zu einem verstärkten Recycling und einer Kreislaufwirtschaft, bei der der effiziente Einsatz und die Wiederverwertung von Materialien zur Norm werden.

**Rückgang fossiler Brennstoffe und die Transformation der Infrastruktur**

Die traditionellen fossilen Brennstoffe, die bis in die ersten Jahrzehnte des 21. Jahrhunderts hinein die Mobilität dominierten, werden bis 2050 weitgehend an Bedeutung verlieren. Dem Rückgang von Öl und Kohle wird durch die wachsende Bedeutung von Elektrizität, Wasserstoff und synthetischen Kraftstoffen begegnet. Der Übergang zur Elektromobilität ist dabei ein entscheidender Faktor, wobei der Einsatz von Batterieelektrischen Fahrzeugen (BEVs) derzeit die bevorzugte Lösung darstellt. Der wachsende Bedarf an Elektrizität im Verkehr wird absehbar die Energieinfrastruktur belasten. Die Bereitstellung von grünem Strom, der aus erneuerbaren Energiequellen wie Wind und Solar gewonnen wird, ist von entscheidender Bedeutung, um die Klimaziele zu erreichen und gleichzeitig die Mobilität der Zukunft sicherzustellen. In einem Szenario, in dem der Einsatz von fossilen Brennstoffen nicht vollständig kompensiert werden kann, stellen wasserstoffbetriebene Fahrzeuge eine Alternative dar. Wasserstoff bietet die Möglichkeit, emissionsfreie Mobilität zu gewährleisten, aber auch hier wird der Zugang zu erneuerbaren Energien und die Effizienz der Wasserstoffproduktion kritisch werden.

Die alternde Infrastruktur erfordert nicht nur Investitionen in den Erhalt, sondern auch eine nachhaltige Modernisierung, um den Anforderungen einer elektrifizierten und digital vernetzten Mobilität gerecht zu werden. Ein weiteres Problem, das die Mobilität im Jahr 2050 beeinflussen wird, ist daher der *Zustand der Verkehrsinfrastruktur*. Die deutsche Verkehrsinfrastruktur ist bereits heute stellenweise veraltet und stark überbelastet. Da der Erhalt der bestehenden Infrastruktur erhebliche finanzielle Mittel erfordert, stellt der Ausbau und die Modernisierung von Straßen, Schienen und öffentlichen Verkehrssystemen eine Schwierigkeit dar. Smarte Verkehrssysteme, die Daten in Echtzeit verarbeiten und so den Verkehrsfluss optimieren, tragen nicht nur zur Reduzierung von Staus und Emissionen bei, sondern verlängern auch die Lebensdauer der Verkehrsinfrastruktur.

Der öffentliche Nahverkehr wird in den kommenden Jahrzehnten an Bedeutung gewinnen, da die Verdichtung in städtischen Gebieten und die Notwendigkeit einer klimafreundlichen Mobilität den Ausbau von Bahnen, Bussen und anderen geteilten Mobilitätsangeboten erfordern. Allerdings wird es entscheidend sein, die Infrastrukturkosten mit der Verfügbarkeit finanzieller Mittel in Einklang zu bringen, vor allem in Anbetracht der potenziellen Ressourcenknappheit und der Konkurrenz um Haushaltsmittel.

### A.2.6 Versorgung mit Wasser und die Abwasserentsorgung

In einem Szenario, das charakterisiert ist von erheblichen Einschränkungen bei Ressourcen, Energie und Infrastruktur, bringt auch die Versorgung mit Wasser und die Abwasserentsorgung gravierende Anforderungen mit sich:

Familien werden 2050 ihren Wasserverbrauch durch wassersparende Technologien wie Duschköpfe und Toiletten reduzieren, während Regenwasser für die Gartenbewässerung und als Ergänzung zum Brauchwasser gesammelt wird (OECD [313, 314, 315]). Trinkwasseraufbereitung kann auf mechanische Filter und UV-Desinfektion basieren, um weniger Energie zu verbrauchen. Wasserrationierung und energieeffiziente Verteilungssysteme werden notwendig, um den regional begrenzten Wasservorrat besonders in den Städten optimal zu nutzen (OECD [313, 314, 315]).

Auch die Abwasserentsorgung muss auf einfache mechanische und biologische Aufbereitungsmethoden wie Klärgruben oder biologische Filter setzen. In kleineren Wohngebieten wären diese Abwasseraufbereitungssysteme sinnvoll, um Anlagen zu entlasten. Die Rückgewinnung und Wiederverwendung von Abwasser für Bewässerungszwecke oder industrielle Nutzung wird unausweichlich. Die Wartung und Anpassung bestehender Abwasserinfrastrukturen ist entscheidend, um deren Lebensdauer zu maximieren und den Ressourceneinsatz zu minimieren (OECD [313, 314, 315]).

### A.2.7 Gesundheitsversorgung

Im Jahr 2050, unter den Bedingungen einer eingeschränkten Rohstoff- und Energieversorgung sowie überschuldeten Staatshaushalten, wird die Gesundheitsversorgung gravierenden Problemen gegenüberstehen. Diese Probleme werden mit den absehbaren Folgen von Engpässen in der Nahrungsmittelversorgung ausgeprägter.

Der Anstieg der Lebensmittelpreise wird ebenfalls ein Problem sein. Besonders bei ökologisch hergestellten Produkten, die aufgrund von nachhaltigen Anbaumethoden teurer sind, steigen Preise drastisch. Laut FAO [145] wird der Zugang zu Grundnahrungsmitteln zunehmend schwieriger, da die Produktion durch Klimawandel und Ressourcenknappheit eingeschränkt wird. Dies führt zu einer Inflation auch im Lebensmittelbereich, wobei Grundnahrungsmittel für viele Haushalte kaum noch erschwinglich wären.

Eine der Problemstellungen wird der eingeschränkte Zugang zu Produkten sein, die Erdöl-Derivate und synthetische Wirkstoffe enthalten. Dies gilt auch für Medikamente und wird zu erhöhten Kosten führen. Da die Produktion vieler Medikamente durch Rohstoffengpässe behindert wird, werden Naturheilmittel und komplementäre Therapien zunehmend bedeutend.

Die Finanzlage überschuldeter Staatshaushalte wird die öffentlichen Ausgaben für Gesundheitsdienste reduzieren. Dies wird sich durch Kürzungen im Zugang zur Versorgung für die Bevölkerung äußern müssen. Notfall- und lebenswichtige medizinische

Maßnahmen werden priorisiert, während weniger dringende Behandlungen wie nicht lebensbedrohliche Eingriffe eingeschränkt werden (World Health Organization [475]). In diesem Kontext kann die Telemedizin wesentlich werden, um den Zugang zu medizinischer Versorgung in ressourcenarmen Gebieten aufrechtzuerhalten. Sie ermöglicht es, medizinische Dienste anzubieten, ohne physische Präsenz zu erfordern, und maximiert so die Nutzung begrenzter medizinischer Ressourcen. Doch auch Telemedizin setzt eine Infrastruktur voraus, die abhängig von Energieversorgung und Ressourcen ist.

Da der Zugang zu medizinischen Dienstleistungen aufgrund von Ressourcenmangel eingeschränkt sein wird, wird der Fokus verstärkt auf präventive Gesundheitsmaßnahmen und Gesundheitsförderung gelegt. Durch Aufklärung über gesunde Lebensstile sowie Programme zur Verbesserung der Ernährung kann der Bedarf an medizinischer Behandlung reduziert werden. Insbesondere chronische Erkrankungen, die durch ungesunde Lebensweisen begünstigt werden, werden auf diese Weise verhindert oder gemildert. Darüber hinaus gewinnen traditionelle Heilmethoden und Kräutermedizin wieder an Bedeutung. In Zeiten von Medikamentenknappheit bieten sie eine Alternative, wenn sie auf lokal verfügbaren Ressourcen basieren und weniger von globalen Lieferketten abhängig sind. Komplementärmedizin, also die Integration alternativer Therapien in die konventionelle Medizin, kann ebenfalls dazu beitragen, die Versorgungslücken zu füllen und das Gesundheitssystem zu entlasten (Tilburt & Kaptchuk [415]).

Um die Gesundheitsversorgung in einem ressourcenarmen Szenario aufrechtzuerhalten, wird der Umbau der Gesundheitsstrukturen von Bedeutung sein. Gemeinschaftsbasierte Gesundheitseinrichtungen und mobile Kliniken werden geschaffen, um den Zugang zu medizinischer Versorgung in ländlichen oder schwer erreichbaren Regionen sicherzustellen. Lokale Gesundheitszentren bieten kostengünstige und energieeffiziente Lösungen für die Grundversorgung. Energieeffiziente Gesundheitseinrichtungen werden zunehmend wichtig, um den Energieverbrauch zu minimieren und die Kosten für den Betrieb solcher Einrichtungen zu senken. In Anbetracht der knappen Ressourcen werden Krankenhäuser und Kliniken auf alternative Energiequellen wie Solar- oder Windenergie umgestellt, um ihren Betrieb aufrechtzuerhalten.

Die Gesundheitsversorgung im Jahr 2050 wird unter den angenommenen Bedingungen von Mangel an Ressourcen und Nahrungsmitteln, an Medikamenten und dem Vorliegen von finanziellen Engpässen voraussichtlich eine verstärkte Nutzung von traditionellen Heilmethoden, präventiven Gesundheitsstrategien und den Versorgungseinrichtungen erfahren. Eine Kombination aus präventiven Maßnahmen, alternativen Heilmethoden und effizienter Ressourcennutzung kann möglicherweise entscheidend sein, um die Probleme zu bewältigen und eine angemessene Gesundheitsversorgung sicherzustellen. Der Zugang zu medizinischer Versorgung wird sich sozial differenzieren – während Reiche sich eine umfassende medizinische Versorgung einschließlich teurer Behandlungen und spezialisierter Ärzte leisten, sind normalverdienende Menschen oft auf qualitativ schlechter werdende öffentliche Gesundheitssysteme angewiesen. Dieser Effekt gilt für das laufende Gesundheitsmanagement wie für die Prävention.

### A.2.8 Staatliche Überschuldung

Die Überschuldung des Staates, Rohstoffknappheit und schwindende fossile Brenn-stoffressourcen werden bis 2050 das Privatleben verändern. Besonders die steigenden Lebenshaltungskosten, bedingt durch Energie- und Nahrungsmittelpreissteigerungen, werden Haushalte stark belasten, während gleichzeitig Engpässe in der Nahrungsmittel-versorgung auftreten. Energiepreise werden aufgrund der Umstellung auf alternative Energien deutlich steigen, was Haushalte zwingt, ihren Energieverbrauch zu redu-zieren. Die IEA [209] berichtet, dass der globale Energiemarkt durch die Erschöpfung fossiler Brennstoffe zunehmend von erneuerbaren Energien abhängig wird, was lang-fristig zu höheren Kosten für Endverbraucher führen kann.

Ein weiteres Problem wird die reduzierte staatliche Unterstützung sein. Mit der Überschuldung der Staatshaushalte werden Sozialleistungen, Renten und Arbeitslosen-gelder gekürzt oder eingefroren. Diese Kürzungen führen zu einer Verschärfung der so-zialen Ungleichheit und verstärken die finanzielle Unsicherheit vieler Haushalte (OECD [318]). Darüber hinaus wird die Rohstoffknappheit die Verfügbarkeit von Gütern und Dienstleistungen stark einschränken, was zu Engpässen bei alltäglichen Produkten wie Baumaterialien und Reparaturmaterialien führt (World Bank [472]). Dadurch haben Haushalte größere Schwierigkeiten, ihre Lebensqualität und ihren Komfort aufrecht-zuerhalten. Auch die Infrastruktur wird unter den finanziellen Engpässen leiden, denn es zeichnet sich ab, dass Staaten aufgrund von deren finanzieller Situation nicht in der Lage sein werden, in die Wartung und den Ausbau öffentlicher Dienstleistungen wie Ver-kehr, Wasser- und Abwasserversorgung zu investieren (IMF [224]). Dies wird absehbar die Qualität dieser Dienste senken und den Zugang zu grundlegenden Versorgungsleis-tungen erschweren.

Die steigenden Energiepreise, die durch die zunehmende Abhängigkeit von erneu-erbaren Energien bedingt sind, führen laut einer Studie der IEA [210] langfristig zu einer Reduktion des Energieverbrauchs, da sowohl private Haushalte als auch Unternehmen ihre Effizienz steigern müssen, um den erhöhten Kosten zu begegnen. Viele Haushalte werden gezwungen sein, ihren Konsum drastisch zu senken oder/und auf alternative Energiequellen zurückzugreifen.

Im Nahrungsmittelbereich wird die zunehmende Knappheit laut FAO [145] durch eine Reduzierung der landwirtschaftlichen Flächen, Wasserknappheit und höhere Pro-duktionskosten verschärft. Diese Faktoren tragen zur Preissteigerung bei und werden besonders ärmere Bevölkerungsschichten stark treffen. In Kombination mit der staatli-chen Überschuldung und den notwendigen Kürzungen sozialer Sicherungsnetze droht eine starke Zunahme von Armut und sozialer Ungleichheit.

Zusammenfassend wird das Leben im Jahr 2050 durch höhere Lebenshaltungskos-ten und eine eingeschränkte Versorgung mit Gütern und Dienstleistungen beeinflusst werden. Staatliche Kürzungen, Energieknappheit und infrastrukturelle Defizite beein-trächtigen das alltägliche Leben 2050. Die Überschuldung des Staates in Kombination mit Rohstoffknappheit und eingeschränkter Nahrungsmittelversorgung wird tiefgreifende Auswirkungen auf das Privatleben haben. Die finanziellen Belastungen steigen, die Versorgung mit Gütern und Dienstleistungen werden beeinträchtigt, und die soziale Ungleichheit verschärft sich. Menschen werden gezwungen werden, ihre Lebensgewohnheiten anzupassen, ihre Ausgaben zu minimieren und sich auf lokale Gemeinschaften und Netzwerke zu verlassen, um ihren Alltag leben zu können.

### A.2.9 Soziale Ungleichheiten

Die zunehmende soziale Ungleichheit in Bezug auf Einkommen und Vermögen hat tiefgreifende Auswirkungen auf das Leben von normalverdienenden Menschen. Diese Ungleichheiten beeinflussen den Zugang zu wichtigen Ressourcen wie Bildung, Gesundheitsversorgung und Netzwerken und verstärken damit soziale Disparitäten. Zur Schau gestellter Wohlstand gefährdet die soziale Kohäsion. Wohlhabendere Haushalte sind aufgrund ihrer finanziellen Ressourcen besser gerüstet, sich an wirtschaftliche Veränderungen anzupassen, während ärmere Bevölkerungsgruppen stärker unter finanziellen Belastungen leiden (Piketty [331]). Diese Diskrepanz führt zu Ungleichheiten im Zugang zu hochwertigen Lebensgrundlagen und erhöht den Stress und die Unsicherheit für normalverdienende Haushalte (American Psychological Association [13]). In einer Gesellschaft, die von finanzieller Ungleichheit geprägt ist, entstehen auch psychologische Belastungen in Form von erhöhtem Stress, Unsicherheit und einem Gefühl der Benachteiligung. Untersuchungen der American Psychological Association [14] zeigen, dass solche Stressfaktoren das allgemeine Wohlbefinden und die psychische Gesundheit stark beeinflussen. Dies gilt insbesondere bei Haushalten mit niedrigerem Einkommen, die sich weniger gut an Veränderungen anpassen. Die daraus resultierende gesellschaftliche Spaltung und soziale Fragmentierung führt zu einem Rückgang des sozialen Zusammenhalts, was langfristig das Potenzial für soziale Spannungen erhöht (Pickett et al. [329]).

Menschen aus einkommensschwächeren Verhältnissen haben auch heute bereits oft weniger Zugang zu den Ressourcen und Netzwerken, die für den sozialen Aufstieg entscheidend sind – ein Effekt, der sich weiter ausprägt (Corak [79]). Beispielsweise verfügen wohlhabende Menschen über exklusive Netzwerke, die ihnen bessere berufliche und geschäftliche Möglichkeiten eröffnen (Putnam [340]). Diese Netzwerke erleichtern nicht nur den Zugang zu lukrativeren Arbeitsmöglichkeiten, sondern stärken auch ihre gesellschaftliche Stellung, während ärmere Menschen diesen Zugang nicht haben.

Darüber hinaus kann die soziale Ungleichheit die Entscheidungsfreiheit im Alltag stark beeinflussen. Dies gilt vor allem im Hinblick auf die Nutzung von Energie und anderen Ressourcen. Wohlhabende Haushalte haben oft Zugang zu ressourcenschonenden Technologien und nachhaltigen Energielösungen, die langfristig kostengünstiger sind und eine geringere Umweltbelastung darstellen. Im Gegensatz werden normalverdienende Haushalte häufig gezwungen, auf weniger nachhaltige, aber kurzfristig günstigere Optionen zurückzugreifen. Reiche Haushalte investieren in erneuerbare Energien, während ärmere Haushalte weiter auf fossile Brennstoffe angewiesen sind, was nicht nur die Umweltbelastung erhöht, sondern auch ihre Energiekosten langfristig steigert (Jorgenson [242]).

Diese Ungleichheiten manifestieren sich nicht nur auf ökonomischer Ebene, sondern wirken sich auch auf die psychische Gesundheit aus. Menschen mit niedrigem Einkommen sind einem höheren Maß an Stress ausgesetzt, da sie mit Unsicherheiten und begrenzten Ressourcen kämpfen, was ihre psychische Gesundheit negativ beeinflussen kann. Soziale Ungleichheit und wirtschaftliche Unsicherheit erhöhen das Risiko für psychische Erkrankungen wie Depressionen und Angstzustände.

Zusammenfassend lässt sich sagen, dass die zunehmende soziale Ungleichheit nicht nur die wirtschaftlichen Möglichkeiten von normalverdienenden Haushalten beeinträchtigt, sondern auch tiefgreifende Auswirkungen auf ihre Lebensqualität, soziale Integration und psychische Gesundheit hat. Ohne gezielte Maßnahmen zur Bekämpfung dieser Ungleichheiten wird die gesellschaftliche Spaltung weiter zunehmen, was zu einer Destabilisierung der sozialen Strukturen führt. Die Unterschiede im Zugang zu Bildung, Gesundheitsversorgung, Wohnraum und sozialen Netzwerken beeinflussen ihre Lebensqualität und Chancen absehbar erheblich. Die soziale und wirtschaftliche Kluft kann auch zu gesellschaftlicher Spaltung und verschärften sozialen Problemen führen. In einem solchen Kontext müssen politische Maßnahmen und soziale Innovationen darauf abzielen, diese Ungleichheiten zu verringern und eine gerechtere Verteilung von Ressourcen und Chancen zu fördern.

### A.2.10 Sozialleben im Jahr 2050

Die sozioökonomischen Umstände in einer Zukunft mit eingeschränkten Ressourcen und finanziellen Belastungen werden das Sozialleben stark beeinflussen. Nachbarschaftsnetzwerke gewinnen an Bedeutung, da Menschen auf lokale Gemeinschaften angewiesen sein werden, um Unterstützung und Austausch zu finden (Putnam [339]). In dieser Zeit fördern Selbsthilfegruppen und lokale Initiativen wie Urban Gardening oder gemeinschaftliche Reparaturwerkstätten den Austausch von Fähigkeiten und Ressourcen und tragen so zur Lösung gemeinschaftlicher Probleme bei (Fischer [138]). Do-it-yourself-Projekte und handwerkliche Tätigkeiten werden an Bedeutung gewinnen, da viele Menschen aufgrund finanzieller Einschränkungen ihre Freizeit nutzen werden, um selbst Möbel zu bauen, Kleidung zu reparieren oder andere Heimwerkerprojekte zu realisieren. Zudem kann die Selbstversorgung durch urbanes Gärtnern und Kochen helfen, da diese Methoden nicht nur preisgünstig sind, sondern auch zu einem nachhaltigeren Lebensstil beitragen (Mason & Lang [277]).

Wenn die entsprechende Infrastruktur zur Verfügung steht, fungieren soziale Netzwerke, Videoanrufe und Online-Foren als Ersatz für physische Treffen, vor allem in Zeiten, in denen Mobilität eingeschränkt ist oder soziale Interaktionen zwischen verschiedenen Bevölkerungsgruppen stattfinden (Rainie & Wellman [342]). Online-

Gemeinschaften erleichtern nicht nur den Austausch von Interessen und Ideen, sondern bieten auch soziale Veranstaltungen oder Bildungsressourcen an.

Auch die Freizeitgestaltung wird sich ändern. Kulturelle und Freizeitaktivitäten werden von den verfügbaren Ressourcen abhängen. Es ist zu erwarten, dass lokale, kostengünstige oder kostenlose Aktivitäten wie Gemeinschaftsveranstaltungen und lokale Künstlerprojekte in den Vordergrund rücken. Gleichzeitig wird die Nutzung von öffentlichen Grünflächen, Parks und Wanderwegen zunehmen, da diese Aktivitäten geringe Kosten verursachen und gleichzeitig zur physischen und psychischen Gesundheit beitragen.

## A.3 Einsparungspotenziale in Haushalten

### A.3.1 Literatur für Maßnahmen zur Reduktion des Umweltimpacts

Eine detaillierte Diskussion von Lösungen würde den Rahmen sprengen – und das Thema wurde in der Literatur bereits breit behandelt – hier daher ein Literaturüberblick.

**Literatur zu Best Practices**

Es gibt eine Vielzahl von Arbeiten in der Literatur, die Best Practices für Haushalte im Bereich der Nachhaltigkeit und Umweltverträglichkeit beschreiben. Diese bieten oft wertvolle Einblicke und praktische Anleitungen, die oft empirisch fundiert sind und auf bewährten Ansätzen beruhen. In Tabellen A.1, A.2, A.3 sind einige häufig zitierte Werke zu Best Practices.

Jessica Lagerfeld und Konrad Luttropp haben nach einer Literaturstudie über Einsparungen für nachhaltigere Produkte die folgenden immer wieder auftretenden Methoden zusammengefasst – heraus kamen „10 goldene Regeln" des Ecodesigns (C. Luttropp und J. Lagerstedt [269]):

1. Vermeidung von toxischen Stoffen bei gleichzeitiger Nutzung geschlossener Kreisläufe für notwendige, aber toxische Stoffe;
2. Minimierung des Energie- und Ressourcenverbrauchs in Produktion und Transport durch achtsames Verbrauchen;
3. Minimierung des Energie- und Ressourcenverbrauchs in der Nutzungsphase, vor allem bei Produkten mit hohem Umweltimpact in der Nutzungsphase;
4. Förderung von Reparaturmöglichkeiten und Upgrades;
5. Förderung der Langlebigkeit von Produkten;
6. Verwendung von strukturellen Merkmalen und hochwertigen Materialien, um das Gewicht zu minimieren, ohne die notwendige Flexibilität, Stoßfestigkeit oder funktionale Prioritäten zu beeinträchtigen;
7. Verwendung hochwertiger Materialien, Oberflächenbehandlungen oder struktureller Vorkehrungen zum Schutz der Produkte vor Schmutz, Korrosion und Verschleiß;

**Tab. A.1:** Best Practices in verschiedenen Bereichen der Nachhaltigkeit für den Einsatz in Haushalten.

| Maßnahme | Zusammenfassung | Quelle |
|---|---|---|
| Allgemeine Verhaltens-änderungen | Dieses Buch bietet umfassende Einblicke in Best Practices für nachhaltiges Verhalten im Haushalt. Es behandelt, wie Haushalte ihren ökologischen Fußabdruck durch Verhaltensänderungen reduzieren können. | R. Gifford [168] |
| Nachhaltiges Konsumverhalten | Dieser Sammelband enthält Forschungsergebnisse zu nachhaltigem Konsumverhalten und stellt Best Practices für Haushalte vor, die ihren Energieverbrauch, ihre Wasser- und Abfallwirtschaft verbessern wollen. | H. Heinrichs und J. B. Schor [193] |
| Praktische Maßnahmen | „Nudge" beschreibt, wie kleine Anstupser (Nudges) Verhaltensänderungen fördern können, z. B. durch die Platzierung von Recyclingbehältern oder energieeffiziente Standardeinstellungen. Diese Prinzipien können im Haushalt genutzt werden, um nachhaltiges Verhalten zu fördern. | R. H. Thaler und C. R. Sunstein [413] |
| Nachhaltiges Verhalten in Haushalten und Unternehmen | Diese Studie diskutiert den Einsatz von „Nudging"-Techniken zur Förderung nachhaltigen Verhaltens und enthält konkrete Anwendungsbeispiele und Best Practices aus Haushalten und Unternehmen. | O. Mont et al. [292] |
| | „Limits to Growth" zeigt globale Szenarien und Best Practices für nachhaltiges Ressourcenmanagement. Es gilt als Standardwerk und liefert eine umfassende Analyse der Grenzen des wirtschaftlichen Wachstums und deren ökologischen Auswirkungen. | D. H. Meadows et al. [283] |

8. Erleichterung von Aufrüstung, Reparatur und Recycling durch Zugänglichkeit, Kennzeichnung, Module, Sollbruchstellen und Handbücher;

9. Förderung von Modernisierung, Reparatur und Recycling durch Verwendung weniger, einfacher, recycelter, nicht gemischter Materialien und ohne Legierungen;

10. Verwendung von möglichst wenigen Verbindungselementen und Einsatz von Schrauben, Klebstoffen, Schweißen, Schnappverbindungen, geometrischen Verriegelungen usw. entsprechend dem Lebenszyklus-Szenario.

Diese Regeln müssen offenbar an die jeweilige Situation angepasst und interpretiert werden, wenn sie als Leitlinien oder Benchmarks für die Produktentwicklung in bestimmten Situationen von praktischem Nutzen sein sollen. Regeln wie die oben genannten bieten allen Akteuren Orientierungshilfen, ohne die Innovation und die Einführung neuer Techniken einzuschränken.

**Tab. A.2:** Bücher und Literaturquellen zur Reduktion von $CO_2$-Emissionen in Haushalten, gruppiert nach Allgemeines, Mobilität und Verkehr, Wohnen (inkl. Energieversorgung), Ernährung, Alkohol.

| Reduktion von $CO_2$-Emissionen in Haushalten | |
| --- | --- |
| *Allgemeines* | |
| Bücher | M. Berners-Lee (2020) *Wie schlimm sind Bananen? Der $CO_2$-Fußabdruck von allem, was wir tun*. MIDAS Verlag |
| | S. S. Muthu (Ed.) (2012). *The Carbon Footprint Handbook*. CRC Press |
| | B. Johnson (2013) *The Zero Waste Home: The Ultimate Guide to Simplifying Your Life by Reducing Your Waste*. Ten Speed Press |
| Internetquellen: | Environmental Protection Agency (n. d.) *Carbon footprint calculator*. Retrieved September 14, 2024, from https://www.epa.gov/carbon-footprint-calculator |
| | Carbon Trust (n. d.) *Reducing your carbon footprint*. Retrieved September 14, 2024, from https://www.carbontrust.com/resources/reducing-your-carbon-footprint |
| *Mobilität und Verkehr* | |
| Bücher | W. R. Black (2010) *Sustainable Transportation: Problems and Solutions*. Guilford Press |
| | D. J. F. Loughran (2016) *The Transport Energy and Emissions Challenge: An Overview*. Routledge |
| Internetquellen: | International Council on Clean Transportation (n. d.) *Transportation and climate*. Retrieved September 14, 2024, from https://theicct.org/topics/transportation-and-climate |
| | International Transport Forum (n. d.) *Transport Outlook*. Retrieved September 14, 2024, from https://www.itf-oecd.org/transport-outlook |
| *Wohnen (inkl. Energieversorgung)* | |
| Bücher | J. Kachadorian (2006) *The Passive Solar House: Principles and Designs*. New Society Publishers |
| | C. Liu (2018) *Sustainable Home: Practical Projects, Tips and Advice for Maintaining a More Eco-Friendly Home*. HarperCollins |
| Internetquellen: | U. S. Department of Energy (n. d.) *Energy Saver*. Retrieved September 14, 2024, from https://www.energy.gov/energysaver/energy-saver |
| | U. S. Green Building Council (n. d.) *Resources*. Retrieved September 14, 2024, from https://www.usgbc.org/resources |
| *Ernährung* | |
| Bücher: | M. Pollan (2020) *Food and Climate Change: The Impact of Our Diet on the Environment*. Penguin Books |
| | T. Ritter (2017) *The Sustainable Diet: How to Save the Planet and Improve Your Health*. Palgrave Macmillan |
| Internetquellen: | Food and Agriculture Organization (n. d.) *Sustainable diets*. Retrieved September 14, 2024, from http://www.fao.org/sustainable-diets/en/ |
| | World Wildlife Fund (n. d.) *Sustainable food*. Retrieved September 14, 2024, from https://www.worldwildlife.org/industries/sustainable-food |

**Tab. A.2** (Fortsetzung)

| Reduktion von $CO_2$-Emissionen in Haushalten | |
| --- | --- |
| *Alkoholkonsum* | |
| Bücher | N. Matthews (2015) *The Environmental Impact of Alcohol Production and Consumption.* Routledge |
| | D. Nutt (2020) *Drink: The New Science of Alcohol and Your Health.* Beacon Press |
| Internetquellen: | Drinkaware (n. d.) *Environmental impact.* Retrieved September 14, 2024, from https://www.drinkaware.co.uk/alcohol-facts/impact-on-our-environment/ |
| | United Nations (n. d.) *Sustainable Development Goals (SDGs) – Responsible consumption and production.* Retrieved September 14, 2024, from https://sdgs.un.org/goals/goal12 |

### A.3.2 Umweltbelastung durch Haustiere

Als Beispiel dafür, wie sinnvoll es ist, auch vermeintlich kleine Beiträge zu prüfen, sollen hier Umweltbelastungen durch Haustiere andiskutiert werden. Das ist offenbar ein vielschichtiges Thema, das sowohl den Ressourcenverbrauch, das Abfallmanagement und die Klimawirkung wie auch das soziale Phänomen der Vereinsamung vieler Bevölkerungsschichten berührt.

Die Herstellung von Haustierfutter kann in Bezug auf Ressourcenverbrauch und die $CO_2$-Emissionen analysiert werden. Fleischbasierte Futtermittel gehen wie bei der Nahrung für Menschen mit zum Teil erheblichem Bedarf an Land, Wasser und Energie einher und bedingen signifikante Treibhausgasemissionen. In den USA verursachen die $CO_2$-Emissionen durch die Fleischproduktion für Haustiere mehr Emissionen als der Betrieb aller Fahrzeuge im Land zusammen (Rojas-Downing et al. [357]).

Beim Abfallmanagement sind ebenfalls Umweltaspekte zu berücksichtigen. Haustiere erzeugen Abfälle wie Kot, der häufig in Einwegplastiktüten verpackt und auf Deponien entsorgt wird. Diese Deponien setzen Methan frei, ein starkes Treibhausgas. Einige Städte haben begonnen, umweltfreundlichere Abfallmanagementmethoden für Tierkot zu fördern, z. B. kompostierbare Tüten. Maßnahmen zur Reduzierung der Umweltbelastung umfassen in diesem Fall die Wahl von nachhaltig produziertem Haustierfutter, das weniger Fleisch enthält oder aus umweltfreundlicheren Quellen stammt. Die Entscheidung für kleinere Haustiere oder solche, die weniger Ressourcen benötigen, trägt damit ebenfalls zur Verringerung der Umweltbelastung bei (Rojas-Downing et al. [357]). Auf der anderen Seite bedienen Haustiere das Bedürfnis von Menschen nach Nähe, das mit den Kriterien der Fußabdrücke nicht bewertet werden kann.

**Tab. A.3:** Bücher und Literaturquellen zur Reduktion von Rohstoffkonsum und Reduktion von Materialverbrauch in Haushalten, gruppiert nach Allgemeines, Mobilität und Verkehr, Wohnen (inkl. Energieversorgung) Ernährung Alkohol.

| Reduktion von Rohstoffkonsum und Materialverbrauch | |
| --- | --- |
| *Allgemeines* | |
| Bücher | E. Ritch und A. Norton (Eds.) (2017) *The Handbook of Sustainability: Frameworks, Issues and Cases*. Routledge |
| | W. McDonough und M. Braungart (2002) *Cradle to Cradle: Remaking the Way We Make Things*. North Point Press |
| Internetquellen: | Ellen MacArthur Foundation. (2019) *Circular Economy*. Retrieved September 14, 2024, from https://www.ellenmacarthurfoundation.org/circular-economy/concept |
| | Zero Waste Home (n. d.) *Zero Waste Home Guide*. Retrieved September 14, 2024, from https://zerowastehome.com/ |
| *Mobilität und Verkehr* | |
| Bücher | A. Schäfer und S. Sorrell (Eds.) (2012) *Transport and Sustainability*. Routledge |
| | A. McKinnon und M. Piecyk (2016) *Sustainable Transport: Policy, Planning and Implementation*. Routledge |
| Internetquellen: | IEA. (2021b) *Transport*. Retrieved September 14, 2024, from https://www.iea.org/topics/transport |
| | The Shift Project (n. d.) *Decarbonizing Transport*. Retrieved September 14, 2024, from https://theshiftproject.org/en/ |
| *Wohnen (inkl. Energieversorgung)* | |
| Bücher | M. Gorgolewski und W. McDonough (Eds.) (2011) *Sustainable Residential Interiors*. Wiley |
| | N. Baker und K. Steemers (2003) *Energy and Environment in Architecture: A Technical Design Guide*. Routledge |
| Internetquellen: | U. S. Green Building Council (n. d.) *LEED Certification*. Retrieved September 14, 2024, from https://www.usgbc.org/leed |
| | Energy Star (n. d.) *Energy Star for Homes*. Retrieved September 14, 2024, from https://www.energystar.gov/about/content/energy_star_homes |
| *Ernährung* | |
| Bücher: | R. Pawlak und C. Schwabe (2018) *The Environmental Impact of Food Production and Consumption*. Routledge |
| | E. Wilson und P. Leppard (2016) *Food Waste and Sustainability: A Guide for Households*. Springer |
| Internetquellen: | FoodPrint (n. d.) *Reducing Your Foodprint*. Retrieved September 14, 2024, from https://foodprint.org/ |
| | Sustainable Food Trust (n. d.) *Reducing Resource Use in Agriculture*. Retrieved September 14, 2024, from https://sustainablefoodtrust.org/ |

**Tab. A.3** (Fortsetzung)

| Reduktion von Rohstoffkonsum und Materialverbrauch |
| --- |

| *Alkoholkonsum* | |
| --- | --- |
| Bücher | N. Matthews (2017) *The Environmental Impact of Alcohol Production and Consumption.* Routledge |
| | J. Cunha und K. Liao (2019) *Alcohol and Sustainability: Environmental Implications of Production and Consumption.* Palgrave Macmillan |
| Internetquellen: | Drinkaware (n. d.) *Environmental Impact of Alcohol.* Retrieved September 14, 2024, from https://www.drinkaware.co.uk/alcohol-facts/impact-on-our-environment/ |
| | The Guardian (2021) *How the Alcohol Industry Can Reduce Its Environmental Impact.* Retrieved September 14, 2024, from https://www.theguardian.com/environment/alcohol-industry-environmental-impact |

## A.4 Beispiele für Megatrends, Szenarien und Szenarienanalysen

Wie erwähnt sind Trends kurzlebige Phänomene, die mit substanziellem Charakter oder auch nur als Modeerscheinungen einen Zeitraum von nur wenigen Jahren bis etwa einem Jahrzehnt prägen (Mason & Staude [278]). Um langfristige Entwicklungen von diesen eher kurzlebigen Phänomenen zu unterscheiden, wurde Anfang der 1990er Jahre der Begriff „Megatrend" eingeführt und populär. Trends sollten, so der Ansatz der Zukunftsforschung, „die notwendigen Zutaten" liefern, um in Szenarien zu beschreiben, welche Auswirkungen die einzelnen Entwicklungen auf das große Ganze haben. Siehe auch Abbildung A.1 unten. Im Folgenden sollen verschiedene Megatrends genauer beschrieben werden, wobei zum Teil der Darstellung der Business School University of Sydney (University of Sydney Business School [437]) gefolgt wird.

Im folgenden wie auch obigen Text steht das Jahr 2050 für einen Zeitraum, der von der heutigen Zeit etwa 25–35 Jahre entfernt ist. Naturgemäß wird es so sein, dass einzelne Ausprägungen anders verlaufen werden als hier skizziert – dennoch sollte die gesamte vorgestellte Richtung zutreffend sein.

### A.4.1 Technologische Megatrends

Wie die meisten Megatrends umfassen Technologische Megatrends, auch „einflussreiche Technologien" genannt (University of Sydney Business School [437]), verschiedene Entwicklungen, die in verschiedener Ausprägung wechselwirken (siehe Tabelle A.4). Dabei bewerten verschiedene Institutionen verschiedene Technologien durchaus unterschiedlich – gemeinsam ist aber, dass die digitalen Technologien wahrscheinlich eine sehr bestimmende Wirkung auf die Ausprägungen der Zukunft haben werden. Dennoch werden auch nicht-digitale Technologien bei den technologischen Megatrends genannt.

**Tab. A.4:** Technologische Megatrends aus verschiedenen Literaturquellen.

| Trend/Beschreibung | Verknüpft mit anderen Trends | Quelle |
|---|---|---|
| *Digitale Technologien/Computing* | | |
| *Virtualisation.* Performante und multisensorische Eingabegeräte und die steigende Auswahl an kostengünstiger und akkurater Sensorik eröffnen neue Möglichkeiten in der virtuellen Welt. Die Nachfrage und Entwicklung der Technologien steigen durch die Digitalisierung analoger Tätigkeiten. | Virtual Collaboration, Digital Twin, Remote, Augmented and Mixed Reality, Simulated Sense, Virtual Reality | Trendone [419] |
| *Internet der Dinge (IoT) und Smart Surroundings.* Das Internet der Dinge vernetzt physische Geräte, Fahrzeuge und Gebäude, wodurch ein nahtloser Datenaustausch ermöglicht wird. Die Umgebung wird vernetzter und zunehmend intelligenter. Im eigenen Zuhause (Smart Home), in Geschäften oder im öffentlichen Raum werden Technologien implementiert, die über Sensoren Lebewesen und Gegenstände erfassen. Sie generieren unterschiedliche Formen von Daten und bilden damit die Grundlage für eine Vielzahl an Anwendungen und Services. | Location-based Services, Personal Protection; Natural User Interfaces, Internet of Everything, Smart Home | Trendone [419]; Atzori et al. [24] |
| *Data Era / Connected World.* Die produzierte Datenmenge wächst, auch durch Edge Computing, exponentiell. Lebewesen, Geräte, Maschinen, nahezu alle Gegenstände werden erfasst und getrackt. Die intelligente Nutzung der Daten ist dabei eine der wichtigsten Herausforderungen. Dabei ist nicht nur deren Sicherheit wichtig, sondern auch ein verständnisvoller Umgang damit. | Cyber Security, Decentralized Computing, Open Data User Profiling; Smart Data; Data Literacy; Quantum Computing | Trendone [419]; Nakamoto [299] |
| *Blockchain und Technologien.* Blockchain-Technologie bietet sichere und transparente Transaktionen ohne Autorität. Sie findet Anwendung in Kryptowährungen, Lieferkettenmanagement und digitalen Identitäten. | Crowd Actions, Gaming universe, Influencer Culture, Matchmaking Service, Life sharing, Social Channel Evolution, closed Content Communities; Responsible Medics | Trendone [419] |
| *Künstliche Intelligenz (KI) und Maschinelles Lernen.* Künstliche Intelligenz und maschinelles Lernen revolutionieren zahlreiche Branchen durch die Automatisierung komplexer Aufgaben, die Analyse großer Datenmengen und die Verbesserung von Entscheidungsprozessen. Quantencomputing nutzt die Prinzipien der Quantenmechanik, um Berechnungen durchzuführen, die weit über die Fähigkeiten klassischer Computer hinausgehen. Diese Technologie hat das Potenzial, Bereiche wie Kryptographie, Materialwissenschaften und Optimierung zu revolutionieren. | Emotion AI, Cognitive Computing, AI Trustabiity, AI Assistant, Predictive Analytics Neuromorphing Hardware, Creative AI | Trendone [419]; Russell & Norvig [360], Preskill [337] |

Tab. A.4 (Fortsetzung)

| Trend/Beschreibung | Verknüpft mit anderen Trends | Quelle |
|---|---|---|
| *Nicht-Digitale Technologien* | | |
| *Exponential Industries.* Industrie- und Fertigungsprozesse erleben einen exponentiellen Wandel. Ehemals getrennte Branchen werden zu Innovationstreibern und in immer neuen Kontexten eingesetzt. Gleichzeitig werden Materialien auf atomarer Ebene manipuliert und erhalten neue Fähigkeiten. | Post Carbon Industries, Overlap Markets, Responsible Supply Chain; Machine Sensing; Robotics, Smart Materials, Nano Engineering | Trendone [419] |
| *Engineered Evolution.* Mit der Verfügbarkeit wissenschaftlicher Erkenntnisse und der Reife der Technologie gehen Menschen dazu über, die Evolution des eigenen Körpers und der zugehörigen biologischen Prozesse maßgeschneidert voranzutreiben. So erweitert der Mensch durch Technologien seine natürlichen Fähigkeiten und Sinne. | Bioengineering, Wearable Technologies, Biomimatic Profunction Systems, Human Enhancement, Body Computer Fusion | Trendone [419] |
| *Fortschritte in der Materialwissenschaft.* Entwicklungen in der Materialwissenschaft wie die Erforschung neuer Werkstoffe (z. B. Graphen, Nanomaterialien) haben das Potenzial von weitreichenden Auswirkungen auf verschiedene Industrien, insbesondere Elektronik, Medizin und Bauwesen. | Ressourcenknappheit, Infrastruktur-entwicklung, | Geim & Novoselov [162] |
| *Biotechnologie und Genomik.* Fortschritte in der Biotechnologie und Genomik erleichtern neue Ansätze in der Medizin, Landwirtschaft und Umwelttechnologie einschließlich personalisierter Medizin und gentechnisch veränderter Organismen. | Ressourcenknappheit, Wertewandel | Collins & Varmus [76] |
| *Fortschritte in der Landwirtschaft.* (Agrartechnologie) Technologische Innovationen in der Landwirtschaft wie Präzisionslandwirtschaft, vertikale Landwirtschaft und gentechnisch verbesserte Nutzpflanzen verbessern die Produktivität und Nachhaltigkeit der Landwirtschaft. | Energiebezogene Trends, Klima und Biodiversität | Godfray et al. [172] |
| *Fortschritte in der Medizin.* (Medizintechnologie) Fortschritte in der Medizintechnologie wie minimalinvasive Chirurgie, neue Diagnosetechniken und medizinische Geräte verbessern die Patientenversorgung und die Effizienz des Gesundheitssystems. | Demografischer Wandel, | Thimbleby [414] |
| *Wassertechnologien.* Innovationen in der Wasseraufbereitung, Entsalzung und effizienten Wassernutzung sind entscheidend für die Bewältigung der globalen Wasserknappheit und die Sicherstellung einer nachhaltigen Wasserversorgung. | Recourcenknappheit, Infrastrukturentwicklung, Technologien | Shannon et al. [380] |

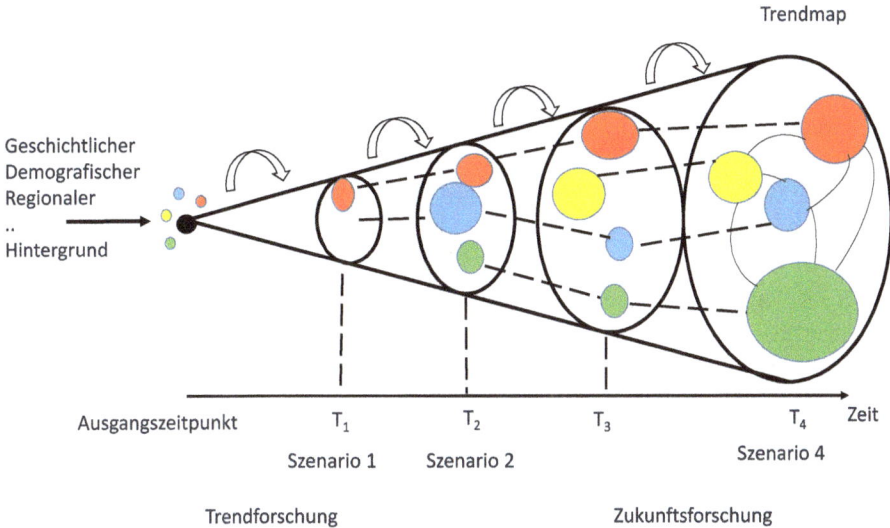

**Abb. A.1:** Trends und Szenarien sowie deren Entwicklung im Laufe der Zeit. Die Größe der Kreise deuten die Bedeutung der Trends an, die Verbindungslinien die Zusammenhänge der Trends innerhalb der verschiedenen Szenarien – die Trendmap.

Ein beispielhaftes Szenario zu technologischen Megatrends, das Szenario „Die hypervernetzte Welt – Leben im digitalen Ökosystem", wird im Folgenden skizziert:

Die Welt des Jahres 2050 ist durch technologische Innovationen geprägt, in denen physische und digitale Welten verschmelzen. Virtualisierung, das Internet der Dinge (IoT), künstliche Intelligenz (KI) und intelligente Infrastruktur ermöglichen effiziente, vernetzte Städte und eine flexible Lebensweise. Virtual Reality eröffnet neue Möglichkeiten für Arbeit und soziale Interaktion, während Smart Cities Ressourcen optimieren und den Klimawandel adressieren. Gleichzeitig hat die explosionsartige Datenzunahme eine datengetriebene Ära eingeläutet, die durch Fortschritte in Blockchain und Quantencomputing begleitet wird.

Trotz der Vorteile wie Effizienz, Komfort und Fortschritt entstehen Problemfelder: Datenschutz, Cybersicherheit und ethische Fragen rund um KI und Quantencomputing sind zentral. Die massive Vernetzung birgt Risiken wie Cyberangriffe und gesellschaftliche Ungleichheit, da ländliche Regionen oft abgehängt werden. KI verändert Arbeitsmärkte, wirft aber Fragen zu Transparenz und Verantwortung auf.

Um Vertrauen und Fairness in der hypervernetzten Welt von 2050 sicherzustellen, müssen soziale Spaltungen überbrückt, Datenschutz gewährleistet und ethische Richtlinien gestärkt werden. Erst dann kann das Potenzial der Technologien voll ausgeschöpft werden.

Die hypervernetzte Vision des Jahres 2050 basiert auf der Annahme einer stabilen Energie- und Rohstoffversorgung. Sollte diese jedoch unsicher werden – und das ist absehbar – gerät die gesamte technologische Grundlage dieses Szenarios ins Wanken. Die enorme Energieabhängigkeit moderner Technologien wie IoT, KI, Quantencomputing oder Virtualisierung wird in einer Energiemangelsituation schnell zur Achillesferse. Systeme, die auf permanente Verfügbarkeit von Strom und Rechenleistung angewiesen sind, werden wahrscheinlich unzuverlässig werden oder vollständig ausfallen. Folglich werden sich Prioritäten verschieben, und die Energieversorgung von Grundbedürfnissen wie Wohnen, medizinischer Versorgung oder öffentlicher Infrastruktur werden dann Vorrang vor technologischen „Luxuslösungen" haben. Gleichzeitig stellt sich die Frage, ob sich eine Gesellschaft mit knappen Ressourcen überhaupt die energieintensiven Technologien einer hypervernetzten Welt leisten könnte.

Auch die Rohstoffabhängigkeit der beschriebenen Technologien wird zu massiven Problemen führen. Viele moderne Geräte und Systeme sind auf seltene Rohstoffe wie Lithium, Kobalt oder Neodym angewiesen. Ohne ausreichende Versorgung werden Produktion, Wartung und Weiterentwicklung zum Erliegen kommen. Zudem bleibt Recycling von High-Tech-Geräten eine Problemstellung, was dazu führen wird, dass bestehende Infrastrukturen veralten und unbrauchbar werden. Der Verlust solcher Technologien wird die Gesellschaft fragmentieren, da manche Regionen ihre Infrastruktur besser erhalten können als andere.

Darüber hinaus werden sich soziale Ungleichheiten weiter verschärfen. Regionen mit privilegiertem Zugang zu Energie und Rohstoffen werden ihre technologische Führungsrolle behalten, während ländliche und wirtschaftlich benachteiligte Gebiete noch weiter abgehängt werden. Die digitale Kluft, die schon heute ein Problem darstellt, wird in einer solchen Mangelsituation zu einem massiven gesellschaftlichen Spalt führen. Gleichzeitig ist davon auszugehen, dass geopolitische Konflikte um knappe Ressourcen eskalieren, insbesondere wenn es um technologische Schlüsselbereiche wie Quantencomputing oder Smart Cities geht.

Die Unsicherheiten in der Energie- und Rohstoffversorgung werfen zudem Fragen zur Sicherheit und Abhängigkeit auf. Selbst in reduzierter Form bleibt technologische Infrastruktur anfällig für Cyberangriffe. Die begrenzten Ressourcen werden jedoch den Schutz dieser Systeme erschweren, wodurch sowohl individuelle als auch gesellschaftliche Schäden zunehmen können. Zudem muss dann geprüft werden, ob weniger energieintensive und dezentrale Technologien als Alternativen genutzt werden könnten. Lokale Netzwerke oder ressourcenschonende Technologien könnten bestimmte Funktionen der hypervernetzten Welt erhalten, wenn auch in stark eingeschränkter Form.

Insgesamt zeigt sich, dass die hypervernetzte Welt des Jahres 2050 nur unter der Bedingung einer stabilen Ressourcen- und Energieversorgung realistisch ist. Unsicherheiten in dieser Hinsicht gefährden nicht nur die technologische Infrastruktur, sondern verschärfen auch die bestehenden Problemfelder wie Datenschutz, soziale Ungleichheit und Sicherheit. Statt sich ausschließlich auf immer leistungsfähigere Technologien zu konzentrieren, muss der Fokus in einer solchen Situation auf resilienten, nachhaltigen und dezentralen Lösungen liegen. Eine Rückkehr zu einfacheren Technologien und der Priorisierung von Kernfunktionen wie der Grundversorgung könnte notwendig werden. Langfristig zeigt sich, dass technologische Abhängigkeit minimiert werden muss, um auch unter schwierigen Bedingungen Stabilität und gesellschaftlichen Zusammenhalt zu gewährleisten. Andernfalls droht eine „High-Tech-Dystopie", in der Technologien ihre Versprechen nicht mehr einlösen können und die Gesellschaft zusehends in Instabilität gerät.

### A.4.2 Soziale Megatrends

Soziale Megatrends reflektieren die Veränderungen in unserer Gesellschaft und unseren Lebensstilen. Diese Trends haben Auswirkungen auf unsere sozialen Beziehungen, unser Konsumverhalten und unsere Vorstellungen von Glück und Erfolg. Sie beschreiben auch das Streben der Menschen nach individueller Freiheit und Selbstverwirklichung und damit auch die Vielfalt von Lebensstilen und Wertesystemen. Für die Zukunft im Jahr 2050 zeichnet sich der Trend zur Bildung von Megacitys ab, die als Zentren technologischer Innovation und sozialer Vielfalt fungieren. Das führt zu Individualisierung, veränderter Arbeitswelt sowie gesellschaftlichem Wertewandel. Trends wirken zusammen und schaffen eine Zukunft mit einer gegenüber heute komplexer werdenden Realität. Siehe auch Tabelle A.5 unten.

Ein beispielhaftes Szenario zu sozialen Megatrends, das Szenario *„Urbanisierung und das Wachstum von Megacitys"* (United Nations [430]) wird im Folgenden beschrieben unter Berücksichtigung von Klimawandel und Versorgungsproblemen.

Im Jahr 2050 wird die Urbanisierung ein dominanter Megatrend bleiben, mit einem erwarteten Anteil von 68 % der Weltbevölkerung, die in städtischen Gebieten lebt. Megacitys mit mehr als 10 Millionen Einwohnern prägen zunehmend die globale Entwicklung. Doch unter der Prämisse unsicherer Energie- und Rohstoffversorgung sowie stark steigender Temperaturen stehen diese Städte vor noch höheren Hürden, die das beschriebene Szenario grundlegend in Frage stellen.

Die Versorgung dieser Megacitys mit Energie und Rohstoffen ist eine zentrale Schwachstelle. Der Betrieb von Verkehrssystemen, Wasserinfrastruktur, Abfallmanagement und Energienetzen erfordert enorme Mengen an Ressourcen, die bei knapper Verfügbarkeit nur schwer aufrechtzuerhalten sind. Unsichere Energieversorgung könnte zu wiederkehrenden Stromausfällen führen, die den öffentlichen Nahverkehr, die Wasserversorgung und die Abwasserentsorgung lahmlegen. Gleichzeitig wird eine prekäre Rohstoffversorgung den Ausbau und die Wartung städtischer Infrastrukturen stark einschränken, sodass dringend notwendige Modernisierungen ausbleiben können. Ohne verlässliche Ressourcen können Megacitys zu dysfunktionalen, chaotischen Räumen werden, die den Anforderungen ihrer wachsenden Bevölkerung nicht gerecht werden.

Die zunehmenden Temperaturen und der Klimawandel tragen zusätzlich dazu bei, dass sich diese Situation negativ entwickelt. Hitzewellen und extreme Wetterereignisse belasten die städtische Infrastruktur massiv, insbesondere in Regionen mit ohnehin hoher Bevölkerungsdichte. Klimaanlagen, Kühlungssysteme und Wasserversorgung benötigen mehr Energie, die jedoch in einer Mangelsituation oft nicht verfügbar ist. Zugleich

**Tab. A.5:** Soziale Megatrends aus verschiedenen Literaturquellen.

| Trend/Beschreibung | Verknüpft mit anderen Trends | Quelle |
|---|---|---|
| *Urbanisierung.* Die schnelle Expansion urbaner Räume und die damit verbundenen Herausforderungen und Chancen für Infrastruktur, Umwelt, Versorgung und Lebensqualität. Weltweit lebt ein Drittel der städtischen Bevölkerung in Slums. Obwohl Städte nur 2 % der weltweiten Landfläche bedecken, verbrauchen sie über drei Viertel der globalen Ressourcen. Sie müssen sich steigenden Anforderungen der BewohnerInnen anpassen und flexiblen Wohnraum bieten. Der Anstieg der Bevölkerungen stellt Anforderungen an die städtische Infrastruktur, Wohnraum, Verkehr und Umweltmanagement. | Sustainable construction, Careless Cities, Urban Resilience, Human Scale Cities, New Living Concerns, New Frontiers, Fluent Spaces, Citystyle | University of Sydney Business School [437]; Trendone [418] |
| *Individualisierung.* Als eine Folge der großen zur Verfügung stehenden Datenmengen wird sowohl ein Markt für personalisierte Produkte wie auch die Verringerung von gesellschaftlichen Gemeinsamkeiten wie Lebensformen oder gelebter Kultur möglich. | Mobilität, Urbanisierung, veränderte Familienstrukturen | University of Sydney Business School [437] |
| *Veränderte Familienstrukturen.* Traditionelle Kernfamilienmodelle, bestehend aus verheirateten Eltern und ihren leiblichen Kindern, werden zunehmend durch vielfältigere und flexiblere Formen des Zusammenlebens ersetzt. Dazu gehören unter anderem Alleinerziehenden-Haushalte, Patchwork-Familien, gleichgeschlechtliche Elternpaare und kinderlose Partnerschaften. | Individualisierung, Slumbildung, | A. J. Cherlin [71] |
| *Wertewandel.* Wertewandel zeigt sich durch veränderte Prioritäten und Normen in der Gesellschaft, während Werte wie Selbstverwirklichung, Umweltbewusstsein und Gleichberechtigung an Bedeutung gewinnen. Diese Verschiebung wird durch Faktoren wie höhere Bildungsniveaus, wirtschaftliche Sicherheit und Einfluss globaler Kommunikation gefördert. Der Wertewandel beeinflusst politische Einstellungen, Konsumverhalten und soziale Interaktionen und prägt somit die zukünftige gesellschaftliche Entwicklung. | New Work, Individualisierung, demografischer Wandel, | R. Inglehart [216] |
| *Future Skillsets/New Work.* Die Arbeitswelt ist durch rasanten Wandel und große Umbrüche geprägt. Neue Berufe, Methoden und Arbeitsmodelle erfordern Fähigkeiten und Herangehensweisen, die bisher in der Ausbildung nicht gelehrt werden. Lebenslanges Lernen wird unverzichtbar. Der Bedarf an kontinuierlicher Bildung und lebenslangem Lernen wächst, um den Anforderungen einer sich ständig wandelnden Welt gerecht zu werden. | Employee Empowerment, Rev. and Upskaling, AI Alphas, Agile Organizations Entrepreneurial Self, Human Robot Collaboration | Trendone [419]; D. N. Aspin & J. D. Chapman [23]; Eurofound [117]; Grote & Guest [181]; Laloux [258]; Cascio & Montealegre [69] |

**Tab. A.5** (Fortsetzung)

| Trend/Beschreibung | Verknüpft mit anderen Trends | Quelle |
|---|---|---|
| *Brain Drain.* Die lokalen Eliten suchen Asyl in westlichen Demokratien und da vorzugsweise in Städten, um den Einschränkungen ihrer Heimatländer zu entkommen. | Mobilität, Weiterbildung, New Work, Urbanisierung | Huang & Qian [200] |

wird der Zugang zu Trinkwasser in vielen Megacitys aufgrund von Trockenheit und Übernutzung der Ressourcen weiter eingeschränkt. Der Anstieg der Temperaturen wird auch die städtische Mobilität beeinträchtigen, da bestehende Verkehrs- und Transportsysteme oft nicht für extreme Hitze ausgelegt sind.

Die sozialen Ungleichheiten in Megacitys verschärfen sich unter diesen Bedingungen weiter. Menschen in wohlhabenden Vierteln verschaffen sich Zugang zu knappen Ressourcen wie Strom, Wasser und klimatisierten Wohnräumen, während die benachteiligte Mehrheit in Slums und dicht besiedelten Vierteln unter prekären Bedingungen lebt. Der Mangel an Wasser und Energie erhöht soziale Spannungen verschärft und das Risiko von Konflikten und Unruhen. Ohne gezielte Maßnahmen droht eine noch stärkere Fragmentierung der Gesellschaft, bei der die ärmeren Bevölkerungsgruppen am stärksten unter den Folgen leiden. Siehe auch Abbildung A.2 unten.

Die wirtschaftliche und technologische Dynamik, die Megacitys normalerweise als Zentren der Innovation und Entwicklung auszeichnet, würde ebenfalls durch Energie- und Ressourcenknappheit gedämpft. Technologien wie Smart-City-Initiativen, die das Potenzial haben, Verkehrsmanagement und Ressourcennutzung zu optimieren, erfordern stabile Energie- und Datennetzwerke, die in einer Mangelsituation gefährdet sind. Zudem sind der Aufbau und Betrieb solcher Technologien stark von seltenen Rohstoffen abhängig, die bei Knappheit nur unzureichend verfügbar sind. Das Versprechen, durch Technologie nachhaltige Lösungen für städtische Probleme zu finden, könnte unter diesen Bedingungen nicht eingelöst werden.

Gleichzeitig verschärfen Klimawandel und Ressourcenunsicherheit die Umweltbelastung von Megacitys. Ohne ausreichende Investitionen in nachhaltige Energiequellen und effiziente Ressourcennutzung steht zu befürchten, dass diese Städte zu Hotspots von Umweltverschmutzung und klimaschädlichen Emissionen werden. Hitzestaus in Städten, unzureichende Begrünung und fehlende Klimaanpassungsmaßnahmen weren dann die Lebensqualität drastisch mindern, insbesondere für jene, die in schlecht ausgestatteten und wenig widerstandsfähigen Stadtteilen leben.

Insgesamt unterstreicht das Szenario einer fortschreitenden Urbanisierung in Megacitys unter der Bedingung von Energie- und Rohstoffunsicherheiten sowie steigenden Temperaturen ein aufkeimendes Risiko: Die Vision von florierenden urbanen Zentren mit innovativer Infrastruktur und sozialer Inklusion rückt in weite Ferne, wenn der Zugriff auf grundlegende Ressourcen nicht gesichert ist. Stattdessen droht eine Zukunft, in der soziale Spaltungen, instabile Infrastrukturen und massive Umweltbelastungen das Leben in Städten prägen. Die Urbanisierung könnte somit auch ein Treiber für Konflikte und Instabilität werden. Es ist entscheidend, alternative, resiliente Versorgungsstrategien zu entwickeln, die weniger ressourcenintensive Technologien nutzen, um soziale Ungleichheiten reduzieren und Klimaanpassungsmaßnahmen priorisieren.

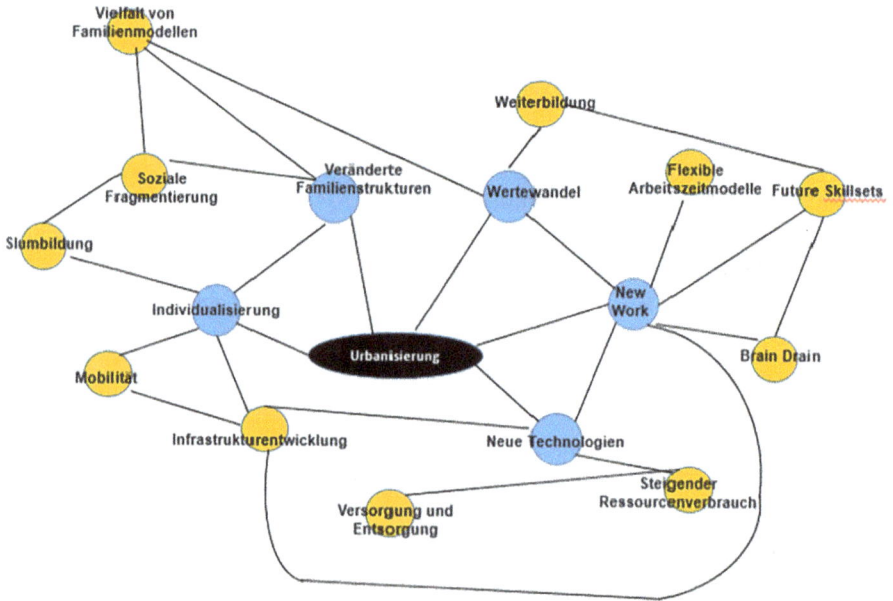

**Abb. A.2:** Gegenseitige Beziehungen und hohe Vernetzung von Sozialen Trends. In den verschiedenen Szenarios haben, je nach Thema des Szenarios, die Verbindungen zwischen den einzelnen Trends variierende Bedeutung und Gewichtung. Um die gegenseitigen Beeinflussungen zu visualisieren, bietet sich ein Netzwerk an. Trends werden in dieser Darstellung als Hauptknotenpunkte blau dargestellt. Rahmenbedingungen wie Stadtplanung, Bildungspolitik, Wirtschaftliche Bedingungen müssen dazugedacht werden, da sie die Richtung und Intensität der Trends beeinflussen.

### A.4.3 Wirtschaftliche Megatrends

Wirtschaftliche Megatrends beziehen sich auf Veränderungen in der globalen Wirtschaft mit unterschiedlichen Effekten auf lokale Wirtschaften. Siehe auch Tabelle A.6 unten. Sie haben Auswirkungen auf den Arbeitsmarkt, die Investitionsstrategien und die Verteilung von Ressourcen.

Ein beispielhaftes Szenario zu sozialen Megatrends, das Szenario *„Die Welt von 2050 – Eine fragmentierte globale Ordnung"* (P. Schwarz [375]) wird im Folgenden in modifizierter Form beschrieben, um die Rahmenbedingung von knapper werdender Energie und Ressourcen sowie dem Klimawandel zu berücksichtigen.

**Tab. A.6:** Wirtschaftliche Megatrends aus verschiedenen Literaturquellen.

| Trend/Beschreibung | Verknüpft mit anderen Trends | Quelle |
|---|---|---|
| *Verschiebung der wirtschaftlichen Macht.* Diese Entwicklung beschreibt den Wandel der globalen Wirtschaftsgewichte, vor allem das Aufkommen und die wachsende Bedeutung von Schwellenländern wie China und Indien. Es kommt zur weiteren Verschiebung des weltweiten Reichtums an eine kleine Minderheit von Superreichen sowie einer Fragmentierung der Handelsströme und Neugestaltung der Lieferketten und folgend auch die Veränderung der Sicherheitsarchitektur. | New Work, Fragmentierung der Gesellschaft | University of Sydney Business School [437] |
| *Seamless Commerce.* Der Wettbewerbsdruck im Handel ist enorm und wächst stetig. Die Konkurrenz beschränkt sich nicht nur auf das Verhältnis zwischen Online- und stationärem Handel. Es geht auch darum, jeder Art von KundInnen die beste kanalübergreifende und nahtlose Einkaufserfahrung über eine Omnichannel-Strategie zu bieten. | Curated Consumption, Direct to Consumer, Hybrid Instore Experiences, Last mile Solutions, Omnichannel Performance, Platform Economy, Retail Automation, Digital Currencies | Trendone [419] |
| *Consumerism 2.0.* Bei KonsumentInnen bilden sich neue Verhaltensmuster, die aus der Entwicklung neuer Technologien, der demografischen Entwicklung der Bevölkerung, der Nutzung sozialer Medien und dem Wunsch nach einem ausgeglichenen, aber erlebnisreichen Alltag resultieren. | Modern Families, Healthy Habits, Showroom Lifestyle, Life Management Solutions, Higher Society, Experience Culture, Ageing Consumers | Trendone [419] |
| *Attention Economy.* Aufmerksamkeit ist eine der wichtigsten Währungen des 21. Jahrhunderts. Doch im Zeitalter der sozialen Medien und stetigem Informationskonsum ist sie hart umkämpft. NutzerInnen erwarten von Unternehmenskommunikation einen echten Mehrwert und klare Positionierung. | AI Assistant, AI Trustability, cognitive Computing, Emotion AI, Predictive AI, Creative AI | Trendone [419] |
| *Prekäre Situationen.* Die globalen ökonomischen, ökologischen und politischen Verwerfungen resultieren in Armut und prekären Lagen in wirtschaftlich weniger entwickelten Staaten. Die Globalisierung hat die Weltwirtschaft stark verändert. Unternehmen agieren weltweit und bieten ihre Produkte und Dienstleistungen in verschiedenen Ländern an. Dies hat zu einer zunehmenden wirtschaftlichen Verflechtung und Abhängigkeit geführt. Gleichzeitig führt Globalisierung zu wachsender Ungleichheit, da einige Länder und Unternehmen stärker von den Vorteilen profitieren als andere. | Individualisierung, Urbanisierung, New Work, Brain Drain | IPCC [236]; World Bank [470] |

**Tab. A.6** (Fortsetzung)

| Trend/Beschreibung | Verknüpft mit anderen Trends | Quelle |
|---|---|---|
| *Reduziertes Wirtschaftswachstum*, zunehmende gesellschaftliche Spaltung resultierend in politische Lähmung. Diese Herausforderungen hemmen die Fähigkeit der OECD-Staaten, kohärente und effektive politische Antworten auf globale Probleme zu formulieren. Zudem müssen Individuen in einer Ära beschleunigter Individualisierung und sich schnell verändernder Wirtschaften mit Unternehmen und Regierungen ihre Erwartungen neu verhandeln. Die ausstehenden, ausgeprägten Verschiebungen der wirtschaftlichen Macht werden auch die nationale und individuelle Prosperität grundlegend verändern. | Fragmentierung der Gesellschaft, New Work | OECD [316] |
| Bis 2030 wird erwartet, dass 4,8 Milliarden Menschen zur Mittelschicht gehören, von denen zwei Drittel in der Asien-Pazifik-Region leben werden. Diese globalisierte, wohlhabendere Gemeinschaft wird über erhebliche Kaufkraft verfügen. Die Globalisierung hat jedoch zu ungleichen Ergebnissen geführt, und der Reichtum wird sich zunehmend auf die wohlhabendsten 1 % der Bevölkerung konzentrieren. Derzeit hält diese Gruppe etwa die Hälfte des weltweiten Reichtums, bis 2030 wird ihr Anteil auf zwei Drittel steigen. Diese zunehmende Ungleichheit stellt auch das Vertrauen in traditionelle globale Wirtschaftsinstitutionen und -vereinbarungen in Frage. Geopolitische Spannungen, die zu häufigeren Handelskonflikten, steigendem Protektionismus und möglichen militärischen Auseinandersetzungen führen, werden Unsicherheit und Instabilität verstärken. | Fragmentierung der Gesellschaft, New Work, Urbanisierung | Oxfam [325]; Kharas & Gertz [248]; Piketty [330]; World Bank [467]; Rodrik [354] |

Im Jahr 2050 hat sich die globale Machtlandschaft grundlegend verändert, doch das Szenario einer Welt, in der China und Indien als dominante Wirtschaftsmächte agieren, wird unter der Prämisse unsicherer Energie- und Rohstoffversorgung sowie stark steigender Temperaturen erheblich in Frage gestellt. Die beschriebenen Entwicklungen – von technologischen Innovationen über „Seamless Commerce" bis hin zur „Attention Economy" – setzen stabile Rahmenbedingungen voraus, die unter Ressourcenknappheit und den gravierenden Folgen des Klimawandels schwer aufrechtzuerhalten sind.

Wirtschaftlicher Aufstieg und technologische Dominanz basieren maßgeblich auf einer kontinuierlichen Energie- und Rohstoffversorgung. Eine unsichere Versorgung wird diese Grundlage erschüttern, insbesondere in Ländern mit ohnehin hoher Bevölkerungsdichte und Energiebedarf. Stromausfälle und Rohstoffengpässe werden wahrscheinlich die industrielle Produktion massiv beeinträchtigen und den Fortschritt technologischer Innovationen wie etwa im Bereich der künstlichen Intelligenz oder des Internet der Dinge (IoT) verlangsamen. Der Betrieb datengetriebener Technologien und globaler Handelsplattformen wird durch instabile Energieinfrastrukturen erschwert werden. Zugleich werden die Versorgung der Bevölkerung und die Aufrechterhaltung von Grunddiensten wie Transport und Logistik gefährdet, wodurch die wirtschaftliche Vorherrschaft dieser Länder ins Wanken geraten könnte.

Steigende Temperaturen verschärfen die Probleme weiter, insbesondere in dicht besiedelten urbanen Zentren. Hitzeinseln, Wasserknappheit und extreme Wetterereignisse werden Megastädte voraussichtlich unbewohnbar machen. Der Klimawandel belastet nicht nur die Infrastruktur, sondern auch die landwirtschaftlichen Systeme, die in diesen Ländern viele Menschen versorgen und beschäftigen. Gleichzeitig führen Migration und soziale Spannungen, ausgelöst durch Ressourcenmangel und Umweltzerstörung, zu wachsender Instabilität. Unter diesen Bedingungen wird die wirtschaftliche Expansion von China und Indien nicht nur gebremst, sondern könnte sich in Chaos und Konflikte verwandeln.

In einer Welt, in der sich geopolitische Spannungen durch Ressourcenkriege weiter ausprägen, wird die Aufmerksamkeit der Länder auf die Sicherung von Grundbedürfnissen und weniger auf technologischen Fortschritt oder Marktinnovationen gerichtet sein. Die bereits jetzt dramatisch zunehmende Einkommens- und Vermögensungleichheit wird durch Ressourcenknappheit weiter verschärft. Die Fragmentierung der globalen Handelsströme und die Entstehung autarker Wirtschaftszonen wird wahrscheinlich regionale Mächte zwingen, ihre Rohstoffreserven strikt zu kontrollieren und ihre Produktion auf lokale Bedürfnisse zu konzentrieren. Das würde zu einem drastischen Rückgang des internationalen Handels führen.

Während insbesondere in Asien wohlhabende Eliten Zugang zu knappen Rohstoffen und Energiequellen behalten, wird die Mehrheit der Bevölkerungen von dieser Versorgung ausgeschlossen. Dies könnte zu massiven sozialen Unruhen führen.

Der Wettbewerb um knappe Ressourcen wird die Betriebskosten von Unternehmen in die Höhe treiben und kleinere Unternehmen aus dem Markt drängen, was zu einer noch stärkeren Konzentration wirtschaftlicher Macht führt. Gleichzeitig wird die Konsumnachfrage aufgrund steigender Preise und sozialer Unsicherheiten zurückgehen, was Unternehmen in einer ohnehin instabilen Welt vor weitere Hürden stellt. Unter den Bedingungen einer unsicheren Energie- und Rohstoffversorgung sowie zunehmender Klimarisiken wirkt das Szenario einer geordneten Verlagerung der globalen Macht nach Osten optimistisch und brüchig. Stattdessen könnte die Welt von 2050 von einer multipolaren Unsicherheit geprägt sein, in der Staaten und Unternehmen mit Ressourcenmangel, Umweltzerstörung und sozialem Unfrieden kämpfen. Die Fähigkeit, nachhaltige Alternativen zu entwickeln, wird darüber entscheiden, ob diese Welt durch Zusammenarbeit oder durch Konflikte geprägt sein wird. Technologien wie erneuerbare Energien, Kreislaufwirtschaft und resilientere Infrastrukturen könnten eine stabilisierende Rolle spielen, doch ohne ein Umdenken in globaler Kooperation und Ressourcennutzung droht eine schwieriger werdende Zukunft.

### A.4.4 Demografische Entwicklung

In den nächsten zwei Jahrzehnten wird sich das globale Bevölkerungswachstum verlangsamen und die Weltbevölkerung zunehmend altern (United Nations [431]). Dies hat einen starken Einfluss auf das politische, wirtschaftliche und gesellschaftliche Leben. Der demografische Wandel beschreibt die Veränderungen in der Altersstruktur einer Bevölkerung im Laufe der Zeit, die durch zwei Hauptfaktoren bedingt ist: eine steigende Lebenserwartung und eine sinkende Geburtenrate.

Die Alterung der Bevölkerung hat erhebliche wirtschaftliche Implikationen wie die Sicherstellung der finanziellen Stabilität der Rentensysteme. Studien zeigen, dass viele bestehende Rentensysteme unter dem Druck der demografischen Veränderungen stehen und Reformen benötigen, um langfristig nachhaltig zu bleiben.

Ein beispielhaftes Szenario zur Demografischen Entwicklung, das Szenario *„Demografischer Wandel – Migration und alternde Gesellschaften"*, wird im Folgenden unter Berücksichtigung von Klimawandel und Versorgungsengpässen skizziert. Siehe auch Tabelle A.7 unten.

Die demografischen Veränderungen haben tiefgreifende Implikationen für die globale Wirtschaftslandschaft. Die alternde Bevölkerung in entwickelten Ländern wird die Finanzierbarkeit von Rentensystemen und sozialen Sicherungssystemen infrage stellen (European Commission [123]; World Bank [470]). Regierungen werden gezwungen sein, umfassende Reformen durchzuführen, darunter die Anhebung des Rentenalters und die Förderung privater Altersvorsorge. Ohne solche Maßnahmen werden die öffentlichen Haushalte überfordert, was zu steigenden Staatsverschuldungen und zu wirtschaftlichen Rezessionen führt. Gleichzeitig können zwar mehr Kinder in einer Bevölkerung die finanzielle Unterstützung der Eltern im Alter sicherstellen – aber zusätzliche Bevölkerung ist aufgrund des mit jedem Menschen einhergehenden Verbrauchs von Energie und Ressourcen nicht gewünscht.

Der Rückgang des Arbeitskräfteangebots wird das Wirtschaftswachstum dämpfen und die Produktivität verringern, vor allem in Branchen, die stark von menschlicher Arbeitskraft abhängig sind. Unternehmen und Regierungen werden verstärkt auf technologische Innovationen wie Automatisierung und künstliche Intelligenz setzen müssen, um die Lücke zu schließen. Es gibt sehr verschiedene Einschätzungen, inwieweit dies die Einkommensungleichheit verschärft.

In Ländern des globalen Südens hingegen besteht das Problem zum Teil darin, die demografische Dividende auszuschöpfen (Bloom et al. [49]). Investitionen in Bildung und Infrastruktur sind unerlässlich, um eine gut ausgebildete und produktive Erwerbsbevölkerung zu schaffen, die das Wirtschaftswachstum nachhaltig unterstützen kann. Versagen diese Länder darin, die notwendigen Reformen durchzuführen, besteht die

**Tab. A.7:** Demografische Megatrends aus verschiedenen Literaturquellen.

| Trend/Beschreibung | Verknüpft mit anderen Trends | Quelle |
|---|---|---|
| Eine alternde Bevölkerung kann den Rückgang des Arbeitskräfteangebots bedingen, was die Produktivität und das Wirtschaftswachstum beeinträchtigen kann. Prognosen deuten darauf hin, dass die Arbeitskräfte in vielen entwickelten Ländern bis 2050 stagnieren oder schrumpfen. Dies verstärkt die Notwendigkeit, technologische Innovationen und Automatisierung zu fördern, um die Produktivitätslücken zu schließen. | Fragmentierung der Gesellschaft, New Work, Urbanisierung, Regionalisierung | United Nations [433]; Eurostat [126]; OECD [313, 314, 315]; Bloom et al. [48] |
| Die soziale Infrastruktur muss ebenfalls auf die Bedürfnisse einer älteren Bevölkerung abgestimmt werden. Ältere Menschen benötigen oft spezialisierte Gesundheits- und Pflegeleistungen, die mit zunehmendem Alter komplexer werden. Der Anstieg chronischer Krankheiten erfordert eine Anpassung der Gesundheitsversorgungssysteme. Zusätzlich zur medizinischen Versorgung stellen altersgerechte Wohnangebote und soziale Integrationsmaßnahmen Herausforderungen dar. Die Schaffung barrierefreier Wohnungen und die Förderung von sozialen Netzwerken für ältere Menschen sind entscheidend, um deren Lebensqualität zu erhalten und soziale Isolation zu vermeiden. | Fragmentierung der Gesellschaft, Infrastruktur, Urbanisierung | WHO [459]; Croucher [84]; Rodrigues et al. [351] |
| Trotz der Probleme bieten sich auch Chancen durch die alternde Bevölkerung. Ältere Menschen sind als wertvolle Ressource zu betrachten, insbesondere in Bereichen wie Freiwilligenarbeit und Beratung, wo ihre Erfahrungen und Kenntnisse geschätzt werden. Die Förderung lebenslangen Lernens und flexibler Arbeitszeitmodelle kann dazu beitragen, ältere Arbeitskräfte länger im Arbeitsmarkt zu halten. Zudem sind technologische Innovationen wie etwa Smart-Home-Technologien und telemedizinische Angebote in der Lage, die Lebensqualität älterer Menschen zu verbessern und gleichzeitig die Belastung der Gesundheits- und Pflegesysteme zu reduzieren. | Fragmentierung der Gesellschaft, New Work | Ekerdt [105]; Aung et al. [25] |

Gefahr, dass das Potenzial dieser jungen Bevölkerungen ungenutzt bleibt, was zu sozialen Spannungen und instabilen Wirtschaftssystemen führt.

Das Szenario „*Demografischer Wandel – Migration und alternde Gesellschaften*" beschreibt eine Welt, in der die demografische Entwicklung tiefgreifende wirtschaftliche und soziale Veränderungen hervorruft. Industrienationen und ostasiatische Schwellenländer sehen sich mit einer dramatischen Alterung ihrer Bevölkerung konfrontiert, was die öffentlichen Haushalte belastet und das Wirtschaftswachstum gefährdet. Regierungen werden gezwungen sein, weitreichende Reformen durchzuführen, um die finanzielle Stabilität ihrer Sozialsysteme zu sichern. In manchen Ländern ermöglicht eine junge und wachsende Bevölkerung eine „demografische Dividende", vorausgesetzt, es werden die nachhaltigen Investitionen in Bildung und Infrastruktur getätigt (ILO [221]). Ohne diese Maßnahmen drohen jedoch erhebliche soziale und wirtschaftliche Probleme. Insgesamt wird der demografische Wandel die globalen Machtverhältnisse neu ordnen und tiefgreifende Anpassungen in der Wirtschaftspolitik erfordern. Nur durch strategische Planung und gezielte Investitionen werden die Chancen des demografischen Wandels genutzt und die Risiken minimiert.

Unter den Bedingungen einer unsicheren Energie- und Rohstoffversorgung sowie deutlich steigender Temperaturen muss das Szenario des demografischen Wandels kritisch hinterfragt werden. Die beschriebenen Schwierigkeiten und Chancen, die sich aus einer alternden Bevölkerung in Industrienationen und einer jungen, wachsenden Bevölkerung in Ländern des globalen Südens ergeben, stehen vor zusätzlichen, tiefgreifenden Risiken, die durch Ressourcenknappheit und die Folgen des Klimawandels noch verstärkt werden.

Die alternde Bevölkerung in Industrienationen und ostasiatischen Schwellenländern wird die öffentlichen Haushalte nicht nur durch steigende Rentenausgaben und Gesundheitskosten belasten, sondern auch durch höhere Kosten für die Anpassung an Klimafolgen wie Hitzewellen, Überschwemmungen und Infrastrukturverschleiß. Zudem erfordert die notwendige Transformation hin zu klimaneutralen Wirtschaftssystemen erhebliche Investitionen, die in alternden Gesellschaften aufgrund schrumpfender Erwerbsbevölkerungen und stagnierender Steuereinnahmen schwer finanzierbar sein könnten. Der Rückgang des Arbeitskräfteangebots und die gleichzeitige Ressourcenknappheit könnten zudem dazu führen, dass die Automatisierung und der Einsatz von Technologien wie Künstlicher Intelligenz nicht wie prognostiziert die Produktivität steigern, da Energie- und Rohstoffbedarf für diese Technologien stark steigen und Versorgungssicherheit unsicher ist. Statt die Produktivitätsprobleme zu lösen, könnten diese Technologien die Ungleichheit weiter verschärfen, da sie nur wenigen gut finanzierten Unternehmen zugänglich sind.

In Ländern mit wachsender, junger Bevölkerung – vor allem in Lateinamerika, Südasien, Nordafrika und dem Nahen Osten – werden voraussichtlich die Chancen einer „demografischen Dividende" durch den Klimawandel massiv beeinträchtigt werden. Steigende Temperaturen, Wasserknappheit und extreme Wetterereignisse gefährden die Landwirtschaft und die städtischen Infrastrukturen, die für die wirtschaftliche Entwicklung dieser Länder entscheidend sind. Bildung und Infrastruktur, die für die Produktivität der jungen Bevölkerung essenziell wären, können durch die Umleitung von Ressourcen in die Bewältigung von Klimakatastrophen oder durch politische Instabilitäten nur unzureichend gefördert werden. Länder, die nicht in der Lage sind, ihre Bevölkerung ausreichend mit Arbeit und Ressourcen zu versorgen, laufen Gefahr, mit wachsender Arbeitslosigkeit, sozialen Spannungen und Migration konfrontiert zu werden.

Die beschriebenen Ungleichgewichte zwischen alternden und jungen Gesellschaften werden in einer Welt mit unsicherer Energie- und Rohstoffversorgung und Klimastress zu noch stärkeren Migrationsbewegungen führen. Viele junge Menschen aus ressourcenarmen Ländern suchen Arbeit und Sicherheit in Industrienationen, die jedoch selbst unter Druck stehen, ihre Bevölkerung zu versorgen und ihre Wirtschaft anzupassen. Dieser Wettbewerb um knappe Ressourcen – von Trinkwasser bis zu Energieträgern – wird die geopolitischen Spannungen ausprägen und die Integration von MigrantInnen erschweren. Gleichzeitig können alternde Gesellschaften, die auf Zuwanderung angewiesen sind, politischen Widerstand und gesellschaftliche Polarisierung erleben, was Reformen weiter blockiert.

Die globale Wirtschaftslandschaft wird sich unter diesen Bedingungen möglicherweise weiter fragmentieren. Während Industrienationen Schwierigkeiten haben, die Finanzierung ihrer Sozialsysteme und den Übergang zu nachhaltigen Wirtschaften sicherzustellen, können Länder des globalen Südens durch mangelnde Investitionen in Bildung und Infrastruktur ihr Wachstumspotenzial nicht ausschöpfen. Die erhoffte demografische Dividende wird somit ausbleiben, während die Spannungen zwischen Regionen mit schrumpfender Bevölkerung und jenen mit wachsender Bevölkerung zunehmen. Die wirtschaftlichen Machtverschiebungen drohen dadurch unvorhersehbar und instabil zu bleiben, da keine der Regionen ausreichend in der Lage wäre, die globalen Probleme zu bewältigen.

Das Szenario des demografischen Wandels – mit alternden Industrienationen und jungen Bevölkerungen im globalen Süden – wird durch unsichere Energie- und Rohstoffversorgung sowie steigende Temperaturen erheblich erschwert. Alternde Gesellschaften sehen sich nicht nur mit Renten- und Produktivitätsproblemen konfrontiert, sondern auch mit den immensen Kosten der Anpassung an den Klimawandel. Gleichzeitig können junge Gesellschaften ihr wirtschaftliches Potenzial nicht nutzen, wenn Ressourcenknappheit und Klimarisiken grundlegende Investitionen behindern. Migration, Ungleichheit und geopolitische Spannungen können diese Dynamiken weiter verstärken.

In einer solchen Welt sind die beschriebenen Reformen – wie die Förderung privater Altersvorsorge, Investitionen in Bildung und Infrastruktur oder technologische Innovationen – zwar notwendige, aber nicht hinreichende Maßnahmen. Nur ein umfassender globaler Ansatz, der die gerechte Verteilung knapper Ressourcen, die Förderung nachhaltiger Technologien und die internationale Zusammenarbeit stärkt, kann dazu beitragen, die Risiken des demografischen Wandels in einer von Knappheit und Klimaextremen geprägten Zukunft zu mindern. Ohne ein solches Umdenken droht eine Welt, in der demografische Chancen zu Konflikten und Krisen werden.

### A.4.5 Politische und gesellschaftliche Megatrends

Politische und gesellschaftliche Megatrends sind mit dem oben Ausgeführten als langfristige, tiefgreifende Entwicklungen definiert, die erhebliche Auswirkungen auf die Struktur und Dynamik von Gesellschaften weltweit haben. Einige der wichtigsten politischen und gesellschaftlichen Megatrends sind in Tabelle A.8 dargestellt.

Ein beispielhaftes Szenario zu politischen und gesellschaftlichen Megatrends, das Szenario „Welt im Jahr 2050 – Eine Gesellschaft im Wandel", wird im Folgenden umrissen.

Unter den Bedingungen einer unsicheren Energie- und Rohstoffversorgung sowie deutlich steigender Temperaturen muss das Szenario einer Welt im Wandel bis 2050 umfassend hinterfragt werden. Ressourcenknappheit und Klimawandel tragen zu den beschriebenen geopolitischen, wirtschaftlichen und gesellschaftlichen Entwicklungen bei, was neue Schwierigkeiten und Risiken schafft.

Die Verlagerung der Macht zu aufstrebenden Volkswirtschaften wird durch eine unsichere Energie- und Rohstoffversorgung noch komplexer. Solche Länder werden ihre wirtschaftliche Vormachtstellung weiter festigen, indem sie den Zugang zu kritischen Ressourcen dominieren, was geopolitische Spannungen verschärft. Die Abhängigkeit westlicher Industrieländer von Importen fossiler Brennstoffe, seltenen Erden oder erneuerbaren Energietechnologien könnte ihre Position in der globalen Machtlandschaft zusätzlich schwächen (European Commission [123]). Gleichzeitig erhöht der Kampf um knappe Ressourcen das Risiko von Konflikten, insbesondere in rohstoffreichen Regionen wie Meeresböden oder der Arktis. Ohne ein internationales Kooperationsmodell bleibt die Bewältigung solcher Spannungen schwierig, insbesondere wenn die internationale Ordnung aufgrund der Schwächung globaler Institutionen wie der Vereinten Nationen zunehmend fragmentiert ist.

Die Folgen steigender Temperaturen und Extremwettersituationen wie Dürre, Ernteausfälle oder Überschwemmungen verschärfen diese geopolitische Instabilität weiter. Der Klimawandel destabilisiert nicht nur Staaten, sondern auch Handelsströme, indem er globale Produktions- und Lieferketten unterbricht. Diese neuen Unsicherheiten werden bestehende wirtschaftliche Abhängigkeiten neu definieren und zu protektionistischen Maßnahmen führen, die die internationale Zusammenarbeit weiter behindern.

Die zunehmende Marktmacht globaler Technologieunternehmen und Plattformindustrien (World Bank [469]) wird unter den Bedingungen knapper Ressourcen und klimatischer Belastungen noch problematischer. Energieintensive Technologien wie Cloud-Computing und KI-basierte Systeme werden im Angesicht von Energieknappheit erschwert tragbar werden. Unternehmen, die sich auf ressourcenintensive Plattformen stützen, müssen ihre Geschäftsmodelle grundlegend überdenken, was deren Marktmacht verringern, aber gleichzeitig die soziale und wirtschaftliche Unsicherheit erhöhen kann.

Darüber hinaus kann die Abhängigkeit von Plattformindustrien die Ungleichheit verschärfen, da ressourcenarme Staaten oder Gemeinschaften keinen gleichberechtig-

**Tab. A.8:** Einige politische und gesellschaftliche Megatrends aus verschiedenen Literaturquellen.

| Trend/Beschreibung | Verknüpfung mit anderen Trends | Quelle |
|---|---|---|
| *Woke Culture.* Das Bewusstsein von sozialer Ungerechtigkeit bewirkt bei KonsumentInnen die Forderung nach Transparenz und Veränderung. Die Vielfalt der Gesellschaft und die unterschiedlichen Bedürfnisse jedes Menschen werden anerkannt und adressiert. | Individualisierung, New Work, Demografischer Wandel | Trendone [419] |
| *Healthstyle.* Das Thema Gesundheit nimmt stetig an Bedeutung zu und wird immer stärker in unseren Alltag integriert. Auch das Bedürfnis nach Hygiene und Reinheit wird immer präsenter. Sämtliche Lebensbereiche und Branchen werden dadurch berührt.<br>*Conscious Eating.* Immer mehr Menschen setzen sich sehr bewusst mit ihrer Ernährung und den konsumierten Lebensmitteln auseinander. Dabei geht es neben der Zubereitung und eigenen Ernährungsgewohnheiten zunehmend auch um moralische Wertvorstellungen. Die Herkunft der Lebensmittel und ökologische Auswirkungen ihrer Erzeugung rücken in den Vordergrund. | Mental Health, Personalized Treatment, Public Health, Health Sensors, Remote Healthcare, Inclusive Health, Preventive Healthcare, Food for Climate, Food Fashion, Performance Food, Lab To Table | Trendone [419] |
| *Angst und Unsicherheit vor globalen Schwierigkeiten* und das daraus folgende individuell wahrgenommene Gefühl der Machtlosigkeit; veränderte Konstellationen in der Rollenverteilung und Verantwortung von staatlichen und nicht-staatlichen Organisationen. | Fragmentierung der Gesellschaft, sozialer Wandel | U. Beck [35]; Z. Bauman [34]; F. Furedi [153]; Keohane & Nye [247] |
| Veränderte *Partnerschaften und Machtverschiebungen zwischen Staaten.* Die Machtverschiebung von traditionellen westlichen Industrieländern hin zu aufstrebenden Volkswirtschaften wie China und Indien verändert die geopolitische Landschaft. Diese Veränderungen beeinflussen internationale Beziehungen, Handelsströme und globale Governance-Strukturen. | Fragmentierung der Gesellschaft, sozialer Wandel | World Bank [468] |
| Veränderte Konstellationen in *der Rollenverteilung und Verantwortung von staatlichen und nicht-staatlichen Organisationen.* | | Keohane & Nye [247] |

**Tab. A.8** (Fortsetzung)

| Trend/Beschreibung | Verknüpfung mit anderen Trends | Quelle |
|---|---|---|
| Unzufriedenheit der *Einwohner mit der Leistungsfähigkeit der staatlichen Institutionen*. Die subjektive Beobachtung, nicht teilzuhaben. In vielen Ländern ist eine zunehmende politische Polarisierung zu beobachten, die durch populistische Bewegungen verstärkt wird. Diese Trends gefährden politische Stabilität und soziale Kohäsion und untergraben das Vertrauen in demokratische Institutionen. Erneuerung des öffentlichen Vertrauens in demokratische Institutionen durch Wirtschaftswachstum. | Fragmentierung der Gesellschaft, sozialer Wandel | Pew Research Center [328] |
| *Verschiedene Konzepte zur Motivation von Innovation*. Die Fähigkeit demokratischer Gesellschaften, Innovationen voranzutreiben und soziale Herausforderungen zu bewältigen, steht im starken Kontrast zu den Entwicklungen in autoritären Regimen wie China und Russland, wo zunehmende gesellschaftliche Kontrolle und Überwachung die Innovationskraft erstickt haben. | Technologischer Wandel | Levitsky & Way [264] |
| *Ignorieren internationaler Regeln*. Internationale Regeln und Institutionen werden von Großmächten wie China, regionalen Akteuren und nichtstaatlichen Akteuren weitgehend ignoriert. | Veränderte Partnerschaften und Machtverschiebungen | Ikenberry [214] |
| *Mangelnde Bereitschaft und Macht, eine dominierende globale Führungsrolle einzunehmen*. Dies führt dazu, dass globale Probleme wie Klimawandel und die Instabilität in manchen Ländern weitgehend ungelöst bleiben. | Veränderte Partnerschaften und Machtverschiebungen | Luttwak [270] |
| *Richtungslosigkeit, Chaos und Instabilität im internationalen System*. Diese Dynamik führt zu einem Umfeld, in dem die traditionellen Normen der internationalen Zusammenarbeit und Governance nicht mehr effektiv durchsetzbar sind. | Veränderte Partnerschaften und Machtverschiebungen | Mearsheimer [285] |
| *Globalisierung und Regionalisierung*. Die fortschreitende Globalisierung führt zu einer zunehmenden wirtschaftlichen, kulturellen und politischen Verflechtung zwischen den Nationen. Gleichzeitig gibt es eine Gegenbewegung in Form der Regionalisierung, bei der lokale und regionale Identitäten und Märkte an Bedeutung gewinnen. | Veränderte Partnerschaften und Machtverschiebungen | |

**Tab. A.8** (Fortsetzung)

| Trend/Beschreibung | Verknüpfung mit anderen Trends | Quelle |
|---|---|---|
| *Neue Machtkonstellation durch Plattformindustrien und Politik.* Plattformunternehmen fordern die traditionellen Wirtschaftsstrukturen heraus und verändern die Machtverhältnisse zwischen Wirtschaft und Politik mit weitgehenden Auswirkungen auf Arbeitsmärkte, Regulierung und soziale Strukturen. | Verschiedene Konzepte zur Motivation von Innovation | M. Kenney & J. Zysman [246]; N. Srnicek [395]; S. Zuboff [483] |
| *Gender Shift* beschreibt die veränderte Rolle von Frauen in Wirtschaft und Gesellschaft. | | B. J. Risman [348]; R. W. Connell & J. W. Messerschmidt [77]; J. Butler [67] |

ten Zugang zu den notwendigen Technologien und Infrastrukturen haben. In einer Welt, in der Ressourcen knapp sind, könnten die ohnehin schon mächtigen Technologieunternehmen ihre Dominanz nutzen, um den Zugang zu kritischen Infrastrukturen oder Energiequellen zu monopolisieren. Diese Entwicklung stellt eine zusätzliche Hürde für staatliche Regulierungsbehörden dar, die schon heute Schwierigkeiten haben, die Macht der Plattformindustrien zu kontrollieren.

Megatrends wie „Woke Culture", „Healthstyle" und „Conscious Eating" werden sich in einer Welt mit begrenzten Ressourcen und hohen Temperaturen ebenfalls verändern. Ein wachsendes Bewusstsein für Nachhaltigkeit könnte zwar zu positiven Veränderungen führen wie der Förderung von Kreislaufwirtschaften oder ressourcenschonendem Konsumverhalten. Gleichzeitig könnte jedoch der Zugang zu nachhaltigen Optionen – sei es bei Lebensmitteln oder Technologien – immer stärker durch soziale und wirtschaftliche Ungleichheiten begrenzt werden. „Conscious Eating" könnte beispielsweise in einer Welt mit häufigeren Dürren und Ernteausfällen auf grundlegende Ernährungssicherheit reduziert werden. Eine Ernährung, die auf „Healthstyle"-Idealen wie biologische, pflanzenbasierte Produkte setzt, kann für große Teile der Bevölkerung unerschwinglich werden, während prekäre Gemeinschaften auf weniger nachhaltige und nährstoffarme Lebensmittel angewiesen bleiben. Diese Polarisierung verschärft gesellschaftliche Spannungen weiter.

Die beschleunigte Individualisierung, die durch digitale Technologien und soziale Medien vorangetrieben wird, könnte sich in einer Welt steigender Unsicherheit noch deutlicher bemerkbar machen. Während Einzelpersonen und Gemeinschaften sich zunehmend auf digitale Räume zurückziehen, um soziale Isolation zu überwinden, könnten diese Plattformen von den Plattformindustrien genutzt werden, um Konsumentenverhalten zu steuern und Ressourcen zu kontrollieren. Dies verstärkt das Gefühl der

Machtlosigkeit gegenüber globalen Herausforderungen wie Klimawandel oder sozialer Ungleichheit.

Die beschriebenen Entwicklungen verdeutlichen, wie fragil demokratische Institutionen in einer Welt mit Ressourcenknappheit und Klimawandel sind. Staaten, die es nicht schaffen, ihren BürgerInnen Zugang zu Energie, Wasser und grundlegender Ernährung zu gewährleisten, könnten zunehmend an Legitimität verlieren. In einer solchen Krisenlage könnten autoritäre Bewegungen Zulauf erhalten, die schnelle, aber oft undemokratische Lösungen versprechen. Populistische Strömungen könnten zudem soziale Polarisierungen und gesellschaftliche Spaltungen weiter vertiefen.

Gleichzeitig besteht die Gefahr, dass die wachsende Dominanz multinationaler Konzerne – insbesondere Plattformindustrien – staatliche Handlungsspielräume weiter einschränkt. Wenn diese Unternehmen die Kontrolle über kritische Ressourcen oder Technologien übernehmen, könnte dies die demokratische Gestaltungskraft nationaler Regierungen zusätzlich aushöhlen.

Das modifizierte Szenario *„Welt im Jahr 2050 – Eine Gesellschaft im Wandel"* zeigt eine Welt, in der bereits ohne die angenommenen Engpässe in der Versorgung, die Schuldenkrise oder den Klimawandel geopolitische Machtverschiebungen, die Dominanz von Plattformindustrien und gesellschaftliche Megatrends nicht isoliert betrachtet werden können. Unter den Bedingungen einer unsicheren Energie- und Rohstoffversorgung sowie dem Klimawandel werden bestehende Probleme deutlich verschärft. Eine Fragmentierung der internationalen Gemeinschaft, Ressourcenwettbewerb und Klimarisiken erschweren die Lösung globaler Probleme.

Nur durch eine umfassende Neuausrichtung der globalen Zusammenarbeit, den Schutz gemeinsamer Ressourcen und die gerechte Verteilung von Energie und Rohstoffen können die Risiken dieses Szenarios abgemildert werden. Ohne eine solche Transformation droht eine Welt, in der technologische Innovationen und soziale Trends die Ungleichheit vertiefen, staatliche Institutionen weiter geschwächt werden und die Anpassungsfähigkeit an globale Krisen erheblich beeinträchtigt ist.

# Personen- und Stichwortverzeichnis

https://doi.org/10.1515/9783111610887-008

# Abbildungsverzeichnis

https://doi.org/10.1515/9783111610887-009

# Tabellenverzeichnis

https://doi.org/10.1515/9783111610887-010

# Quellenangaben

[1]    Abelshauser, W. (1999). *Kriegswirtschaft und Wirtschaftswunder: Deutschland 1939–1949*. Frankfurt: Fischer Taschenbuch Verlag.

[2]    Abernathy, W. J., & Utterback, J. M. (1978). Patterns of industrial innovation. *Technology Review, 80*(7), 40–47.

[3]    Acemoglu, D. (2009). *Introduction to modern economic growth*. Princeton University Press.

[4]    Acemoglu, D., & Restrepo, P. (2018). Artificial intelligence, automation, and work. In A. Agrawal, J. Gans, & A. Goldfarb (Eds.), *The economics of artificial intelligence: an agenda* (pp. 197–236). University of Chicago Press.

[5]    Acemoglu, D., & Robinson, J. A. (2012). *Why nations fail: the origins of power, prosperity, and poverty*. Crown Business.

[6]    Adleman, L. M. (1994). Molecular computation of solutions to combinatorial problems. *Science, 266*(5187), 1021–1024. https://doi.org/10.1126/science.7973651

[7]    Aghion, P., & Howitt, P. (1992). A model of growth through creative destruction. *Econometrica, 60*(2), 323–351.

[8]    Alcott, B. (2005). Jevons' paradox. *Ecological Economics, 54*(1), 9–21. https://doi.org/10.1016/j.ecolecon.2005.03.020

[9]    Alesina, A., & Ardagna, S. (2010). Large changes in fiscal policy: taxes versus spending. In J. R. Brown (Ed.), *Tax policy and the economy, Vol. 24* (pp. 35–68). University of Chicago Press.

[10]   Allison, G. (2017). *Destined for war: can America and China escape Thucydides's trap?* Houghton Mifflin Harcourt.

[11]   Allwood, J. M., Ashby, M. F., Gutowski, T. G., & Worrell, E. (2012). Material efficiency: a white paper. *Resources, Conservation and Recycling, 55*(3), 362–381. https://doi.org/10.1016/j.resconrec.2010.11.002

[12]   Amer, M., Daim, T. U., & Jetter, A. (2013). A review of scenario planning. *Futures, 46*, 23–40.

[13]   American Psychological Association. (2017). *Stress in America: coping with change*.

[14]   American Psychological Association. (2021). *Stress in America 2021: stress and mental health*.

[15]   Amos, M. (2004). Theoretical and experimental DNA computation. *Natural Computing, 3*(1), 1–26. https://doi.org/10.1023/B.0000019384.11786.45

[16]   Anderies, J. M., & Janssen, M. A. (2022). Transformations in complex systems: a panarchical approach. [Publisher not provided].

[17]   Anderson, B. (2019). The impacts of climate change on industrial production and infrastructure. *Climate Dynamics, 52*(3–4), 2203–2223. https://doi.org/10.1007/s00382-018-4280-0

[18]   Anderson, C. (2017). Digital media and their carbon footprint: the future of digital infrastructure. *Journal of Digital Sustainability, 5*(2), 22–38. https://doi.org/10.1016/j.jds.2017.04.003

[19]   Andrae, A. S. G., & Edler, T. (2015). On global electricity consumption of ICT equipment: trends from 2010 to 2015. In *14th international conference on environmental science and technology*. https://www.researchgate.net/publication/286488881

[20]   Arendt, H. (1951). *The origins of totalitarianism*. New York: Harcourt Brace.

[21]   Arendt, H. (1967). Truth and politics. *The New Yorker*.

[22]   Arrow, K. J., Dasgupta, P., Goulder, L. H., Daily, G., Ehrlich, P. R., Heal, G. M., ... & Walker, B. (2004). Are we consuming too much? *Journal of Economic Perspectives, 18*(3), 147–172.

[23]   Aspin, D. N., & Chapman, J. D. (2007). Lifelong learning: concepts and conceptions. In D. N. Aspin & J. D. Chapman (Eds.), *International handbook of lifelong learning* (pp. 19–38). Springer.

[24]   Atzori, L., Iera, A., & Morabito, G. (2010). The Internet of things: a survey. *Computer Networks, 54*(15), 2787–2805.

[25]   Aung, M. S., McCann, J., & Miao, J. (2017). *Smart home technologies and their potential for older adults*. Springer.

[26]   Auty, R. M. (1993). *Sustaining development in mineral economies: the resource curse thesis*. Routledge.

https://doi.org/10.1515/9783111610887-011

[27]    Ayres, R. U., & Warr, B. (2009). *The economic growth engine: how energy and work drive material prosperity*. Edward Elgar Publishing.

[28]    Bacevich, A. J. (2005). *The new American militarism: how Americans are seduced by war*. Oxford University Press.

[29]    Baldé, C. P., Forti, V., Gray, V., Kuehr, R., & Stegmann, P. (2017). *The global e-waste monitor 2017: quantities, flows and resources*. United Nations University (UNU), International Telecommunication Union (ITU), and International Solid Waste Association (ISWA).

[30]    Baldé, C. P., Wang, F., Kuehr, R., & Huisman, J. (2017). The global e-waste monitor – 2017: quantities, flows and the circular economy potential. *United Nations University*. https://www.ewastemonitor.info

[31]    Bardi, U. (2014). The limits to growth revisited: what are the implications for the future of information and communication technology? *Resources, Conservation and Recycling, 83*, 143–153. https://doi.org/10.1016/j.resconrec.2013.12.009

[32]    Barro, R. J. (1990). Government spending in a simple model of endogenous growth. *Journal of Political Economy, 98*(5), S103–S125.

[33]    Bauer, M. W., Allum, N., & Miller, S. (2019). What can we learn from 25 years of PUS survey research? *Public Understanding of Science, 28*(4), 440–456.

[34]    Bauman, Z. (2007). *Consuming life*. Polity Press.

[35]    Beck, U. (2009). *World at risk*. Polity Press.

[36]    Belkhir, L., & Elmeligi, A. (2018). Assessing the environmental impact of the global ICT and electronics sector. *Journal of Cleaner Production, 177*, 448–463. https://doi.org/10.1016/j.jclepro.2017.12.171

[37]    Bell, D. (2003). *The coming of post-industrial society: a venture in social forecasting*. Basic Books.

[38]    Benke, K., & Tomkins, B. (2017). Future food-production systems: vertical farming and controlled-environment agriculture. *Sustainability: Science, Practice and Policy, 13*(1), 13–26.

[39]    Berg, M. (2010). *Demokratisierung durch den Rundfunk: die Entwicklung des Hörfunks in der amerikanischen Besatzungszone Deutschlands 1945–1949*. Vandenhoeck & Ruprecht.

[40]    Berkes, F. (1999). *Sacred ecology: traditional ecological knowledge and resource management*. Taylor & Francis.

[41]    Berkes, F. (2018). *Sacred ecology* (4th ed.). Routledge.

[42]    Berkhout, P., & Muskens, J. (2012). The impact of ICT on energy consumption in Europe: a Szenario approach. *Energy Policy, 40*, 43–53.

[43]    Bernanke, B. S., & Blinder, A. S. (1992). The federal funds rate and the channels of monetary transmission. *American Economic Review, 82*(4), 901–921.

[44]    Bijker, W. E., Hughes, T. P., & Pinch, T. J. (1987). *The social construction of technological systems: new directions in the sociology and history of technology*. MIT Press.

[45]    Blake, A. (2005). Jevons' paradox. *Ecological Economics, 54*(1), 9–21. https://doi.org/10.1016/j.ecolecon.2004.10.015

[46]    Bloch, M. (1959). *Feudal society (Vol. 1 & 2)*. University of Chicago Press.

[47]    Bloom, D. E., Canning, D., & Fink, G. (2010). Implications of population aging for economic growth. *Oxford Review of Economic Policy, 26*(4), 583–612.

[48]    Bloom, D. E., Canning, D., & Fink, G. (2011). Implications of population aging for economic growth (NBER working paper no. 16705). *National Bureau of Economic Research*.

[49]    Bloom, D. E., Canning, D., & Sevilla, J. (2015). *Demographic dividend: a new perspective on the economic consequences of population change*. Rand Corporation.

[50]    Bocken, N. M. P., De Pauw, I., Bakker, C., & Van Der Grinten, B. (2016). Product design and business model strategies for a circular economy. *Journal of Industrial and Production Engineering, 33*(5), 308–320. https://doi.org/10.1080/21681015.2016.1172124

[51]    Bocken, N. M. P., Short, S. W., Rana, P., & Evans, S. (2014). A literature and practice review to develop sustainable business model archetypes. *Journal of Cleaner Production, 65*, 42–56.

[52]    Böckenförde, E.-W. (2006). *Recht, Staat, Freiheit: Studien zur Rechtsphilosophie, Staatstheorie und Verfassungsgeschichte*. Suhrkamp.

[53]   Böckenförde, E. W. (1991). Die Entstehung des Staates als Vorgang der Säkularisation. In *Recht, Staat, Freiheit: Studien zur Rechtsphilosophie, Staatstheorie und Verfassungsgeschichte* (Suhrkamp-Taschenbuch Wissenschaft No. 914). Suhrkamp.

[54]   Böhme, G. (1996). Kultur und Umwelt. In *Philosophie der Umwelt*, Berlin: Suhrkamp.

[55]   Boksch, M. (2021). Regional temperature trends in Germany: an analysis of data from 1960 to 2018. *Meteorologische Zeitschrift, 30*(4), 331–346. https://doi.org/10.1127/metz/2021/1084

[56]   Borchardt, K. (1991). *Growth and crisis: the German economy, 1870–1950.* Oxford University Press.

[57]   Bouchery, Y., Corbett, C., Fransoo, J., & Tan, T. (2024). *Sustainable supply chains.* Springer.

[58]   Bradfield, R. (2005). Multiple perspectives in scenario planning: a case study on Kenya. *Futures, 37*(8), 795–812. https://doi.org/10.1016/j.futures.2005.01.005

[59]   Brady, H. E. (2010). *Rethinking social inquiry: diverse tools, shared standards.* Rowman & Littlefield.

[60]   Brown, L. R. (2012). *Full planet, empty plates: the new geopolitics of food scarcity.* W. W. Norton & Company.

[61]   Brown, T. (2009). *Change by design: how design thinking creates new alternatives for business and society.* Harper Business.

[62]   Brundtland, G. H. (1987). *Our common future: report of the world commission on environment and development.* United Nations.

[63]   Brynjolfsson, E., & McAfee, A. (2014). *The second machine age: work, progress, and prosperity in a time of brilliant technologies.* W. W. Norton & Company.

[64]   Buchert, M., Manhart, A., Bleher, D., & Pingel, D. (2012). *Critical metals for future sustainable technologies and their recycling potential.* United Nations Environment Programme.

[65]   Bühler, C. (2009). Zukunftsforschung und literarische Texte. In *Zukunft und Prognose* (S. 271).

[66]   Burke, M., Hsiang, S. M., & Miguel, E. (2018). Climate and conflict. *Annual Review of Economics, 10,* 577–617. https://doi.org/10.1146/annurev-economics-080217-053515

[67]   Butler, J. (2004). *Precarious life: the powers of mourning and violence.* Verso.

[68]   Carr, N. (2010). *The shallows: what the Internet is doing to our brains.* W. W. Norton & Company.

[69]   Cascio, W. F., & Montealegre, R. (2016). How technology is changing work and organizations. *Annual Review of Organizational Psychology and Organizational Behavior, 3,* 349–375.

[70]   Castells, M. (2010). *The rise of the network society. The information age: economy, society, and culture.* Wiley-Blackwell.

[71]   Cherlin, A. J. (2010). *The marriage-go-round: the state of marriage and the family in America today.* Vintage.

[72]   Christensen, C. M. (1997). *The innovator's dilemma: when new technologies cause great firms to fail.* Harvard Business Review Press.

[73]   Climate Copernicus. (2025). Average temperature in Europe, https://climate.copernicus.eu/climate-indicators/temperature, accessed 24.01.2025.

[74]   Cline, E. (2024). *Nach 1177 v. Chr. Wie Zivilisationen überleben.* WBG Theiss.

[75]   CNN. (2024). China to limit antimony exports in latest critical mineral curbs. Abgerufen von https://edition.cnn.com/2024/08/15/tech/china-antimony-export-ban-intl-hnk/index.html

[76]   Collins, F. S., & Varmus, H. (2015). A new initiative on precision medicine. *New England Journal of Medicine, 372,* 793–795.

[77]   Connell, R. W., & Messerschmidt, J. W. (2005). Hegemonic masculinity: rethinking the concept. *Gender & Society, 19*(6), 829–859.

[78]   Cooper, T. (2005). Slower consumption: reflections on product life spans and the „throwaway society". *Journal of Industrial Ecology, 9*(1–2), 51–67. https://doi.org/10.1162/1088198054084671

[79]   Corak, M. (2013). Income inequality, equality of opportunity, and intergenerational mobility. *Journal of Economic Perspectives.*

[80]   Cordell, D., Drangert, J. O., & White, S. (2009). The story of phosphorus: global food security and food for thought. *Global Environmental Change, 19*(2), 292–305.

[81] Costanza, R., Fioramonti, L., & Kubiszewski, I. (2014). The UN sustainable development goals and the dynamics of well-being. *Frontiers in Ecology and the Environment, 12*(1), 59.

[82] Creutzig, F., Agoston, P., Minx, J. C., et al. (2018). Towards demand-side solutions for mitigating climate change. *Nature Climate Change, 8*, 260–263.

[83] Cronk, L. (1999). Ethnographic data and the study of social structures. *Social Science Research, 28*(2), 163–181.

[84] Croucher, K. (2003). *Housing and care for older people: a review of the evidence*. Joseph Rowntree Foundation.

[85] Daly, H. E. (1996). *Beyond growth: the economics of sustainable development*. Beacon Press.

[86] Daly, H. E., & Cobb, J. B. (1989). *For the common good: redirecting the economy toward community, the environment, and a sustainable future*. Beacon Press.

[87] de Solla Price, D. J. (1963). *Little science, big science*. Columbia University Press.

[88] Deng, L., Babbitt, C. W., & Williams, E. D. (2011). Economic-balance hybrid LCA extended with uncertainty analysis: case study of a laptop computer. *Journal of Cleaner Production, 19*(11), 1198–1206.

[89] Deng, Y., Liu, L., & Zhou, C. (2011). Material flows in the ICT sector: the case of China. *Resources, Conservation and Recycling, 55*(11), 976–984. https://doi.org/10.1016/j.resconrec.2011.04.003

[90] Department of Justice. (2023). DOJ strategic plan: Ziel 2.1: Schutz der nationalen Sicherheit. Abgerufen von https://justice.gov

[91] DERA. (2020). Deutsche Rohstoffagentur Kritische Rohstoffe und ihre Bedeutung für die deutsche Wirtschaft. Abgerufen von https://www.deutsche-rohstoffagentur.de

[92] Deutsche Bundesregierung. (2021). Deutsche Nachhaltigkeitsstrategie. Abgerufen von https://www.bundesregierung.de

[93] Deutscher Bauernverband e. V. (2021). Situationsbericht. Abgerufen von https://www.bauernverband.de

[94] Deutscher Wetterdienst. (2024). *Klimareport Deutschland*. https://www.dwd.de

[95] Diamond, J. (1997). *Guns, germs, and steel: the fates of human societies*. W. W. Norton & Company.

[96] DiMasi, J. A., Hansen, R. W., & Grabowski, H. G. (2003). The price of innovation: new estimates of drug development costs. *Journal of Health Economics, 22*(2), 151–185.

[97] Ding, C., & Hwang, M. (2021). *Housing affordability and social inequality*. Urban Studies.

[98] Dixson-Declève, S., Gaffney, O., Randers, J., Stoknes, E., Ghosh, J., & Rockström, J. (2022). *Earth for all: ein Survivalguide für unseren Planeten*.

[99] Dornbusch, R., & De Pablo, J. (1989). *Debt and macroeconomic instability in Argentina*. University of Chicago Press.

[100] Dyllick, T., & Muff, K. (2016). Clarifying the meaning of sustainable business: introducing a typology from business-as-usual to true business sustainability. *Organization & Environment, 29*(2), 156–174.

[101] Eccles, R. G., Ioannou, I., & Serafeim, G. (2014). The impact of corporate sustainability on organizational processes and performance. *Management Science, 60*(11), 2835–2857. https://doi.org/10.1287/mnsc.2014.1984

[102] Economic Input-Output Life Cycle Assessment (EIO-LCA). (2018). *EIO-LCA (Economic Input Output Life Cycle Assessment)*. Retrieved from https://westcoastclimateforum.com/content/eio-lca-economic-input-output-life-cycle-assessment-0

[103] EFRAG. (2023). European sustainability reporting standards. Retrieved from https://www.efrag.org/Assets/Download?assetUrl=%2Fsites%2Fwebpublishing%2FSiteAssets%2FPreparers%2520event%2520esrs.pdf

[104] Eisenstein, E. L. (1980). *The printing press as an agent of change: communications and cultural transformations in early-modern Europe*. Cambridge University Press.

[105] Ekerdt, D. J. (2010). *The busy ethic: moral value and the modern life course*. Cambridge University Press.

[106] Elkington, J. (1999). *Cannibals with forks: the triple bottom line of 21st-century business*. Capstone Publishing.

[107]  Ellen MacArthur Foundation. (2013). *Towards the circular economy*. Retrieved from https://www.ellenmacarthurfoundation.org/

[108]  Ellen MacArthur Foundation. (2019). *Circular economy in the Netherlands: goals and action plan*. Abgerufen von https://ellenmacarthurfoundation.org

[109]  Ellis, J. (1997). *The World War II databook: the essential facts and figures for all the combatants*. Aurum Press.

[110]  Elowitz, M. B., & Leibler, S. (2000). A synthetic oscillatory network of transcriptional regulators. *Nature, 403*(6767), 335–338. https://doi.org/10.1038/35002125

[111]  Energy Information Administration (EIA). (2024). *EIA international energy outlook and IEA gas market report*. Retrieved from https://www.eia.gov/outlooks/ieo/

[112]  Environmental Health Perspectives (EHP). (2015). *Social and psychological impacts of uranium mining on indigenous communities*. Retrieved from https://ehp.niehs.nih.gov

[113]  Epstein, M. J., & Buhovac, A. R. (2014). *Making sustainability work: best practices in managing and measuring corporate social, environmental, and economic impacts*. Greenleaf Publishing.

[114]  Erisman, J. W., Sutton, M. A., Galloway, J., Klimont, Z., & Winiwarter, W. (2008). How a century of ammonia synthesis changed the world. *Nature Geoscience, 1*(10), 636–639. https://doi.org/10.1038/ngeo325

[115]  ETH Zürich. (2015). The impact of global warming of 1.5 °C and 2 °C above pre-industrial levels on climate risk. *Environmental Research Letters*.

[116]  EU Screen Study. (2023). *Factsheets updates based on the EU Factsheets 2020*. Retrieved from https://scrreen.eu/wp-content/uploads/2023/12/SCRREEN2_factsheets_ANTIMONY-update.pdf

[117]  Eurofound. (2020). European foundation for the improvement of living and working conditions *Living, working and COVID-19*. Publications Office of the European Union.

[118]  European Central Bank (ECB). (2023). *Economic bulletin*. https://www.ecb.europa.eu

[119]  European Commission. (2011). *Raw material Liste der EU 2011*. Retrieved from https://eur-lex.europa.eu/legal-content/DE/TXT/?uri=CELEX:52011DC0025

[120]  European Commission. (2016). *The EU in 2025: strategic scenarios for the European Union*. European Strategy and Policy Analysis System.

[121]  European Commission. (2020). *A new circular economy action plan for a cleaner and more competitive Europe*.

[122]  European Commission. (2020). *Critical raw materials resilience: charting a path towards greater security and sustainability*. Abgerufen von https://ec.europa.eu/docsroom/documents/42849

[123]  European Commission. (2021). *The 2021 ageing report: economic and budgetary projections for the EU member states (2019–2070)*. European Commission.

[124]  European Commission. (2023). *Raw material Liste der EU 2023*. Retrieved from https://single-market-economy.ec.europa.eu/sectors/raw-materials/areas-specific-interest/critical-raw-materials_en

[125]  European Environment Agency. (2019). *Sustainable cities: Sweden's approach*.

[126]  Eurostat. (2020). *Ageing Europe – statistics on demographic trends*. Eurostat.

[127]  Evans, D. (2011). *The Internet of Things: how the next evolution of the Internet is changing everything*. Cisco Internet Business Solutions Group.

[128]  Fama, E. F. (1970). Efficient capital markets: a review of theory and empirical work. *The Journal of Finance, 25*(2), 383–417.

[129]  FAO. (2015). *Status of the world's soil resources*. Food and Agriculture Organization of the United Nations.

[130]  FAO. (2017). *The future of food and agriculture: trends and challenges*. Retrieved from http://www.fao.org

[131]  FAO. (2018). *Soil pollution: a hidden reality*. Rome: Food and Agriculture Organization of the United Nations. Retrieved from http://www.fao.org

[132]  FAO. (2019). *Biodiversity for food and agriculture: contributing to food security and sustainability*. Retrieved from https://www.fao.org/biodiversity

[133] FAO, IFAD, UNICEF, WFP, & WHO. (2024). *The state of food security and nutrition in the world 2024: financing to end hunger, food insecurity, and malnutrition in all its forms*. Retrieved from https://go. nature.com/3ypZwxC

[134] Fass, P. S. (1996). *Children of a new world: society, culture, and globalization*. New York University Press.

[135] Febvre, L., & Martin, H. J. (1997). *The coming of the book: the impact of printing 1450–1800*. Verso.

[136] Ferguson, N. (2006). *The war of the world: twentieth-century conflict and the descent of the West*. Penguin.

[137] Fink, J. (2018). Sustainable publishing in the 21st century: cost pressures and environmental impacts. *Publishing and Society, 12*(1), 75–89. https://doi.org/10.1080/20407125.2018.1449059

[138] Fischer, C. S. (2011). *Still connected: family and friends in America since 1970*. Russell Sage Foundation.

[139] Fischer-Kowalski, M. (1997). Society's metabolism: on the childhood and adolescence of a rising conceptual star. In M. Redclift & G. Woodgate (Eds.), *The international handbook of environmental sociology* (pp. 119–137). Edward Elgar.

[140] Fischer-Kowalski, M. (1999). Society's metabolism: the intellectual history of material flow analysis. *Journal of Industrial Ecology, 2*(4), 61–78. https://doi.org/10.1162/jiec.1999.2.4.61

[141] Fischer-Kowalski, M., & Haberl, H. (2007). *Socioecological transitions and global change: trajectories of social metabolism and land use*. Edward Elgar Publishing.

[142] Fischer-Kowalski, M., & Huttler, W. (1998). Society's metabolism: the intellectual history of material flow analysis, Part II. *Industrial Ecology, 3*(2–3), 107–136.

[143] Folke, C., & Colding, J. (2018). Resilience and sustainability in social-ecological systems: Szenario approaches.

[144] Food and Agriculture Organization (FAO). (2020). *The state of food security and nutrition in the world 2020*. FAO.

[145] Food and Agriculture Organization (FAO). (2022). *The future of food and agriculture – drivers and triggers for transformation*. FAO.

[146] Food Loss and Waste. (2024). Editorial, Volume 5 | August 2024 | 639 | 639. *Nature*. Retrieved from https://www.nature.com/articles/s43016-024-01041-7.epdf?sharing_token= dXNKfgR7VqsTvZ7rk3gD79RgN0jAjWel9jnR3ZoTv0NqkMSrQRs7QbkLWmCCoPRbNHA5sgX8g YDv7MP2jVhb0mAFuIRZsjppPPJI-2Wh_DCKrO4FiIrGkg41MWydrNomhG6IKmT- iC4VERI7XXSAHAnMWhcv3HeZEt_EUDehG9o%3D

[147] Fortier, S. M., Nassar, N. T., Lederer, G. W., Brainard, J., Gambogi, J., & McCullough, E. A. (2018). *Draft critical mineral list – summary of methodology and background information – U.S. geological survey technical input document in response to Secretarial order no. 3359*. U. S. Geological Survey. Retrieved from https://pubs.usgs.gov/

[148] Frankel, J. A., & Romer, D. (1999). Does trade cause growth? *American Economic Review, 89*(3), 379–399.

[149] Freeman, C., & Soete, L. (1997). *The economics of industrial innovation*. MIT Press.

[150] Freeman, R. E., Harrison, J. S., & Wicks, A. C. (2004). *Managing for stakeholders: survival, reputation, and success*. Yale University Press.

[151] Fukuyama, F. (2018). *Identity: the demand for dignity and the politics of resentment*. Farrar, Straus and Giroux.

[152] Funk, C., Hefferon, M., Kennedy, B., & Johnson, C. (2020). Trust and mistrust in Americans' views of scientific experts. *Pew Research Center*. Retrieved from https://www.pewresearch.org

[153] Furedi, F. (2006). *Culture of fear revisited: risk-taking and the morality of low expectation*. Continuum.

[154] FutureWork. (2022). Projekt des BMBF. Retrieved from https://futureworklab.de/de/aktuelles.html

[155] Gadgil, M., Berkes, F., & Folke, C. (1993). Indigenous knowledge for biodiversity conservation. *Ambio, 22*(2/3), 151–156.

[156] Ganong, P., & Shoag, D. (2020). Why has regional income convergence in the U.S. declined? *Brookings Papers on Economic Activity*.

[157] García-Granero, E. M., Llopis, O., Fernández-Mesa, A., & Alegre, J. (2018). Unraveling the link between managerial risk-taking and innovation: the mediating role of a risk-taking climate. *Journal of Business Research, 85*, 1–9. https://doi.org/10.1016/j.jbusres.2017.10.006

[158]   Gard, S., & Keoleian, G. A. (2003). Digital versus print media: energy consumption in the lifecycle of news. *Journal of Industrial Ecology*, *6*(4), 77–92.

[159]   Gardner, T. S., Cantor, C. R., & Collins, J. J. (2000). Construction of a genetic toggle switch in *Escherichia coli*. *Nature*, *403*(6767), 339–342. https://doi.org/10.1038/35002131

[160]   Garnett, T. (2013). Food sustainability: problems, perspectives and solutions. *Proceedings of the Nutrition Society*, *72*(1), 29–39. https://doi.org/10.1017/S0029665112002947

[161]   Geels, F. W. (2002). Technological transitions as evolutionary reconfiguration processes: a multi-level perspective and a case-study. *Research Policy*, *31*(8–9), 1257–1274.

[162]   Geim, A. K., & Novoselov, K. S. (2007). The rise of graphene. *Nature Materials*, *6*(3), 183–191.

[163]   Geissdoerfer, M., Savaget, P., Bocken, N. M. P., & Hultink, E. J. (2017). The circular economy – a new sustainability paradigm? *Journal of Cleaner Production*, *143*, 757–768. https://doi.org/10.1016/j.jclepro.2016.12.048

[164]   Gemenne, F. (2011). Climate-induced population displacements in a 4 °C+ world. *Philosophical Transactions of the Royal Society A: Mathematical, Physical and Engineering Sciences*, *369*(1934), 182–195.

[165]   Georgescu-Roegen, N. (1971). *The entropy law and the economic process*. Harvard University Press.

[166]   Georghiou, L., Cassingena Harper, J., Keenan, M., Miles, I., & Popper, R. (2008). *The handbook of technology foresight: concepts and practice*. Edward Elgar Publishing.

[167]   Gereffi, G., Humphrey, J., & Sturgeon, T. (2005). The governance of global value chains. *Review of International Political Economy*, *12*(1), 78–104.

[168]   Gifford, R. (2014). *Environmental psychology: principles and practice*. Optimal Books.

[169]   Gleick, P. H. (1993). Water and conflict: fresh water resources and international security. *International Security*, *18*(1), 79–112. https://doi.org/10.2307/2539033

[170]   Glenn, J. C. (2009). *The futures research methodology*. The Millennium Project.

[171]   Global CCS Institute. (2021). *Global status of CCS 2021*. Retrieved from https://www.globalccsinstitute.com/

[172]   Godfray, H. C. J., et al. (2010). Food security: the challenge of feeding 9 billion people. *Science*, *327*(5967), 812–818.

[173]   Gordon, T. J. (2009). The Delphi method. In *Futures research methodology (version 3.0)*. The Millennium Project.

[174]   Gorton, G., Hayashi, F., & Rouwenhorst, K. G. (2013). The fundamentals of commodity futures returns. *Review of Finance*, *17*(1), 35–105.

[175]   Grautoff, E. (1906). *Der kommende Weltkrieg*.

[176]   Greenhouse Gas Protocol. (2015). *Corporate accounting and reporting standard*. https://ghgprotocol.org

[177]   Greenhouse Gas Protocol. (2024). *Greenhouse gas protocol*. Retrieved from https://ghgprotocol.org/sites/default/files/standards/ghg-protocol-revised.pdf

[178]   Griscom, B. W., Adams, J., Ellis, P. W., et al. (2017). Natural climate solutions. *Proceedings of the National Academy of Sciences of the United States of America*, *114*(44), 11645–11650.

[179]   Grosse, F. (2010). Is recycling „part of the solution"? The role of recycling in an expanding society and a world of finite resources. *S.A.P.I.EN.S – Surveys and Perspectives Integrating Environment and Society*, *3*(1).

[180]   Grossmann, A. (1995). *Reforming sex: the German movement for birth control and abortion reform, 1920–1950*. Oxford University Press.

[181]   Grote, G., & Guest, D. (2017). The case for reinvigorating quality of working life research. *Human Relations*, *70*(2), 149–167.

[182]   Gunderson, L. H., & Holling, C. S. (Eds.). (2002). *Panarchy: understanding transformations in human and natural systems*. Island Press.

[183]   Gupta, A., & Dutta, S. (2021). Smart energy management systems in industrial contexts. *International Journal of Energy Research*, *45*(5), 812–827.

[184] Hall, C. A. S., et al. (2009). What is the minimum EROI that a sustainable society must have? *Energies*, *2*(1), 25–47.

[185] Hamilton, J. D. (2009). Causes and consequences of the oil shock of 2007-08. *Brookings Papers on Economic Activity*, 215–261.

[186] Hart, S. L. (1995). A natural-resource-based view of the firm. *The Academy of Management Review*, *20*(4), 986–1014.

[187] Hart, S. L. (1997). Beyond greening: strategies for a sustainable world. *Harvard Business Review*, *75*(1), 66–76.

[188] Has, M. (2024 a). *Sustainable products* (2nd ed.). ISBN 978-3-11-131482-2.

[189] Has, M. (2024 b). *Grenzen von Nachhaltigkeit und Ecodesign*. ISBN 978-3-11-144640-0.

[190] He, X. (2023). Decarbonization pathways for sustainable energy systems. *Renewable & Sustainable Energy Reviews*, *161*, 112469.

[191] Hein, W. (2022). Entwicklung messen: ein Überblick über verschiedene Indikatoren und ihre Grenzen. Abgerufen von https://link.springer.com/referenceworkentry/10.1007/978-3-658-05675-9_14-2

[192] Heinberg, R. (2011). *The end of growth: adapting to our new economic reality*. New Society Publishers.

[193] Heinrichs, H., & Schor, J. B. (2015). *Sustainable consumption: research and action*. Routledge.

[194] Hendrickson, C., Lave, L., & Matthews, H. S. (2010). *Environmental life cycle assessment of goods and services: an input-output approach*. Routledge. ISBN 978-1-136-52549-0.

[195] Henze, J., & Biehl, D. (2019). Traditional food preservation techniques for a sustainable future. *Journal of Food Processing & Technology*, *10*(2), 282–295.

[196] Hertwich, E. G. (2005). Life cycle approaches to sustainable consumption: a critical review. *Environmental Science & Technology*, *39*(13), 4673–4684.

[197] Holling, C. S. (1973). Resilience and stability of ecological systems. *Annual Review of Ecology and Systematics*, *4*, 1–23.

[198] Holling, C. S. (2001). Understanding the complexity of economic, ecological, and social systems. *Ecosystems*, *4*(5), 390–405.

[199] Horn, E. (2009). *Zukunft als Katastrophe*. S. Fischer Verlag.

[200] Huang, Q., & Qian, X. (2016). Urbanization and environmental change in China: a review. *Journal of Cleaner Production*, *134*, 61–73. https://doi.org/10.1016/j.jclepro.2016.05.070

[201] Hubbert, M. K. (1956). Nuclear energy and the fossil fuels. *Drilling and Production Practice, American Petroleum Institute & Shell Development Co*. Abgerufen von https://www.hubbertpeak.com/hubbert/1956/1956.pdf

[202] Huber, J. (2000). Towards industrial ecology: sustainable development as a concept of ecological modernization. *Journal of Environmental Policy & Planning*, *2*(4), 269–285.

[203] Huesemann, M. (2003). The limits of technological solutions to sustainable development. *Clean Technologies and Environmental Policy*, *5*(1), 21–34. https://doi.org/10.1007/s10098-002-0173-8

[204] Hughes, T. P. (1983). *Networks of power: electrification in western society, 1880–1930*. Johns Hopkins University Press.

[205] Huntington, S. P. (1996). *The clash of civilizations and the remaking of world order*. Simon & Schuster.

[206] IEA. (2020 a). Energy efficiency 2020. International Energy Agency. Retrieved from https://www.iea.org/reports/energy-efficiency-2020

[207] IEA. (2020 b). World energy outlook 2020. International Energy Agency. Retrieved from https://www.iea.org/reports/world-energy-outlook-2020

[208] IEA. (2021). Global energy review 2021. International Energy Agency.

[209] IEA. (2021 b). *Net zero by 2050: a roadmap for the global energy sector*. Paris: IEA. Retrieved from https://www.iea.org/reports/net-zero-by-2050

[210] IEA. (2021 d). Renewables 2021: analysis and forecast to 2026. International Energy Agency. Retrieved from https://www.iea.org/reports/renewables-2021

[211] IEA. (2022). Data centres and data transmission networks. International energy agency. Retrieved from https://www.iea.org/reports/data-centres-and-data-transmission-networks

[212] IEA. (2023 a). Energy technology perspectives 2023. International Energy Agency.

[213] IEA. (2023). Fossil fuels consumption subsidies 2022. Retrieved from https://www.iea.org

[214] Ikenberry, G. J. (2018). *After victory: institutions, strategic restraint, and the rebuilding of order after major wars.* Princeton University Press.

[215] Inayatullah, S. (2008). Six pillars: Futures thinking for transforming. *Foresight, 10*(1), 4–21. https://doi.org/10.1016/j.futures.2007.11.005

[216] Inglehart, R. (2018). *Cultural evolution: people's motivations are changing, and reshaping the world.* Cambridge University Press.

[217] Inglehart, R. (2019). *Religion's sudden decline: why faith is fading and secularism is surging.* Oxford University Press.

[218] International Atomic Energy Agency (IAEA). (2016). Environmental impact assessment for uranium mine, mill and in situ leach projects. Retrieved from https://www.iaea.org

[219] International Atomic Energy Agency (IAEA). (2020). Nuclear power and the clean energy transition. Retrieved from https://www.iaea.org

[220] International Energy Agency (IEA). (2022). *World energy outlook 2022.* https://www.iea.org

[221] International Labour Organization (ILO). (2018). *World employment and social outlook 2018.* ILO.

[222] International Labour Organization (ILO). (2023). *Global employment trends 2023.* https://www.ilo.org

[223] International Monetary Fund (IMF). (2020). *World economic outlook 2020.* IMF.

[224] International Monetary Fund (IMF). (2021). *Fiscal monitor 2021: strengthening the credibility of public finances.* IMF.

[225] International Monetary Fund (IMF). (2022). *World economic outlook 2022.* IMF.

[226] International Monetary Fund (IMF). (2023). *Global financial stability report 2023.* IMF.

[227] International Organization for Migration (IOM). (2020). *World migration report 2020.* https://www.iom.int

[228] International Resource Panel (IRP). (2019). Retrieved from www.resourcepanel.org

[229] International Standard ISO 14040. (2006). Environmental management – life cycle assessment – principle and framework.

[230] IPBES. (2019). *Global assessment report on biodiversity and ecosystem services.* Retrieved from https://ipbes.net

[231] IPCC (Intergovernmental Panel on Climate Change). (2021 a). *Sixth assessment report: climate change 2021.* Retrieved from https://www.ipcc.ch

[232] IPCC. (2000). Special report on emissions szenarios (SRES).

[233] IPCC. (2014). *Climate change 2014: impacts, adaptation, and vulnerability.* Cambridge University Press.

[234] IPCC. (2018 a). *An IPCC special report on the impacts of global warming of 1.5 °C.* Retrieved from www.ipcc.ch

[235] IPCC. (2018 b). Global warming of 1.5 °C. An IPCC special report on the impacts of global warming of 1.5 °C above pre-industrial levels and related global greenhouse gas emission pathways. Retrieved from https://www.ipcc.ch/site/assets/uploads/sites/2/2019/06/SR15_Full_Report_High_Res.pdf

[236] IPCC. (2021). Climate change 2021: the physical science basis. Contribution of working group I to the sixth assessment report of the intergovernmental panel on climate change. Retrieved from https://www.ipcc.ch

[237] IPCC. (2022). *Sixth assessment report of the intergovernmental panel on climate change.*

[238] ITER Organization. (2021). ITER: the world's largest fusion experiment. Retrieved from https://www.iter.org

[239] Jackson, T. (2017). *Prosperity without growth: foundations for the economy of tomorrow.* Routledge.

[240] Johnson, K., & Johnson, J. (2009). *Green building principles and practices.* Wiley.

[241] Jones, N. (2018 a). Energy consumption of personal computers and laptops. Computing research repository. https://arxiv.org/abs/1801.04714

[242] Jorgenson, A. K. (2016). Economic development and the carbon intensity of human well-being. *Nature Climate Change, 6*(2), 157–161.

[243] Jünger, E. (2015). *Heliopolis*. Klett-Cotta.

[244] Jungk, R., & Müllert, N. (1981). *Zukunftswerkstätten: Mit Phantasie gegen Routine und Resignation.* München: Carl Hanser.

[245] Kemp, R. (2020). Digitalization, energy, and the environment: the burden of proof. *Technological Forecasting & Social Change, 151*, 119814.

[246] Kenney, M., & Zysman, J. (2016). The rise of the platform economy. *Issues in Science and Technology, 32*(3), 61–69.

[247] Keohane, R. O., & Nye, J. S. (2000). *Introduction to international relations: enduring concepts and contemporary issues*. Longman.

[248] Kharas, H., & Gertz, G. (2010). The new global middle class: a cross-over from West to East. *Brookings Institution*.

[249] Kirchherr, J., Reike, D., & Hekkert, M. (2017). Conceptualizing the circular economy: an analysis of 114 definitions. *Resources, Conservation and Recycling, 127*, 221–232.

[250] Kosow, H., & Gaßner, R. (2008). *Methods of future and Szenario analysis*. DIE.

[251] Kotter, J. P. (1996). *Leading change*. Harvard Business Review Press.

[252] Kreibich, R., Oertel, B., & Wölk, M. (2011). *Futures studies and future-oriented technology analysis: principles, methodology and research questions*. Springer.

[253] Kulp, S. A., & Strauss, B. H. (2019). New elevation data triple estimates of global vulnerability to sea-level rise and coastal flooding. *Nature Communications, 10*(1), 4844.

[254] Kurzweil, R. (2005). *The singularity is near: when humans transcend biology*. Viking.

[255] Kyle, A. S. (1985). Continuous auctions and insider trading. *Econometrica, 53*(6), 1315–1335.

[256] Lacy, P., Rutqvist, J., & Buddemeier, P. (2015). *Wertschöpfung statt Verschwendung: die Zukunft gehört der Kreislaufwirtschaft*. Redline.

[257] Lal, R. (2001). Soil degradation by erosion. *Land Degradation & Development, 12*(6), 519–539.

[258] Laloux, F. (2014). *Reinventing organizations: a guide to creating organizations inspired by the next stage of human consciousness*. Nelson Parker.

[259] Latouche, S. (2009). *Farewell to growth*. Polity Press.

[260] Le Blanc, D. (2015). Towards integration at last? The sustainable development goals as a network of targets. *Sustainable Development, 23*(3), 176–187.

[261] Lee, C. (2022). *Sustainability transitions: pathways, governance, and challenges*. Springer.

[262] Lenton, T. M., Held, H., Kriegler, E., Hall, J. W., Lucht, W., Rahmstorf, S., & Schellnhuber, H. J. (2008). Tipping elements in the Earth's climate system. *Proceedings of the National Academy of Sciences of the United States of America, 105*(6), 1786–1793.

[263] Levin, K., Cashore, B., Bernstein, S., & Auld, G. (2012). Overcoming the tragedy of super wicked problems: constraining our future selves to ameliorate global climate change. *Policy Sciences*.

[264] Levitsky, S., & Way, L. A. (2010). *Competitive authoritarianism: hybrid regimes after the Cold War*. Cambridge University Press.

[265] Levitsky, S., & Ziblatt, D. (2018). *How democracies die*. Crown.

[266] Lindgren, M., & Bandhold, H. (2009). *Szenario planning: the link between future and strategy*. Palgrave Macmillan.

[267] Luscombe, R. Three Mile Island nuclear reactor to restart to power Microsoft AI operations, 20.09.2024, The Guardian, https://www.theguardian.com/environment/2024/sep/20/three-mile-island-nuclear-plant-reopen-microsoft

[268] Lusty, P. A. J., & Gunn, A. G. (2015). Challenges to global mineral resource security and options for future supply. In G. R. T. Jenkin, P. A. J. Lusty, I. McDonald, M. P. Smith, A. J. Boyce, & J. J. Wilkinson (Eds.), *Ore deposits in an evolving Earth* (Special Publications, 393, pp. 265–276). London: Geological Society. First published online June 23, 2014. https://doi.org/10.1144/SP393.13

[269] Luttropp, C., & Lagerstedt, J. (2006). EcoDesign and The Ten Golden Rules: generic advice for merging environmental aspects into product development. *Journal of Cleaner Production*, *14*(15–16), 1396–1408.

[270] Luttwak, E. (2016). *The rise of China vs. the logic of strategy*. Harvard University Press.

[271] Malm, A. (2016). *Fossil capital: the rise of steam power and the roots of global warming*. Verso Books.

[272] Malmodin, J., & Lundén, D. (2018). The energy and carbon footprint of the global ICT and E&M sector 2010–2015. *Sustainable Computing: Informatics and Systems*, *18*, 2–13. https://doi.org/10.1016/j.suscom.2018.03.002

[273] Mander, J. (1991). *In the absence of the sacred: the failure of technology and the survival of the Indian nations*. Sierra Club Books.

[274] Mankoff, J., Matthews, H. S., Fussell, S. R., & Johnson, M. (2007). Environmental implications of the ubiquitous computer: computing trends in 2020. *IEEE Pervasive Computing*, *6*(1), 78–83.

[275] Martínez-Alier, J. (2002). *The environmentalism of the poor: a study of ecological conflicts and valuation*. Edward Elgar.

[276] Marx, K., & Engels, F. (1859). *A contribution to the critique of political economy*. Progress Publishers.

[277] Mason, P., & Lang, T. (2017). *Sustainable diets: how ecological nutrition can transform consumption and the food system*. Routledge.

[278] Mason, R. B., & Staude, G. E. (2014). A marketing perspective on the role of foresight in sustainable business practices. *Foresight*, *16*(2), 132–148.

[279] Mazzucato, M. (2013). *The entrepreneurial state: debunking public vs. private sector myths*. Anthem Press.

[280] McKinsey & Company. (2022). *The net-zero transition: what it would cost, what it could bring*. Retrieved from https://www.mckinsey.com/business-functions/sustainability/our-insights/the-net-zero-transition-what-it-would-cost-what-it-could-bring

[281] McKinsey & Company. (2023). *Scaling climate technologies*.

[282] Meadows, D. H., Meadows, D. L., Randers, J., & Behrens, W. W. (1972). *The limits to growth: a report for the club of Rome's project on the predicament of mankind*. Universe Books.

[283] Meadows, D. H., Meadows, D. L., Randers, J., & Behrens, W. W. (1973). *The limits to growth*. Universe Books.

[284] Meadows, D. H., Randers, J., & Meadows, D. L. (2004). *Limits to growth: the 30-year update*. Chelsea Green Publishing.

[285] Mearsheimer, J. J. (2018). *The great delusion: liberal dreams and international realities*. Yale University Press.

[286] Mietzner, D., & Reger, G. (2005). Advantages and disadvantages of Szenario approaches for strategic foresight. *International Journal of Technology Intelligence and Planning*, *1*(2), 220–239.

[287] Miller, R. (2007). Futures literacy: a hybrid strategic scenario method. *Futures*, *39*(4), 341–362. https://doi.org/10.1016/j.futures.2006.12.001

[288] Mitscherlich, E. A. (1909). Das Gesetz des Minimums und das Gesetz des abnehmenden Bodenertrags. *Landwirtschaftliche Jahrbücher*, *38*, 537–552.

[289] Moberg, F., Simonsen, S. H., & Pihlgren, A. (2011). *Ecosystem services in decision making: a case study from Sweden*. Stockholm Resilience Centre.

[290] Moeller, R. G. (1997). *Protecting motherhood: women and the family in the politics of postwar West Germany*. University of California Press.

[291] Moller, H., Berkes, F., & Williams, J. (2009). Traditional ecological knowledge and biodiversity conservation. *Environmental Conservation*, *36*(2), 173–182.

[292] Mont, O., Lehner, M., & Heiskanen, E. (2014). Nudging – a tool for sustainable behaviour? Swedish Environmental Protection Agency.

[293] Montgomery, D. R. (2007). Soil erosion and agricultural sustainability. *Proceedings of the National Academy of Sciences of the United States of America*, *104*(33), 13268–13272. https://doi.org/10.1073/pnas.0611508104

[294]  Morozov, E. (2011). *The net delusion: the dark side of Internet freedom*. PublicAffairs.

[295]  Mounk, Y. (2018). *The people vs. democracy: why our freedom is in danger and how to save it*. Harvard University Press.

[296]  Murphy, D. J. (2014). The implications of the declining energy return on investment of oil production. *Philosophical Transactions of the Royal Society A: Mathematical, Physical and Engineering Sciences, 372*(2006), 20130126. https://doi.org/10.1098/rsta.2013.0126

[297]  Nair, K., Lele, S., & Rao, P. (2014). Indigenous knowledge and climate change adaptation. In *Rural development in the age of climate change* (pp. 245–263).

[298]  Naisbitt, J. (1982). *Megatrends: ten new directions transforming our lives*. Warner Books.

[299]  Nakamoto, S. (2008). *Bitcoin: a peer-to-peer electronic cash system*. https://bitcoin.org

[300]  NASA (1971). *What made Apollo a success?* Scientific and Technical Information Office, special report SP-287. https://klabs.org/history/reports/sp287/sp287.htm

[301]  National Academies of Sciences, Engineering, and Medicine. (2021). *Bringing fusion to the U.S. grid*. Retrieved from https://www.nap.edu/catalog/25991/bringing-fusion-to-the-us-grid

[302]  National Intelligence Council. (2021). *Global trends 2040: a more contested world* (NIC 2021-02339). ISBN 978-1-929667-33-8. Retrieved from https://www.dni.gov/index.php/gt2040-home

[303]  Nature. (2018 a). *Climate tipping points – too risky to bet against*.

[304]  Nature. (2018 b). Global warming projections and impacts. *Nature Climate Change, 8*, 369–371. https://doi.org/10.1038/s41558-018-0115-5

[305]  NCI National Cancer Institute. (2014). *Cancer risks among uranium miners*. Retrieved from https://www.cancer.gov

[306]  Nidumolu, R., Prahalad, C., & Rangaswami, M. (2009). Disruptive innovation, why sustainability is now the key driver of innovation. *Harward Business Review* (September 2009).

[307]  Nielsen. (2015). *The sustainability imperative: new insights on consumer expectations*.

[308]  NIOSH. (2020). *Uranium miners study*. Retrieved from https://www.cdc.gov/niosh

[309]  NOAA. (2020). *State of the climate in 2019*. Retrieved from https://www.ncdc.noaa.gov/sotc

[310]  NOAA. (2024). *National Center for Environmental Information (NCEI) „Global climate summary for January 2024"*, NOAA Climate.gov (Climate.gov). https://www.ncdc.noaa.gov/global-change

[311]  Nuclear Free Future Foundation. (2019). *Uran atlas*. München: Nuclear-free.com. Retrieved from https://nuclear-free.com

[312]  OECD. (2011). *OECD guidelines for multinational enterprises*. Retrieved from https://www.oecd.org/corporate/mne/48004323.pdf

[313]  OECD. (2019 a). *Pensions at a glance 2019: OECD and G20 indicators*. OECD Publishing.

[314]  OECD. (2019 b). *Economic outlook 2019*. Organisation for Economic Co-operation and Development.

[315]  OECD. (2019 c). *OECD future of education and skills 2030: conceptual learning framework*. Organisation for Economic Co-operation and Development.

[316]  OECD. (2020). *Economic outlook 2020*. Organisation for Economic Co-operation and Development.

[317]  OECD. (2021 a). *Science, technology and innovation outlook 2021*. Organisation for Economic Co-operation and Development.

[318]  OECD. (2021 b). *Resilient supply chains for trade and economy recovery in the post-COVID-19 world: challenges and opportunities*.

[319]  OECD. (2023). *Tax revenue trends 1965–2022*. OECD iLibrary. Retrieved from https://www.oecd-ilibrary.org

[320]  Oreskes, N. (2010). *Merchants of doubt*. New York: Bloomsbury Press.

[321]  Oreskes, N. (2019). *Why trust science?* Princeton: Princeton University Press.

[322]  Organisation for Economic Co-operation and Development (OECD). (2023). *Economic outlook 2023*. OECD.

[323]  Ostrom, E. (2009 a). *Governing the commons: the evolution of institutions for collective action*. Cambridge University Press.

[324] Ostrom, E. (2009 b). A general framework for analyzing sustainability of social-ecological systems. *Science, 325*(5939), 419–422.

[325] Oxfam (2018). *Reward work, not wealth*. Oxfam International.

[326] Oxfam (2020 a). *The inequality virus: bringing together a world torn apart by coronavirus through a fair, just and sustainable economy*. Oxfam International.

[327] Petersen, G. D., Cumming, G. S., & Carpenter, S. R. (2003). Szenario planning: a tool for conservation in an uncertain world. *Conservation Biology, 17*(2), 358–366.

[328] Pew Research Center. (2021). *The future of democracy*. Retrieved from Pew Research Center website.

[329] Pickett, S. T. A., Cadenasso, M. L., & Grove, J. M. (2004). Resilient cities: meaning, models, and metaphor for integrating the ecological, socio-economic, and planning realms. *Landscape and Urban Planning, 69*(4), 369–384.

[330] Piketty, T. (2014). *Capital in the twenty-first century*. Harvard University Press.

[331] Piketty, T. (2020). *Capital and ideology*. Harvard University Press.

[332] Poore, J., & Nemecek, T. (2018). Reducing food's environmental impacts through producers and consumers. *Science, 360*(6392), 987–992.

[333] Popp, R. (2012). *Szenariotechnik in der Praxis*. Gabler Verlag.

[334] Porter, M. E., & Kramer, M. R. (2006). The link between competitive advantage and corporate social responsibility. *Harvard Business Review, 84*(12), 78–92.

[335] Porter, M. E., & Kramer, M. R. (2011). Creating shared value. *Harvard Business Review, 89*(1/2), 62–77.

[336] Porter, M. E., & van der Linde, C. (1995). Toward a new conception of the environment-competitiveness relationship. *Journal of Economic Perspectives, 9*(4), 97–118.

[337] Preskill, J. (2018). Quantum computing in the NISQ era and beyond. *Quantum, 2*, 79.

[338] Pretty, J., Moris, M., & Mowforth, M. (2003). Social capital and the collective management of resources. *Science, 302*(5652), 1025–1029.

[339] Putnam, R. D. (2000). *Bowling alone: the collapse and revival of American community*. Simon & Schuster.

[340] Putnam, R. D. (2015). *Our kids: the American dream in crisis*. Simon & Schuster.

[341] Qian, L., & Winfree, E. (2011). Scaling up digital circuit computation with DNA strand displacement cascades. *Science, 332*(6034), 1196–1201. https://doi.org/10.1126/science.1200520

[342] Rainie, L., & Wellman, B. (2012). *Networked: the new social operating system*. MIT Press.

[343] Raupach, M., et al. (2007). Global and regional drivers of accelerating $CO_2$ emissions. *Proceedings of the National Academy of Sciences of the United States of America, 104*(24), 10288–10293.

[344] Raworth, K. (2017). *Doughnut economics: seven ways to think like a 21st-century economist*. Random House.

[345] Red Team. (2022). *Science fiction und Sicherheitsszenarien*. Retrieved from https://redteamdefense.org/en/meet-the-red-team

[346] Richardson, K., Steffen, W., Lucht, W., Bendtsen, J., Cornell, S., Donges, J., Drüke, M., Fetzer, I., Bala, G., von Bloh, W., Feulner, G., Fiedler, S., Gerten, D., Gleeson, T. O., Hofmann, M., Huiskamp, W., Kummu, M., Mohan, C., Nogués-Bravo, D., Petri, S., Porkka, M., Rahmstorf, S., Schaphoff, S., Thonicke, K., Tobian, A., Virkki, V., Lang-Erlandsson, L., Weber, L., & Rockström, J. (2023). Earth beyond six of nine planetary boundaries. *Science Advances, 9*, eadh2458. https://www.science.org/doi/pdf/10.1126/sciadv.adh2458?trk=public_post_comment-text

[347] Ringland, G. (2006). *Szenario planning: managing for the future*. Wiley.

[348] Risman, B. J. (2004). Gender as a social structure: theory wrestling with activism. *Gender & Society, 18*(4), 429–450.

[349] Robinson, J. (1990). Futures under glass: a recipe for people who hate to predict. *Futures, 22*(8), 820–842. https://doi.org/10.1016/0016-3287(90)90018-D

[350] Rockström, J., Steffen, W., Noone, K., Persson, Å., Chapin, F. S., Lambin, E., ... & Foley, J. A. (2009). A safe operating space for humanity. *Nature, 461*(7263), 472–475.

[351] Rodrigues, J. P., Comin, E., & Renda, A. (2020). *Global report on urban health: urban governance for health and sustainable development*. World Health Organization.

[352] Rodrik, D. (2008). *Normalizing industrial policy*. Commission on growth and development working paper, no. 3.

[353] Rodrik, D. (2011). *The globalization paradox: democracy and the future of the world economy*. W. W. Norton & Company.

[354] Rodrik, D. (2018). *Straight talk on trade: ideas for a sane world economy*. Princeton University Press.

[355] Rogers, E. M. (2003). *Diffusion of innovations* (5th ed.). Free Press.

[356] Rohrbeck, R. (2010). *Corporate foresight: towards a maturity model for the future orientation of a firm*. Springer.

[357] Rojas-Downing, M. M., Nejadhashemi, A. P., & Ergas, S. J. (2017). Greenhouse gas emissions from the production and consumption of pet foods. *Journal of Environmental Quality*.

[358] Romer, C. D. (2012). Fiscal policy in the crisis: lessons and policy implications. *Brookings Papers on Economic Activity, Spring*, 243–265.

[359] Rothemund, P. W. K., & Winfree, E. (2000). The program-size complexity of self-assembled squares. In *Proceedings of the 32nd annual ACM symposium on theory of computing* (pp. 459–468). https://doi.org/10.1145/335305.335357

[360] Russell, S., & Norvig, P. (2020). *Artificial intelligence: a modern approach*. Prentice Hall.

[361] Saberi, S., Kouhizadeh, M., Sarkis, J., & Shen, L. (2019). Blockchain technology and its relationships to sustainable supply chain management. *International Journal of Production Research, 57*(7), 2117–2135. https://doi.org/10.1080/00207543.2018.1533261

[362] Sachs, J. D. (2021). *The age of sustainable development*. Columbia University Press.

[363] Sameda, M.-H. (2014). Noch 60 Ernten, dann ist Schluss! *The Guardian*. Retrieved July 31, 2024, from https://www.theguardian.com/environment/2014/dec/05/global-soil-crisis-erosion-reduction-summit

[364] Sanguinetti, A., Uang, R., & Hammack, A. (2018). What's energy efficiency got to do with it? Exploring the role of social practices in the adoption of energy efficiency in low-income multifamily households. *Energy Research & Social Science, 40*, 77–84. https://doi.org/10.1016/j.erss.2017.11.012

[365] Schäfer, M. (2020). Energy system transformation: Challenges and solutions. *Renewable Energy, 145*, 1–15.

[366] Schaltegger, S., Lüdeke-Freund, F., & Hansen, E. G. (2012). Business cases for sustainability and the role of business model innovation: developing a conceptual framework. *Center for Sustainability Management (CSM)*.

[367] Scheufele, D. A., & Krause, N. M. (2019). Science audiences, misinformation, and fake news. *Proceedings of the National Academy of Sciences of the United States of America, 116*(16), 7662–7669.

[368] Schilling, M. A. (2020). *Strategic management of technological innovation* (6th ed.). McGraw-Hill Education.

[369] Schissler, H. (2001). *The miracle years: A cultural history of West Germany, 1949–1968*. Princeton University Press.

[370] Schlenker, W., & Lobell, D. B. (2010). Robust negative impacts of climate change on African agriculture. *Environmental Research Letters, 5*(1), 014010.

[371] Schmaltz, J. (2020). Die Umweltwirkungen digitaler Medieninfrastrukturen: eine globale Perspektive. *Environmental Technology Review, 9*(3), 142–159. https://doi.org/10.1016/j.envir.2020.04.008

[372] Schumpeter, J. A. (1939). *Business cycles: a theoretical, historical, and statistical analysis of the capitalist process*. McGraw-Hill.

[373] Schwab, K. (2016). *The fourth industrial revolution*. World Economic Forum.

[374] Schwartz, P. (1996). *The art of the long view: planning for the future in an uncertain world*. Currency Doubleday.

[375] Schwarz, P. (2020). *Die Welt von 2050 – Szenarien für die Zukunft*. de Gruyter.

[376] Scott, J. C. (2009). *The art of not being governed: an anarchist history of upland Southeast Asia*. Yale University Press.

[377]  Seefried, E. (2015). *Zukunft denken: die Zeit des Prognostizierens in den 1960er und 1970er Jahren*. Wallstein.

[378]  Senge, P. M. (2006). *The fifth discipline: the art and practice of the learning organization*. Doubleday.

[379]  Shambaugh, D. (2020). *Where great powers meet: America and China in Southeast Asia*. Oxford University Press.

[380]  Shannon, M. A., et al. (2008). Science and technology for water purification in the coming decades. *Nature, 452*(7185), 301–310.

[381]  Shen, W., Wang, J., & Tang, X. (2019). Renewable energy and sustainable development: the role of policy and market mechanisms. *Energy Policy, 128*, 455–467.

[382]  Shiva, V. (1993). *Monocultures of the mind: perspectives on biodiversity and biotechnology*. Zed Books.

[383]  Shiva, V. (2005). *Earth democracy: justice, sustainability, and peace*. South End Press.

[384]  Shoemaker, P. J. H. (1995). Scenario planning: a tool for strategic thinking. *MIT Sloan Management Review, 36*(2), 25–40.

[385]  Sieferle, R. (2011). Externe Expertise für das WBGU-Hauptgutachten „Welt im Wandel: Gesellschaftsvertrag für eine Große Transformation". Berlin: WBGU. Retrieved from http://www.wbgu.de/veroeffentlichungen/hauptgutachten/hauptgutachten-2011-transformation

[386]  Simpson, L. R. (2004). Anticolonial strategies for the recovery and maintenance of indigenous knowledge. *American Indian Quarterly, 28*(3/4), 373–384.

[387]  Slaughter, R. A. (2002). Futures studies as an intellectual and applied discipline. In K. C. Green & C. F. Rehn (Eds.), *Thinking about the future: Guidelines for strategic foresight* (pp. 53–81). Social Technologies.

[388]  Slaughter, R. A. (2004). *Futures beyond dystopia: creating social foresight*. Routledge.

[389]  Smil, V. (2017). *Energy and civilization: a history*. MIT Press.

[390]  Smith, A., & Wilson, M. (2019). Radio in the digital age: efficiency and sustainability of modern broadcasting. *Journal of Media Economics, 25*(4), 88–101. https://doi.org/10.1080/08957759.2019.1689786

[391]  Smith, J. (2021). Urban housing and the impact of material shortages on city living. *Urban Economics Review, 45*(3), 223–245.

[392]  Smithsonian Institution. (2019). One million species at risk of extinction, threatening human communities around the world. *Smithsonian Magazine*. Retrieved from https://www.smithsonianmag.com

[393]  Spiegel – Netzwelt. (2024). Meta will eigene Atomreaktoren für KI bauen, 04.12.2024. https://www.spiegel.de/netzwelt/web/meta-will-eigene-atomreaktoren-bauen-strom-fuer-kuenstliche-intelligenz-a-35d977ba-9158-4824-8f8c-e86903bfaada

[394]  Spratt, D., & Sutton, M. (2019). Climate change Szenarios: projections and implications. *Environmental Research Letters, 14*(10), 104002. https://doi.org/10.1088/1748-9326/ab37c1

[395]  Srnicek, N. (2017). *Platform capitalism*. Polity Press.

[396]  Stafford, T. Interview, *Smithsonian Magazine*. Retrieved from https://www.smithsonianmag.com

[397]  Statista. (2012). Remaining life years of selected commodity reserves worldwide 2012. Retrieved from https://www.statista.com/statistics/260580/world-commodity-reserves/

[398]  Steinberger, J. K., Roberts, J. T., Peters, G. P., Baiocchi, G., & Hertwich, E. G. (2010). Pathways of human development and carbon emissions embodied in trade. *Global Environmental Change, 20*(4), 563–574. https://doi.org/10.1016/j.gloenvcha.2010.07.003

[399]  Stern, N. (2006). *The economics of climate change: the Stern review*.

[400]  Stiglitz, J. E., Sen, A., & Fitoussi, J.-P. (2009). Report by the commission on the measurement of economic performance and social progress. *OECD*.

[401]  Stock, T., & Seliger, G. (2016). Opportunities of sustainable manufacturing in Industry 4.0. *Procedia CIRP, 40*, 536–541.

[402]  Stockhead. (2023). Theres a shortage of helium and the pricing environment is right if explorers can find any. Retrieved from https://stockhead.com.au/primers/theres-a-shortage-of-helium-and-the-pricing-environment-is-right-if-explorers-can-find-any

[403] Stockholm Resilience Centre. (2023). Resilience and adaptive cycles. Retrieved from https://www. stockholmresilience.org

[404] Sturgis, P., & Allum, N. (2004). Science in society: re-evaluating the deficit model of public attitudes. *Public Understanding of Science, 13*(1), 55–74.

[405] Sunstein, C. R. (2001). *Echo chambers: Bush v. Gore, impeachment, and beyond*. Princeton University Press.

[406] Sverdrup, H., & Koca, D. (2018). The WORLD model development and the integrated assessment of the global natural resources. *Environmental research of the federal ministry for the environment, nature conservation and nuclear safety*, project no. (FKZ) 3712 93 102 report no. (UBA-FB) 002711/ENG, Berlin.

[407] Swanson, T. (1990). *The economics of environmental degradation*. Cambridge University Press.

[408] Tainter, J. A. (1988). *The collapse of complex societies*. Cambridge University Press.

[409] Talberth, J., Cobb, C., & Slattery, N. (2007). The genuine progress indicator 2006: a tool for measuring sustainable economic welfare. *Ecological Economics, 64*(2), 411–421.

[410] Tang, K., & Xiong, W. (2012). Index investment and financialization of commodities. *Financial Analysts Journal, 68*(6), 54–74.

[411] Taxonomierichtlinie. (2019). Retrieved March 25, 2024, from https://eur-lex.europa.eu/legal-content/ EN/TXT/PDF/?uri=CELEX:32020R0852&from=EN

[412] Teece, D. J., Pisano, G., & Shuen, A. (1997). Dynamic capabilities and strategic management. *Strategic Management Journal, 18*(7), 509–533.

[413] Thaler, R. H., & Sunstein, C. R. (2008). *Nudge: improving decisions about health, wealth, and happiness*. Yale University Press.

[414] Thimbleby, H. (2013). Technology and the future of healthcare. *Journal of Public Health Research, 2*(3), e28.

[415] Tilburt, J. C., & Kaptchuk, T. J. (2008). Herbal medicine research and global health: an ethical analysis. *Bulletin of the World Health Organization, 86*(8), 577–656.

[416] Tirole, J. (1988). *The theory of industrial organization*. MIT Press.

[417] Tooze, A. (2006). *The wages of destruction: the making and breaking of the Nazi economy*. Viking.

[418] Trendone. (2021). *Trenduniversum 2021: Entwicklungen im Kontext*. Trendone Publishing.

[419] Trendone. (2023). Retrieved from https://blog.trendone.com/megatrend-map/

[420] Tushman, M. L., & Anderson, P. (1986). Technological discontinuities and organizational environments. *Administrative Science Quarterly, 31*(3), 439–465.

[421] UNDP. (2020). United Nations development programme *Human development report 2020: the next frontier – human development and the Anthropocene*. UNDP.

[422] UNEP. (2019). *Global environment outlook – GEO-6: healthy planet, healthy people*. Retrieved from https://www.resourcepanel.org/reports/global-resources-outlook

[423] UNEP. (2024). *Food waste index report 2024: think eat save: tracking progress to halve global food waste*. Retrieved from https://go.nature.com/4dD9dHG

[424] UNESCO. (2020). *The United Nations world water development report 2020: water and climate change*. Paris: UNESCO. Retrieved from https://www.unesco.org

[425] UNFCCC. (2021). *Adaptation finance urgently needed to address growing climate risks*. Retrieved from https://unfccc.int/topics/adaptation-and-resilience

[426] UNHCR. (2021). *Global trends: forced displacement in 2020*. United Nations High Commissioner for Refugees.

[427] United Nations. (1987). *Our common future*. Oxford University Press.

[428] United Nations. (2015). *Transforming our world: the 2030 agenda for sustainable development*. Retrieved from https://www.un.org

[429] United Nations. (2015). Sustainable development goals. Retrieved from https://sdgs.un.org/goals

[430] United Nations. (2018). *World urbanization prospects: the 2018 revision*. United Nations.

[431] United Nations. (2019). *World population prospects 2019: highlights*. United Nations Department of Economic and Social Affairs.

[432]  United Nations. (2020). *The United Nations and global security: transnational challenges and threats*. United Nations Publications.

[433]  United Nations. (2022). *The sustainable development goals report 2022*. United Nations.

[434]  United Nations Environment Programme (UNEP). (2020). *Emissions gap report 2020*. UNEP. https://www.unep.org/emissions-gap-report-2020

[435]  United Nations Statistics Division. (2018). Retrieved from https://unstats.un.org/unsd/class/revisions/coicop_revision.asp

[436]  University of Alberta. (2023). Retrieved March 25, 2024, from https://www.su.ualberta.ca/services/sustainsu/about/definition/

[437]  University of Sydney Business School. (2023). Retrieved from https://sbi.sydney.edu.au/megatrends/impactful-technology

[438]  UNSCEAR. (2014). United Nations scientific committee on the effects of atomic radiation *UNSCEAR 2014 report*. Retrieved from https://www.unscear.org

[439]  USGS. (2018). *Minerals deemed critical*. Retrieved from https://www.usgs.gov/news/national-news-release/interior-releases-2018s-final-list-35-minerals-deemed-critical-us

[440]  USGS. (2023 a). *USGS 2023 world oil resources*. U. S. geological survey. Retrieved from https://www.usgs.gov

[441]  USGS. (2023 b). *USGS mineral commodity summaries 2023: coal*. Retrieved from https://pubs.usgs.gov/publication/mcs2023

[442]  USGS. (2024). *Mineral commodity summaries 2024*. Retrieved from https://pubs.usgs.gov/periodicals/mcs2024/mcs2024.pdf

[443]  Valero, A., & Valero, A. (2010). Physical geonomics: combining the exergy and Hubbert Peak analysis for predicting mineral resources depletion. *Resources, Conservation and Recycling*, *54*(12), 1074–1083.

[444]  van der Heijden, K. (2005). *Szenarios: the art of strategic conversation*. Wiley.

[445]  van der Leeuw, S. (2020). *Social sustainability, past and future: undoing unintended consequences for the Earth's survival*. Cambridge University Press.

[446]  Van Dingenen, R., et al. (2009). The global impact of ozone on agricultural crop yields under current and future air quality legislation. *Atmospheric Environment*, *43*(3), 604–618. https://doi.org/10.1016/j.atmosenv.2008.10.033

[447]  Varma, R. (2008). A wellbeing manifesto for a flourishing society. New Economics Foundation.

[448]  von Carlowitz, H. C. (1713). *Sylvicultura oeconomica oder Haußwirthliche Nachricht und Naturmäßige Anweisung zur Wilden Baum-Zucht*. Nachdruck: Oecom Verlag München, 2022.

[449]  Von Weizsäcker, E. U., & Wijkman, A. (2018). *Come on! Capitalism, short-termism, population and the destruction of the planet*. Springer.

[450]  Voros, J. (2003). A generic foresight process framework. *Foresight*, *5*(3), 10–21. https://doi.org/10.1108/14636680310698379

[451]  Wack, P. (1985). Szenarios: uncharted waters ahead. *Harvard Business Review*, *63*(5), 73–89.

[452]  Wackernagel, M., & Rees, W. E. (1996). *Our ecological footprint: reducing human impact on the Earth*. New Society Publishers.

[453]  Wang, Q., Xu, J., & Ji, Y. (2021). A comprehensive review of battery safety and storage systems. *Journal of Energy Storage*, *35*, 102275.

[454]  Wang-Erlandsson, L., Tobian, A., van der Ent, R. J., Fetzer, I., te Wierik, S., Porkka, M., et al. (2022). A planetary boundary for green water. *Nature Reviews Earth & Environment*. https://doi.org/10.1038/s43017-022-00287-8

[455]  WBCSD World Business Council for Sustainable Development. (2015). *Action2020: business solutions for a sustainable world*.

[456]  WBGU Wissenschaftlicher Beirat der Bundesregierung Globale Umweltveränderungen. (2011). *Welt im Wandel: Gesellschaftsvertrag für eine Große Transformation*. Berlin: WBGU. ISBN 978-3-9396191-36-3. Retrieved from http://www.wbgu.de/veroeffentlichungen/hauptgutachten/hauptgutachten-2011-transformation

[457] Weber, C., Wolff, S., & Nebel, W. (2017). Power consumption of digital terrestrial radio broadcasting systems and its impact on network planning. *IEEE Transactions on Broadcasting, 63*(4), 647–656.

[458] West, J., & Mace, M. (2010). Browsing as the killer app: explaining the rapid success of Apple's iPhone. *Telecommunications Policy, 34*(5–6), 270–286.

[459] WHO. (2015). *Health in sustainable development planning: the role of indicators*. World Health Organization. Retrieved from https://www.who.int

[460] Widmer, R., Oswald-Krapf, H., Sinha-Khetriwal, D., Schnellmann, M., & Böni, H. (2005). Global perspectives on e-waste. *Environmental Impact Assessment Review, 25*(5), 436–458.

[461] Wiedmann, T., Wilting, H. C., Lenzen, M., Lutter, F. S., & Palm, V. (2011). Quo Vadis MRIO? Methodological data and institutional requirements for multiregion input-output analysis. *Ecological Economics, 70*, 1937–1945. https://doi.org/10.1016/j.ecolecon.2011.06.014

[462] Willard, B. (2012). *The new sustainability advantage: seven business case benefits of a triple bottom line*. New Society Publishers.

[463] Wilson, C. (2012). Up-scaling, formative phases, and learning in the historical diffusion of energy technologies. *Energy Policy, 50*, 81–94.

[464] Wilson, I. (2000). From Szenario thinking to strategic action. *Technological Forecasting & Social Change, 65*(1), 23–29.

[465] World Bank. (2019). Minerals for climate action. Retrieved from https://www.worldbank.org/en/topic/extractiveindustries/brief/climate-smart-mining-minerals-for-climate-action

[466] World Bank. (2020 a). *Global economic prospects, June 2020*. World Bank Publications.

[467] World Bank. (2020 b). *Minerals for climate action: the mineral intensity of the clean energy transition*. Retrieved from https://www.worldbank.org/en/topic/extractiveindustries

[468] World Bank. (2020 c). *World development report 2020: trading for development in the age of global value chains*. World Bank Publications.

[469] World Bank. (2021 a). *Global economic prospects*. World Bank Group.

[470] World Bank. (2021 b). *The human capital index 2020 update: human capital in the time of COVID-19*. https://doi.org/10.1596/978-1-4648-1659-7

[471] World Bank. (2021 c). *World development report 2021: data for better lives*. World Bank Publications.

[472] World Bank. (2022). Climate explainer: food security and climate change. World Bank. Retrieved from https://www.worldbank.org

[473] World Bank. (2023). *World development indicators database*. Retrieved from https://datacatalogfiles.worldbank.org

[474] World Economic Forum. (2023). *Global risks report 2023*. WEF. Retrieved from https://www.weforum.org/publications/global-risks-report-2024/

[475] World Health Organization (WHO). (2020). *World health statistics 2020*. WHO.

[476] World Nuclear Association. (2021). *Nuclear power in the world today*. Retrieved from https://www.world-nuclear.org

[477] World Trade Organization (WTO). (2022). *World trade report 2022*. WTO.

[478] Xu, Y., & Ramanathan, V. (2017). Well below 2 °C: mitigation strategies for avoiding dangerous to catastrophic climate changes. *Proceedings of the National Academy of Sciences of the United States of America, 114*(39), 10315–10323. https://doi.org/10.1073/pnas.1610446114

[479] Yale Environment 360. (2019). Biodiversity loss is endangering food security, UN warns. Yale E360. Retrieved from https://e360.yale.edu

[480] Yergin, D. (1991). *The prize: the epic quest for oil, money, and power*. Simon & Schuster.

[481] Zeng, X., Mathews, J. A., & Li, J. (2018). Urban mining of e-waste is becoming more cost-effective than virgin mining. *Environmental Science & Technology, 52*(8), 4835–4841.

[482] Ziegler, J. (1995). Food rationing in Germany and its impact on nutrition. (Research report).

[483] Zuboff, S. (2019). *The age of surveillance capitalism: the fight for a human future at the new frontier of power*. PublicAffairs.

# Biographie

Nach einer Ausbildung zum Chemiefacharbeiter studierte Michael Has Physik an der Universität Regensburg und Marketing am INSEAD in Fontainebleau. Er promovierte 1991 an der Universität Regensburg auf dem Gebiet der Biophysik mit einer Arbeit über Druck- und Temperatureffekte auf die hydrophobe Wechselwirkung. Has war über viele Jahre Teil des Vorstands der Gesellschaft für bedrohte Völker und leitete die wissenschaftliche Arbeit des World Uranium Hearings. Seine Arbeiten zum Thema Alternativtourismus führten zu dem Buch „Der Neue Tourismus", das 1991 erschien.

Am FOGRA-Institut in München leitete Dr. Has die Bereiche Innovationsforschung und Druckvorstufe. Er gründete und leitete die Arbeitsgruppe, aus der später das International Color Consortium (ICC) hervorging, und war eines der Gründungsmitglieder des ICC. Für das ICC war er mehrere Jahre lang als deren technischer Sekretär tätig.

Dr. Has war und ist in mehreren industriellen Beratungsgremien tätig und beteiligte sich an Start-up-Unternehmen.

Nach seinem Eintritt bei Océ im Jahr 1998 bekleidete er leitende Positionen in den Bereichen Forschung und Entwicklung, Partnermanagement, Marketing, Produktlinienmanagement und Produktstrategie. Er verantwortete mehrere neue Produkt-/Portfolioentwicklungen und erfolgreiche Markteintritte im Bereich Software und Hardware.

Parallel zu seiner Tätigkeit in der Industrie habilitierte sich Dr. Has 1998 am Institut National Polytechnique der Universität Grenoble. Seit 1998 lehrt er in Grenoble als distinguished Professor. Als Gastdozent ist er derzeit an der Universität Klagenfurt tätig. Zu seinen Lehrthemen gehören neben Nachhaltigkeit neue Technologien sowie Unternehmens- und Portfoliostrategie und -planung. Ausgehend von der Analyse der Kreislaufwirtschaft von Papier beschäftigt er sich seit 2011 mit dem Schwerpunkt der Nachhaltigkeit. In diesem Zusammenhang befasst er sich mit nicht-finanzieller Berichterstattung sowie der Erfassung und Bewertung von Daten (KPIs, Fußabdrücke und Risiken), die in Berichte aufgenommen werden sollen, einschließlich Maßnahmen zur Reduzierung von Fußabdrücken und Ökodesign. Dabei hat er mit Unternehmen und Produkten aus sehr unterschiedlichen Branchen wie der Automobil-, Chemie- und Druckindustrie gearbeitet.

Seine wissenschaftliche Arbeit zur Entwicklung der Industrie führte zu zahlreichen Veröffentlichungen und international erteilten Patenten im Bereich Workflow-Management, Marktentwicklung in der Druckindustrie, Digitaldruck und Farbmanagement. Für letzteres wurde er unter anderem mit dem MacWorld Award ausgezeichnet. Nach 2010 konzentrierte er seine wissenschaftliche Arbeit auf das Thema Nachhaltigkeit.

Dr. Has ist Managing Partner der Düsseldorfer Beratungsgesellschaft Monopteros. Sein Arbeitsschwerpunkt liegt auf der Unterstützung von Unternehmen und Organisationen in Nachhaltigkeitsfragen. Er begleitet als Externer Berater oder Interimmanager bei der Erstellung nicht-finanzieller Berichte und der Analyse relevanter Kennzahlen, darunter ökologische Fußabdrücke, Risiken und weitere KPIs. Zudem entwickelt er Strategien zur Reduzierung von Umweltauswirkungen und berät im Bereich Ecodesign.

In Anerkennung seiner Arbeit wurde er zum Vertrauensdozenten der Hans-Böckler-Stiftung – der Stiftung des Deutschen Gewerkschaftsbundes – berufen.

Dr. Has leitet als Vorsitzender des Stiftungsrates die Stiftung Vielfalt der Kulturen der Welt – eine Stiftung, die sich mit Menschenrechtsaktivitäten und Projekten für ethnische und religiöse Minderheiten beschäftigt und diese unterstützt.

(http://pagora.grenoble-inp.fr/fr/annuaire/michael-has,
https://de.wikipedia.org/wiki/Michael_Has,
https://monopteros.net)

https://doi.org/10.1515/9783111610887-012

www.ingramcontent.com/pod-product-compliance
Lightning Source LLC
Chambersburg PA
CBHW080530220326
41599CB00032B/6265